家电维修一本通

阳鸿钧　等编著

机械工业出版社

本书介绍了80多种家用电器的特点、外形与结构、部件、故障维修、维修帮等维修基本知识、必备技能、一线帮查等内容。本书介绍的家电包括小家电、大家电，具体包括电热水器、燃气热水器、空气能热水器、太阳能热水器、电饭煲、电压力煲（电压力锅）、吸油烟机、燃气灶、集成灶、组合灶、消毒柜、洗碗机、电风扇、电吹风机、电蚊拍、灭蚊灯、电热水壶、电热水瓶、台灯、电冰箱、电视机、洗衣机、吸尘器、扫地机器人、空调器、取暖器、浴霸、手机、计算机、光波炉、微波炉、电烤箱、挂烫机、电烫斗、电热毯、采暖炉、壁挂炉、电陶炉、电蒸锅、电炖锅、电火锅、空气炸锅、多士炉、电磁炉、软水机、净水机（器）、饮水机、空气净化器、水箱、储水罐、咖啡机、豆浆机、榨汁机、搅拌机、调奶机、酸奶机、面包机、面条机、馒头器、煮蛋器、绞肉机、煎烤机、炒菜机、电饭盒、净食机、榨油机、料理机、破壁机、紫砂煲、药膳煲、蒸汽炉、蒸汽清洁机、干衣护理机、前置过滤器、除菌宝、真空封口机、电动牙刷、电推剪、电动剃须刀、麻将机、电动车充电器、筋膜枪、茶吧机、除菌刀架、插头式微型漏电保护器、滚动按摩器等。

本书还附有维修视频与维修基础常识介绍。本书内容通俗易懂，言简意赅，可供家电维修人员、电子爱好者参考学习，以及职业院校电器维修相关专业师生使用。

图书在版编目（CIP）数据

家电维修一本通/阳鸿钧等编著. —北京：机械工业出版社，2022.11
（2024.9 重印）

ISBN 978-7-111-71579-5

Ⅰ.①家… Ⅱ.①阳… Ⅲ.①日用电气器具-维修 Ⅳ.①TM925.07

中国版本图书馆 CIP 数据核字（2022）第 167871 号

机械工业出版社（北京市百万庄大街 22 号 邮政编码 100037）
策划编辑：刘星宁　　　　责任编辑：刘星宁 朱 林
责任校对：樊钟英 李 杉 封面设计：马精明
责任印制：李 昂
北京中科印刷有限公司印刷
2024 年 9 月第 1 版第 4 次印刷
148mm×210mm·16.75 印张·1 插页·481 千字
标准书号：ISBN 978-7-111-71579-5
定价：79.00 元

电话服务 网络服务

客服电话：010-88361066 机 工 官 网：www.cmpbook.com
　　　　　010-88379833 机 工 官 博：weibo.com/cmp1952
　　　　　010-68326294 金 书 网：www.golden-book.com
封底无防伪标均为盗版 机工教育服务网：www.cmpedu.com

前　　言

为了使读者朋友能够全面、快速、学修、会修、动手精修家用电器，特编写了本书。

本书涵盖小家电、大家电，全书讲述了80多种家用电器的特点、外形与结构、部件、故障维修、维修帮等维修基本知识、必备技能、一线帮查等内容。

全书由31章组成，具体介绍的家用电器有电热水器、燃气热水器、空气能热水器、太阳能热水器、电饭煲、电压力煲（电压力锅）、吸油烟机、燃气灶、集成灶、组合灶、消毒柜、洗碗机、电风扇、电吹风机、电蚊拍、灭蚊灯、电热水壶、电热水瓶、台灯、电冰箱、电视机、洗衣机、吸尘器、扫地机器人、空调器、取暖器、浴霸、手机、计算机、光波炉、微波炉、电烤箱、挂烫机、电烫斗、电热毯、采暖炉、壁挂炉、电陶炉、电蒸锅、电炖锅、电火锅、空气炸锅、多士炉、电磁炉、软水机、净水机（器）、饮水机、空气净化器、水箱、储水罐、咖啡机、豆浆机、榨汁机、搅拌机、调奶器、酸奶机、面包机、面条机、馒头机、煮蛋器、绞肉机、煎烤机、炒菜机、电饭盒、净食机、榨油机、料理机、破壁机、紫砂煲、药膳煲、蒸汽炉、蒸汽清洁机、干衣护理机、前置过滤器、除菌宝、真空封口机、电动牙刷、电推剪、电动剃须刀、麻将机、电动车充电器、筋膜枪、茶吧机、除菌刀架、插头式微型漏电保护器、滚动按摩器等。

本书的特点如下：

1）涉及家用电器种类多，讲述了80多种家用电器，一书在手，维修无忧。

2）内容全面，言简意赅，便于达到能够动手修、快修、速修等目的。

3）提供了视频、图解、速查，使得学习维修技术变得轻松、简单。

　　本书可供家电维修人员、电子爱好者参考学习，以及职业院校电器维修等相关专业师生使用。

　　阳鸿钧、阳许倩、阳育杰、许四一、许小菊、阳梅开、阳苟妹、许秋菊、许满菊、欧小宝、阳红珍等参加了本书的编写。

　　另外，本书的编写还得到了一些同行、朋友及有关单位的帮助与支持，在此，向他们表示衷心的感谢！同时，编写时，还参考了有关资料，在此，向资料的作者深表谢意！

　　由于时间有限，书中难免存在不足之处，敬请广大读者批评、指正。

编　者

第1章 维修基础与常识

1.1 电工知识与常识

1.1.1 电工知识（见表1-1）

表1-1 电工知识

项目	解　　说
电流	1）电流，就是电荷的定向流动 2）直流电，就是大小、方向都不随时间变化的电流，简记为 DC 3）交流电，就是大小与方向都随时间做周期性变化的电流，简记为 AC
电压	1）电压，就是在电路中任意两点间的电位差，电压为绝对值 2）电压的意义，要让一段电路中有电流，其两端就要有电压 3）电源的作用，就是要给用电器两端提供电压
电位	电位就是电路中以某点为参考点所测量的电位差，电位为相对值
电动势	1）电动势，就是在电源内部，由于其他形式的能量而在电源两端产生的电位差 2）描述电源把其他形式的能转化为电能本领大小的物理量 3）动生电动势，就是稳恒磁场中的导体运动，或者回路面积变化、取向变化等所产生的电动势 4）感生电动势，就是导体不动，磁场变化而在回路中产生的感应电动势
电阻	1）电阻，就是导体对电流的阻碍作用 2）电阻，也就是导体两端的电压与通过导体中电流的比值 3）导体的电阻反映了导体对电流阻碍作用的大小，电阻越大，阻碍作用越强

项目	解　说
耗电量、功率、电流、电压的关系	1）耗电量 = 功率 × 时间 = $U \times I \times T$ 2）功率 = 电流 × 电压 3）电流 = 功率 ÷ 电压
欧姆定律	欧姆定律，就是导体中通过电流的大小与加在导体两端的电压成正比，与导体的电阻成反比，即 $R = U/I$
电阻串联	1）电阻串联时，总阻值等于电路中每个电阻的和 2）电阻串联时，电路中电流处处相等，电路总功率等于各段电阻功率之和，即 $P = P_1 + P_2 + P_3 + \cdots$ 3）串联电路中，总电压等于各段电压之和，即 $U = U_1 + U_2 + U_3 + \cdots$
直流电路串联电阻分压	直流电路中，通过电阻的串联可以实现分压的目的，电阻越大，分配到的电压也越高。反之，所分配到的电压越小
电阻并联	1）电阻并联，加在各并联支路两端的电压相等 2）电阻并联，电路中总电流等于各分支电路的电流之和，并联电阻越多，总电阻越小，并且其值小于任一支路的电阻值
直流电路并联分流	直流电路中，可以通过电阻并联达到分流的目的，电阻值越大，分配的电流越小
绝缘体	绝缘体，就是不能导电的物体，如橡胶、塑料、云母、陶瓷、石蜡、纸张、油类、绝缘漆、玻璃、干木材等
1 度电	1 度电是指 1000W 的功率使用 1h 所消耗的用电量
工作接地	1）接地，就是将电气装置的某些金属部分用导体与埋设在土壤中的金属导体相连接，并与大地做可靠的电气连接 2）接地体（接地极），就是埋入地中并直接与大地接触的金属导体。接地体分为自然接地体、人工接地体 3）工作接地，就是将电器的带电部分与大地连接起来的接地方式
电容串联	1）电容串联时，电容量较小的电容器承受的电压较大 2）电容串联时，与电阻串联相反，也就是 $1/C = 1/C_1 + 1/C_2 + 1/C_3 + \cdots + 1/C_n$

（续）

项目	解　　说
电容并联	1）电容并联时，并联的电容越多，总电容量越大，也就是 $C = C_1 + C_2 + C_3 + \cdots + C_n$ 2）总电容的带电量等于各个电容的带电量之和，也就是 $Q = Q_1 + Q_2 + Q_3 + \cdots + Q_n$ 3）总电容的电压等于各个电容的电压，也就是 $U = U_1 = U_2 = U_3 = \cdots = U_n$
电容的应用特点	1）直流电路中，电容器充电完毕，在电路中相当于开路；在交流电路中，电容器则相当于短路 2）电容的滤波，主要作用是减少直流电压的交流分量 3）电容的脉冲，主要作用是吸收和提供大的浪涌电流波
频率	1）频率，就是在一秒钟内，交流电所完成的交变次数，频率用字母 f 表示 2）频率单位为赫兹，用字母 Hz 表示
振幅	振幅，就是交流电流或电压在一个周期内出现的最大值
相角与相角差	相角与相角差，就是在交流电瞬时值的表达中，正弦（或余弦）符号后面相当于角度的量
角频率	角频率，就是相角单位时间内变化的角度，以弧度数来表示时，符号为 ω，单位为弧度/秒（rad/s）
有效值	有效值，就是交流电流通过一个电阻，在一个交流周期内所损失的电能。如果与一个直流电流通过同一电阻时所损失的电能相等，则把该直流电流的大小，作为交流电流的有效值
瞬时功率	瞬时功率，就是交流电路中任一瞬间的功率
正弦交流电	1）正弦交流电，就是大小、方向随时间作正弦规律变化的电信号 2）周期，就是交流电循环变化一周所需的时间 3）瞬时值，就是交流电在某瞬间的数值 4）交流电的频率，就是一秒钟内所含有的周期数 5）频率与周期互为倒数，即 $f = 1/T$ 6）$T = 0$ 时的相位叫初相位 7）交流电的三要素：最大值、频率、初相位 8）交流电有效值：将一交流电与一直流电分别通过两个阻值相同的电阻，如果在一个周期内它们在各自电阻上产生的热量彼此相等，则把此时交流电的数值称作有效值。交流电有效值等于最大值的 0.707 倍

（续）

项目	解　说
保护接地	1）保护接地，就是防止电器的绝缘层损坏而使外壳带电或其他不带电工作的金属部件带电伤人而做的接地 2）电热水器等有关电器都需要连接保护接地，并且接地线必须正确接地
断路	断路，就是电源和负载未构成闭合回路
短路	短路，就是电源两端被电阻接近于零的导体接通时的状态
谐振电路	1）调节电路中的电感或电容使电路中的电压与电流达到同相位，这时电路中就产生了谐振现象。处于谐振状态的电路，称为谐振电路 2）谐振电路，分为串联谐振电路和并联谐振电路等 3）谐振曲线，就是回路中电流幅值与外加电压频率间的关系曲线
三相对称交流电路	1）三相对称交流电路，是由三个单相交流电路所组成 2）三相交流电动势由三相交流发电机产生
相电压	相电压，就是端线与零线间的电压，其值为220V
线电压	线电压，就是端线与端线间的电压，其值为380V
星形联结	将发电机三相绕组末端 X、Y、Z 连接在一起形成公共点 0，该点即为中点。从中点引出的导线称为零线，从三个始端 A、B、C 分别引出的导线称为端线，又称相线，即为星形联结
三角形联结	三角形联结，就是将每一绕组末端同相邻另一相绕组起端依次相连，使三相绕组构成一闭合回路

1.1.2　电工常识（见表1-2）

表1-2　电工常识

项目	解　说
家用交流电（市电）	1）家用交流电（市电）一般是指单相交流电，电压为220V。注意，工业用电一般是三相交流电，电压为380V 2）相线（L），一般是一根红色或棕色的线，具体还应考虑实际的应用情况 3）零线（N），一般是一根蓝色的线，具体还应考虑实际的应用情况 4）地线（E），一般是一根黄绿色的线，具体还应考虑实际的应用情况

（续）

项目	解　说
三相电热水器的总功率	三相电热水器的总功率等于每相电压乘以每相电流再乘以 3，也就是 总功率 = 电流 × 电压（220V） × 3 $P = U \times I \times 3$
零线、相线、地线的区分法（市电）	1）规范的情况：相线正规是采用 L 标志，零线正规是采用 N 标志，地线正规是采用 E 标志。检修时，应注意可能存在不规范的情况，则不得采用该判断法 2）电线颜色规范的情况：相线用红色或者棕色电线，零线用蓝色或者绿色电线，地线用黄绿双色电线。检修时，应注意可能存在不规范的情况，则不得采用该判断法 3）用试电笔测量，其中亮红灯的为相线 4）采用数字万用表的交流电压档来检测，首先把红色的表笔分别接触各条线接点，黑色表笔不要接触接线（或用右手捏住黑色表笔），再观察读数，其中读数基本不动的则为地线，读数较小的则为零线，读数最大的则为相线
接地线与接地电阻要求	接地线需要打入大地深处 1.2 ~ 1.5m，并且用接地表测得需要小于 4Ω，才是合格的接地要求
三角形联结的负载的引线	1）三角形联结的负载引线为三条相线与一条地线 2）三条相线间的电压为 380V，任一相线对地线的电压为 220V
星形联结的负载的引线	1）星形联结的负载引线为三条相线、一条零线、一条地线 2）三条相线间的电压为 380V，任一相线对零线或对地线的电压为 220V
铜芯电线、铝芯电线允许长期电流（承载电线负载电流值）	2.5mm² 铜线→允许长期电流为 16 ~ 25A 4mm² 铜线→允许长期电流为 25 ~ 32A 6mm² 铜线→允许长期电流为 32 ~ 40A 2.5mm² 铝线→允许长期电流为 13 ~ 20A 4mm² 铝线→允许长期电流为 20 ~ 25A 6mm² 铝线→允许长期电流为 25 ~ 32A
市场常见的电线规格	市场常见的电线规格有：2.5mm²、4mm²、6mm²、10mm²、16mm²、25mm²、35mm²、50mm² 等
安全用电	1）违反操作规程，接近或接触带电体，使电流通过人体会发生触电事故 2）实践证明，频率为 50 ~ 100Hz 的电流最危险。如果人体通过 50mA 的工频电流就会有生命危险 3）触电急救：脱离电源、现场急救、人工呼吸法救护等

1.2 元器件、零配件

1.2.1 通用元器件的特点（见表1-3）

表1-3 通用元器件的特点

名称	解　说
电阻器	1）电阻器的阻值常用单位有欧（Ω）、千欧（kΩ）、兆欧（MΩ）等 2）根据外形、制作材料不同，电阻器分为碳膜电阻、水泥电阻、金属膜电阻、无感电阻、热敏电阻、压敏电阻、贴片电阻等 3）电阻器阻值标注方法有数标法、色环法等
电容器	1）电容器一般用字母 C 来表示 2）电容器常用单位有微法（μF）、纳法（nF）、皮法（pF）等，1F = 1000000μF，1μF = 1000nF = 1000000pF 3）根据外形、制作材料不同，电容器分为铝电解电容、贴片电容、钽电解电容、云母电容、聚丙烯电容、无极电解电容等 4）电容主要的作用有滤波、旁路、耦合、通交流隔直流等
电感线圈	电感线圈的特性是通直流、隔交流
二极管	1）二极管的主要特点为单向导通，反向截止 2）根据作用不同，二极管分为降压二极管、稳压二极管、整流二极管、开关二极管、变容二极管、检波二极管、发光二极管等 3）二极管的主要参数：最大整流电流、最高反向工作电压等 4）利用二极管的单向导电性将交流电变成单向脉动电的过程，叫整流 5）整流电路种类：半波整流、全波整流等
晶体管	1）根据半导体基片材料不同，晶体管分为 PNP 型、NPN 型 2）晶体管的工作状态截止区的特点：发射结反偏、集电结反偏 3）晶体管的工作状态饱和区的特点：发射结正偏、集电结正偏 4）晶体管的工作状态放大区的特点：发射结正偏、集电结反偏
晶闸管	晶闸管在电路中能够实现交流电的无触点控制，以小电流控制大电流

（续）

名称	解　说
三端稳压集成电路	1）常见的三端稳压集成电路有正电压输出的 78××系列、负电压输出的 79××系列 2）78 或 79 后面的数字代表该三端稳压集成电路的输出电压。例如 7805 则表示输出电压为 5V 3）三端稳压集成电路的作用：当负载变动时，输出电压保持不变；对输入电压交流部分具有抑制能力；输入电压变动时，输出电压保持不变；输出电压不随温度变化；具有一些保护措施

1.2.2　常用元器件的检测（见表 1-4）

表 1-4　常用元器件的检测

名称	检　测
普通电阻	首先万用表两表笔（不分正负）分别与电阻的两端引脚相接即可测出实际电阻值，然后将读数与标称阻值进行比较（注意允许的误差），如果与标称值不相符，超出误差范围，则说明所检测的电阻变值或者损坏了
电位器	根据被测电位器阻值的大小选择恰当的万用表电阻档，然后检测固定端间电阻应为固定数值，检测固定端与可调端间电阻，在调动可调端的状态下，电阻应呈相应变化
正温度系数（PTC）热敏电阻	首先把万用表调到 R×1 档，具体可分两步操作： 1）常温检测（室内温度接近 25℃）：将两表笔接触 PTC 热敏电阻的两引脚测出其实际阻值，并与标称阻值相比较，两者相差在 ±2Ω 内即为正常。实际阻值若与标称阻值相差过大，则说明其性能不良或已损坏 2）加温检测：在常温测试正常的基础上，即可进行加温检测，将一热源（例如电烙铁）靠近 PTC 热敏电阻对其加热，同时用万用表检测其电阻值是否随温度的升高而增大，如果是，说明热敏电阻正常；如果阻值没有变化，说明其性能变劣，不能继续使用。注意不要使热源与 PTC 热敏电阻靠得过近或者直接接触热敏电阻，以防止将其烫坏
熔断电阻	首先选择万用表 R×1 档，如果测得的阻值为无穷大，则说明该熔断电阻已开路；如果测得的阻值与标称阻值相差太远，则表明电阻变值，不宜再用 　　如果无论选择万用表的什么档，熔断电阻均为 0，则说明熔断电阻可能已击穿短路

（续）

名称	检　测
光敏电阻	光敏电阻在常温下与光照下的电阻值如果没有差异，说明所检测的光敏电阻可能损坏 光敏电阻选择的光照源应有差异： 红外光光敏电阻——可以选择电视机遥控器内部的红外发射管 紫外光光敏电阻——可以选择验票机的紫外线灯管 可见光光敏电阻——可以选择白炽灯
压敏电阻	压敏电阻与普通电阻一样，是一种以氧化钡为主要材料制成的特殊半导体陶瓷元件。常温下，两引脚阻值正常应为∞，数字万用表为溢出符号，指针万用表的指针指到∞处。否则，说明压敏电阻已经损坏。电视机中常用压敏电阻的功率大约为1W
消磁电阻（电视机应用）	首先选择万用表的 R×1 档。当检测数值 >50Ω、<8Ω（正温度系数消磁电阻），以及检测数值与其标称数值相差在 ±3% 外时，则所检测的消磁电阻可能损坏了
电容	首先把万用表调到 R×10k 或 R×1k 档，然后把两表笔分别接触电容的两引脚，正常情况下，此时指针很快会向顺时针方向摆动（也就是电阻为零的方向摆动），然后逐渐退回到原来的无穷大位置。然后断开表笔，以及将红表笔、黑表笔对调，重复测量电容，如果指针仍按上述的方法摆动，说明电容的漏电电阻很小，表明电容性能良好，能够正常使用。如果与上述正常现象有差别，则说明所检测的电容已损坏
>0.01μF 的固定电容	>0.01μF 的固定电容检测时，需要交换表笔一次，因此，指针摆动有两次情况（正常状态）： 1）0 方向摆动，并且返回到∞位置 2）迅速交换表笔再检测，应摆动到其他位置，并且返回到∞
电感	首先把万用表调到电阻档，然后测试电感线圈的直流电阻。正常的电感线圈的直流电阻很小，如果测量出的直流电阻很大，说明电感线圈已断路
红外接收二极管	首先把万用表调到 R×1k 档，交换表笔测量管子两引脚间的电阻，正常时，应是一大一小。然后以阻值较小的一次为准，红表笔所接的引脚为负极端，黑表笔所接的引脚为正极端

（续）

名称	检　测
二极管（一般型）	首先选择万用表 R×1k 档，其中黑表笔作为电源正极，红表笔作为电源负极来检测：两只表笔分别接二极管的两个电极，测出二极管的电阻值，然后对换两只表笔再测量一次二极管的电阻值。如果先后两次所测得的阻值差异较大，说明被测二极管是好的。并且阻值小的为二极管的正向电阻，其阻值一般在 10kΩ 以下，锗管一般在 100Ω~1kΩ，硅管在 1kΩ~几 kΩ。阻值大的为二极管的反向电阻，其阻值一般在几百 kΩ 以上，有的甚至接近无穷大
肖特基二极管	检测肖特基二极管一般选择万用表 R×1k 档，红表笔接 K 阴极、黑表笔接 A 阳极，正常读数一般为 2kΩ 左右
快速、超快恢复二极管	首先把万用表调到 R×1k 档，然后通过检测其单向导电性即可判断：一般正向电阻为 45kΩ 左右，反向电阻为无穷大；然后用 R×1 档复测一次，一般正向电阻为几欧姆，反向电阻仍为无穷大
整流桥	检测整流桥是否开路、短路可以采用万用表的二极管档测试： 1）首先把万用表红表笔接 " - "，黑表笔接 " + "，一般应有 0.9V 左右的电压降，若调换表笔，则应无显示 2）首先把万用表红表笔接 " - "，黑表笔分别接两个输入端，均有 0.5V 左右的电压降，若调换表笔，则应无显示 3）首先把万用表黑表笔接 " + "，红表笔分别接两个输入端，均有 0.5V 左右的电压降，若调换表笔，则应无显示
高速开关二极管	硅高速开关二极管的正向电阻较大，一般采用 R×1k 档来测量，正常时正向电阻值一般为 5~10kΩ，反向电阻值为无穷大
双向触发二极管	首先把万用表调到 R×1k 档，正常时其正、反向电阻都为无穷大。如果交换表笔进行测量，万用表指针有向右摆动的现象，说明所检测的双向触发二极管有漏电现象
单极瞬态电压抑制二极管	首先把万用表调到 R×1k 档，然后测量其正、反向电阻，一般正向电阻为 4kΩ 左右，反向电阻为无穷大
双向瞬态电压抑制二极管	首先把万用表调到 R×1k 档，然后测量其正、反向电阻，一般无论是否调换表笔测量，其两引脚间的电阻值均应为无穷大。否则，说明所检测的管子性能不良或损坏
变容二极管	首先把万用表调到 R×10k 档，无论表笔怎样对调测量，其两引脚间的电阻值均应为无穷大。如果测量中，万用表指针向右有轻微摆动或阻值为零，说明被测变容二极管有漏电故障或击穿损坏

（续）

名　称	检　测
红外发光二极管	首先把万用表调到 R×1k 档，测量红外发光二极管的正、反向电阻，一般正向电阻为 30kΩ 左右，反向电阻为 500kΩ 以上，并且反向电阻越大越好
红外接收二极管	用万用表电阻档测量红外接收二极管正、反向电阻，根据正、反向电阻值的大小，即可初步判定红外接收二极管的好坏。具体判别方法与普通二极管相同
激光二极管	首先把万用表调到 R×1k 档，然后测量其正、反向电阻，正向电阻时，万用表指针仅略微向右偏转，反向电阻则为无穷大
NPN 型晶体管电流放大系数	黑表笔接 C 极，红表笔接 E 极，在 C、B 极间接一个 50～200kΩ 的电阻，看指针的摆动情况，摆动越大，说明 β 值越高
带阻尼行输出晶体管	带阻尼行输出晶体管内部接有阻尼二极管与保护电阻。可以采用万用表检测：把万用表调到 R×10 档，测量基极与集电极间、集电极与发射极间的正、反向电阻，一般正常的正向电阻明显小于反向电阻。在测量基极与发射极间的正、反向电阻时，由于保护电阻的存在，正向和反向电阻都非常接近 25Ω，如果实际测量中与上述情况相差较大，说明所检测的行输出晶体管可能损坏
晶闸管（一般型）	用万用表 R×1k 档测量阳极 A 与阴极 K 间的正、反向电阻都很大，在几百千欧以上，且正、反向电阻相差很小；用 R×10 或 R×100 档测量门极 G 与阴极 K 间的阻值，其正向电阻应小于或接近于反向电阻，则该晶闸管是好的。否则，晶闸管可能是坏的
单向晶闸管	如果测得各引脚阻值均为零，则说明该器件已损坏
门极关断晶闸管	用万用表 R×10 或 R×100 档来检测。测量晶闸管阳极与阴极间的电阻，如果读数小于 1kΩ，说明该晶闸管严重漏电，已经击穿损坏；如果测量门极与阴极间的电阻为无穷大，说明被测晶闸管门极、阴极之间断路，该管已经损坏
小功率光控晶闸管	将黑表笔接光控晶闸管的阴极，红表笔接阳极，无论是否有光信号输入，所测的反向电阻均应为无穷大，否则，说明该管损坏

（续）

名称	检　测
结型场 效应管	结型场效应管电极的判断可以根据其内部结构特征进行，其栅极与漏极、源极间为一个 PN 结而且与这两电极为对称结构，因此栅极与漏极、栅极与源极间的 PN 结电阻值相等，用万用表测量正向电阻数值均较小、反向电阻值均较大。据此可以判断出栅极。结型场效应管漏极与源极可以互相换用，因此可以不进一步区分。 　　栅极与漏极、源极间的正向电阻数值均小，一般为几百 Ω ~ 1kΩ，源极与漏极间的正反电阻数值均相同，为几 kΩ。据此，判断结型场效应管的质量，特别是测量的阻值为 0（短路标志）或者 ∞（开路标志）是管子损坏的基本表征。 　　场效应管好坏的判断图例如下： 说明：检测 MOS 管需要先放电
压电陶瓷 式蜂鸣片	压电陶瓷式蜂鸣片可以采用万用表来检测。首先把万用表调到 R×1 档，万用表表笔一端接压电蜂鸣片基片，即金属壳体，另一端断续轻叩压电蜂鸣片镀银层片极，此时万用表指针应有一定幅度的摆动。指针摆幅越大，说明该压电蜂鸣片的灵敏度越高。如果反复叩击，万用表指针均没有摆动现象，则说明压电蜂鸣片质量有问题
扬声器	扬声器的好坏可以通过一节干电池或者利用万用表的 R×1 档，然后利用连接导线或者表笔在一端固定扬声器一引线端，另一端去触碰扬声器另外一引线端，好的扬声器应有正常的"咯咯"声来判断
石英晶体	用示波器检测石英晶体振荡器/谐振器的输出引脚，正常情况下，起振的话会有波形，不起振则无波形

1.2.3 特殊元器件、零配件的特点与检测（见表 1-5）

表 1-5 特殊元器件、零配件的特点与检测

名称	解　说
干簧管	1）干簧管是一种磁敏的特殊开关。其两个触点由特殊材料制成，被封装在真空的玻璃管里。只要用磁铁接近干簧管，其两个触点就会吸合在一起，使电路导通 2）干簧管导通电阻为 0Ω，则为合格
变压器	1）变压器是由铁心与绕在绝缘骨架上的铜线圈构成的 2）利用变压器使电路两端的阻抗得到良好匹配，以便最大限度地传送信号功率
继电器	1）继电器是用漆包铜线在一个圆铁心上绕圈，当线圈中流过电流时，圆铁心产生磁场，把圆铁心上边带有接触片的铁板吸住，使之断开第一个触点而接通第二个开关触点 2）利用继电器，可以用小电流去控制其他电路的开关 3）根据通过的最大电流量，继电器分为 10A、16A、20A、30A、40A 等
电流互感器	可以将万用表调到 AC0～50V，再测量二次升压线圈两端应大约有 10V 电压。将万用表调到 R×1 和 R×10 档，检测升压线圈电阻，有的电流互感器为 500Ω 左右，交流电主回路线应为 0Ω。不同电流互感器检测数值有差异
断路器	1）断路器，又叫低压断路器 2）断路器的原理：工作电流超过额定电流、短路、失压等情况下，其会自动切断电路 3）断路器常见的型号/规格有 C16、C25、C32、C40、C60、C80、C100 等。其中 C 表示脱扣（起跳）电流，例如 C40 表示起跳电流为 40A 4）一般安装 6500W 热水器时，参考选择 C32 断路器 5）一般安装 7500W、8500W 热水器时，参考选择 C60 断路器 6）家用断路器，是当工作电流超过额定电流、短路、失电压、漏电等情况下，能够在 0.1～0.3s 自动切断电路 7）断路器常见规格有 10A、16A、25A、32A、40A、63A、100A、150A 等
变压器	变压器，就是用来把某一数值的交变电压变换成为同频异值的交变电压的设备
电能表	1）电能表分为电子表、机械表、单相表、三相表等，家庭使用单相电源电能表 2）电能表规格有 1.5（6）A、5（20）A、10（40）A、15（60）A、20（80）A、30（100）A 等，其中括号内的数字表示为额定最大电流，括号外的数字表示为标准电流

（续）

名称	解　说
电能表	3）如果选择电能表容量不够，则可以安装配电比为 1∶50、1∶100 等的互感器。1∶50 配电比，也就是额定最大电流可以为电能表的 50 倍。1∶100 配电比，也就是额定最大电流可以为电能表的 100 倍
电源品字插座	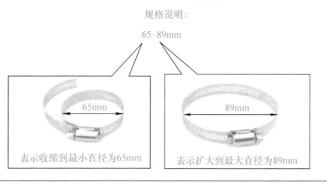
卡箍	

（电源品字插座图注）
4cm
2.1cm、2.2cm、2.3cm

电饭锅
电饭煲
通用电源插座

外观尺寸 一样可使用

电源品字插座种类
10A款
16A款
螺钉款
插片式

管参考选择卡箍规格	
4分管：16~25mm	2寸管：40~63mm
6分管：18~32mm	3寸管：76~92mm
1寸管：21~38mm	4寸管：105~127mm
1.2寸管：21~44mm	5寸管：127~152mm
1.5寸管：27~51mm	6寸管：160~180mm
2.5寸管：60~83mm	7寸管：180~203mm

应用管参考选择卡箍规格
家用水龙头管：16~25mm
洗衣机出水管：21~44mm
吸油烟机管：141~165mm
煤气管、天然气管、热水管：13~19mm
氧气乙炔管、汽车油管：10~16mm

尺寸换算：1寸＝3.33cm＝33.3mm

规格说明：

65~89mm

65mm

89mm

表示收缩到最小直径为65mm

表示扩大到最大直径为89mm

（续）

名称	解　说
玻璃熔丝管	1）熔丝管，可以用万用表 R×1 档来测量其通断情况：正常情况下，应为接通状态。如果熔丝管炸裂，相关元件也爆裂，则说明存在电压过高、大电流或短路故障，应排除故障后，才能够更换相符规格的熔丝管 2）维修代换时，需要看参数，常见的参数为 0.1～30A/250V，常见的尺寸为 5mm×20mm、6mm×30mm 等。代换时，选择相同参数的、相同尺寸的、相同外形的熔丝管。选择玻璃熔丝管座，更需要看玻璃熔丝管的尺寸、参数、外形等 玻璃熔丝管 F1A250V 表示是1A熔丝，1A是表示熔丝承受的电流；250V是表示熔丝承受的电压 30mm　6mm　型号 6×30 20mm　5mm　型号 5×20
陶瓷温度熔丝	1）电饭煲、电饭锅陶瓷温度熔丝 RF165、RF185、RF240，也就是 165℃、185℃、240℃ 2）规格有 10A/250V、15A/250V、20A/250V 3）长度大约 9cm，加长类型的大约 25cm 等
带线指示灯	热水器、消毒柜、橱柜设备等应用的带线指示灯，电压为 220V，常见开孔尺寸为 10mm，线长有 20cm 等规格，颜色有红色、绿色等
燃气阀门开关	燃气阀门开关种类多，一些规格尺寸如下： 4分内丝(20mm)　　4分内丝(20mm) 4分外丝　　　　　4分外丝 长度：70mm 高度：82mm 4分外丝　4分外丝　10mm 长度85mm 内外外活接燃气阀　　4分内外插燃气阀

（续）

名称	解 说
燃气阀门开关	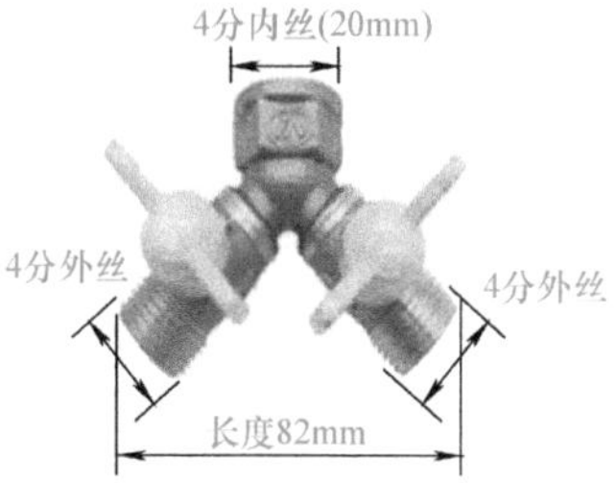 4分内外外燃气阀 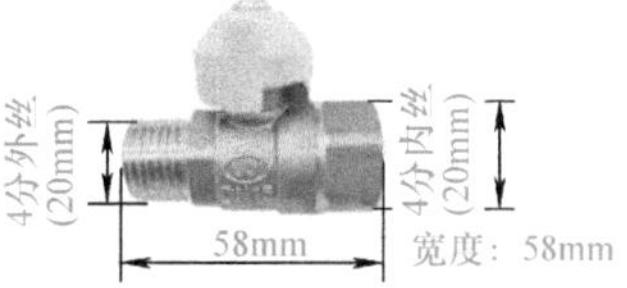 4分内外牙燃气阀 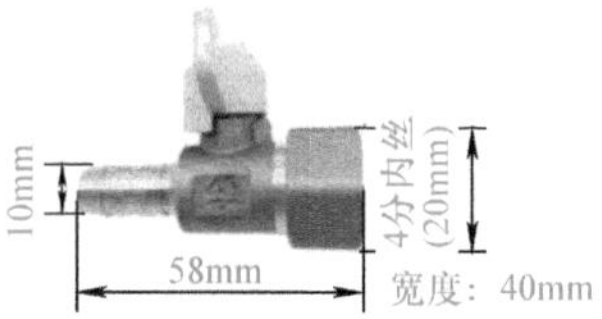 4分内牙气嘴阀 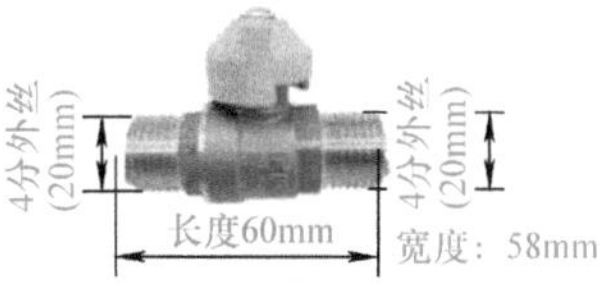 4分双外牙燃气阀 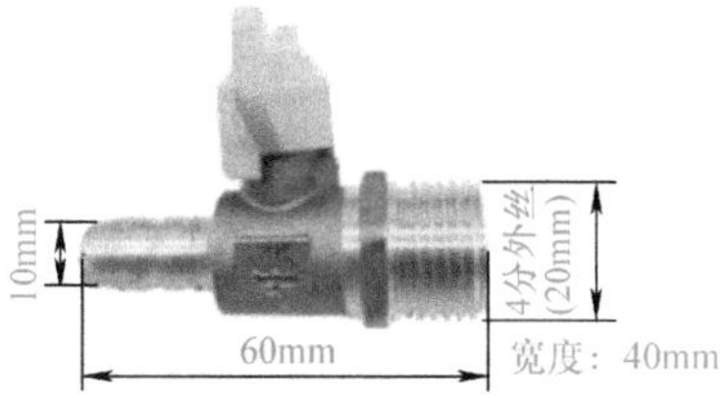 4分外牙气嘴阀
轻触按键开关	四脚立式 6mm×6mm×5mm 正方形轻触按键开关，常用于电磁炉等家电中

1.2.4 元器件的代换（见表 1-6）

表 1-6 元器件的代换

代换	代换要求或者原则、注意事项
保险元件 的代换	保险元件代换的一些注意事项如下： 1）代换保险元件前，需要分析保险元件损坏的原因，并且采用相应的措施来解决，以彻底排除短路故障 2）用相同规格的保险元件替换损坏的保险元件，不得随意调大参数

（续）

代换	代换要求或者原则、注意事项
串行 EEPROM 的代换	串行 EEPROM 代换的一些注意事项如下： 1）维修时，EEPROM 损坏后，尽量选用同型号的进行代换 2）间接代换，也最好使用相同系列、相同容量的存储器来代换 3）代换存储器时，一般不能够小于原型号存储容量 4）有的电器的电路中也不能用大容量的存储器进行代换，否则，代换后会出现一些奇怪的故障 5）不同厂家的 24 系列存储器，其 7 脚的接法有所不同。其中，AT、BR 等公司的 24 系列存储器，7 脚一般为写保护（WP）端，如果 7 脚接低电平（地）时，可以写入数据。ST 公司的 24 系列存储器，7 脚一般为写入模式控制（MODE）端，当 7 脚接高电平时，为多位元组写入模式；接低电平时，为页写入模式 6）有的电器的电路使用 24C 系列存储器代换 24W 系列存储器，可能会产生异常故障
带阻晶体管的代换	带阻晶体管代换的一些注意事项如下：如果没有带阻晶体管，可以用一只普通晶体管外接相应阻值的电阻来代换。有的电阻有两只，有的有一只，常见的数值有 10kΩ、27kΩ、2.2kΩ 等
电感元件的代换	电感元件代换的一些注意事项如下： 1）电感元件有大功率的、小功率的、体积大的、体积小的等种类，它们的电感量可能不一样。因此，有明显差异的电感元件一般不能够相互代换 2）体积大、铜线粗的大功率储能电感，一般而言损坏概率小。如果要代换这种电感元件，需要采用与其外表面上印的型号相同的代换，也就是它们对应的体积、匝数、线径都相同，才能够代换 3）变压器一类的电感元件，代换时，需要型号、规格、对应引脚都完全相同，才能够代换 4）贴片小功率电感元件体积小、线径细、封装严密，一旦通过的电流过大，内部温度上升后热量不易散发。因此，该类型的电感元件出现断路、匝间短路的概率比较大。代换时，需要体积大小相同 5）微型电感元件上一般没有标注电感量参数，只能够从印制板上标注的元件代号，以及用数字万用表测试其两端阻值来判断 6）体积、功率稍大的电感元件，其上一般有电感量的标识，并且小数点常用字母 R、N 来表示，电感量的单位是一般为纳亨（nH） 7）电感量为 μH 级别的小功率电感元件，一般用字母 K 与数字来表示其电感量

（续）

代换	代换要求或者原则、注意事项
电容的代换	电容代换的一些注意事项如下： 1）代换的电容，一般需要在耐压、温度系数等方面不能够低于原来的电容 2）应急维修时，可以使用质量可靠的有极性电解电容等值来代换钽电容 3）一般而言，不能用有极性电解电容代换无极性电解电容。如果无极性电解电容容量较小，可以使用其他无极性电容来代换 4）用于滤波电路的电解电容，一般而言只要耐压、耐温相同，稍大容量的电容可以代换稍小容量的电容。但是有些电路，电容值相差不可太大（例如交流市电整流滤波电容），因为电容容量太大，会造成开机瞬间对整流桥堆等器件的冲击电流过大，造成器件损坏 5）起定时作用的电容，一般而言尽量使用与原值相同的电容代换。如果代换的电容容量小，则可以采用并联方法来解决。如果代换的容量大，则可以采用串联方法来解决
电阻的代换	电阻代换的一些注意事项如下： 1）电阻代换时，尽量采用原材质的电阻来代换 2）一般而言，一般电路中允许以大功率电阻取代同值的小功率电阻 3）一般而言，固定电阻损坏，需要采用阻值、功率相同的电阻来代换。如果没有合适阻值或功率的电阻，则可以用几个阻值较小的电阻串联来代换大阻值的电阻，或者用几个阻值较大的电阻并联来代替小阻值的电阻。需要注意，各电阻上分担的功率数不得超过该电阻本身允许的额定功率 4）用于保护电路取样的电阻，需要采用原值、等功率的电阻来代换。如果用阻值小于原值的电阻来代换，则会影响保护电路的灵敏度。如果代换的阻值过大，则会导致保护电路误动作 5）阻燃、熔断电阻等特殊用途的电阻，不能够随便代换，也不得轻易用普通的电阻来代替精密的电阻 6）电位器的代换，需要保证外形、体积与原电位器大致一样，以便于安装，阻值允许变化范围为20%~30% 7）电位器的代换，新电位器的功率，一般要求不得小于原电位器。对于用于信号控制的电位器，可以用相应阻值的固定电阻器来代换
二极管的代换	二极管代换的一些注意事项如下： 1）一般而言，可以用特性相同、参数指标不低于原二极管的二极管来代换 2）稳压二极管，可以用两只或多只稳压二极管串联等值代换另一稳压二极管，但是需要满足功率要求 3）代换用的二极管，需要与原件的特性相同，不能够用硅管与锗管互换 4）特殊二极管（例如变容二极管、红外二极管、发光二极管等），一般需要用相同型号的二极管来代换

（续）

代换	代换要求或者原则、注意事项
IGBT 的代换	IGBT 在维修代换中的一些注意事项如下： 1）代换的 IGBT，需要考虑便于安装与调试。一般情况，从正面看，IGBT 固定在散热板下，散热板需要平放固定在电路主板上。如果因散热板与主板间的间隙较小，固定螺钉孔的限制等情况，可能需要采用同型号的 IGBT 来代换或者采用相应的改正措施 2）IGBT 的主要参数一般宜大不宜小，这样电器的安全系数要高一些。例如，对于功率在 2000W 以下的电磁炉，一般可以选用最大电流为 20A 或 25A 的 IGBT。对于功率等于或大于 2000W 的电磁炉，一般选用最大电流为 40A 的 IGBT。维修时，如果没有大电流 IGBT，则可以采用两只小电流的 IGBT 并联代换，也就是两只 IGBT 的 C、E、G 极分别连在一起 3）代换时，需要区分 IGBT 是内含阻尼二极管的，还是不内含阻尼二极管的 IGBT。一般情况下，最高耐压、最大电流符合要求时，内含阻尼二极管的 IGBT 可以代换不内含阻尼二极管的 IGBT。如果采用不内含阻尼二极管的 IGBT 代换内含阻尼二极管的 IGBT 时，需要在新换的 IGBT 的 C、E 极间加接一只快恢复二极管（也就是相当于外接一只阻尼二极管），常见的可以外接的二极管型号有 BY459、SSJ53 等
MOS 管的代换	MOS 管代换的一些注意事项如下： 1）遇到 MOS 管损坏，一般情况下，应采用相同型号的器件来更换，这样可以避免间接代换等带来的额外问题 2）检测到 MOS 管损坏后，更换时，其周边的灌流电路的元器件一般也需要全部更换 3）如果手边没有相同的 MOS 管，则可以采用其他型号的 MOS 管来代换。这时，需要考虑性能、参数、外形尺寸等。有的应用中，不同型号 MOS 管代换时只需要考虑耐压、电流、功率，并且是功率大一些为好。一些应用中，代换的 MOS 管功率不得太太多，因为功率大，输入电容就大
分立元件代换厚膜电路	分立元件代换厚膜电路的一些注意事项如下： 1）首先需要根据原厚膜电路的内部结构，设计好代换组件的印制电路板、布线、有关端脚引出等情况 2）根据原电路标识的元器件参数，选择好代换的元器件 3）进行安装、调试
晶体管的代换	晶体管代换的一些注意事项如下： 1）晶体管代换时，需要用同类导电类型的管子来代换，这也是基本要求。具体地讲，就是要求 PNP 型晶体管代换 PNP 型晶体管，NPN 型晶体管代换 NPN 型晶体管

代换	代换要求或者原则、注意事项
晶体管的代换	2）晶体管集电极最大允许电流（I_{CM}）不得低于原晶体管的 3）晶体管集电极允许最大耗散功率（P_{CM}）不得低于原晶体管的 4）两个 PN 结反向电压（BV_{ceo}）的耐压值需要足够高，以免管子被击穿。该值需要大于电路的峰值电压，一般要求大于电源电压的两倍。对阻容耦合输出的电路，该值需要大于电源电压。对变压器输出的电路，该值需要大于电源电压的 2 倍。工作在脉冲状态、负载为电感元件的电路，该值需要大于电源电压的几倍到几十倍 5）代换时，注意晶体管管脚的排列位置 6）代换时，可能需要满足管子的特殊参数，例如噪声系数、饱和压降等要求 7）代换时，可以用性能好的晶体管代换性能差的晶体管，用参数值高的晶体管代换参数值低的晶体管 8）晶体管的电流放大倍数 β 需要符合电路的要求，并不是越高越好。如果晶体管的 β 值太低，则不能适应电路应具备的工作任务。如果晶体管的 β 值太高，则电路工作可能不稳定。如果要求代换的管子与另一管子配对，一般需要选择与另一管子相匹配的 β 值，以免工作不对称，引起失真与 β 值高的管子易烧坏等现象 9）晶体管的特征频率 f_T，一般 f_T 高的晶体管增益高、噪声低。对于工作在低放、中放、高放、振荡、开关状态中的晶体管，其 f_T 均要求高于实际工作频率上限的 5 ~ 10 倍 10）一般情况下，可以用开关管代换普通晶体管 11）一般情况下，在保证 P_{CM} 不低于原晶体管的前提下，可以用高频晶体管代换低频晶体管，用复合晶体管代换普通晶体管
消磁电阻的代换	消磁电阻代换的一些注意事项如下： 1）一般情况下，不管是三脚的消磁电阻，还是两脚的消磁电阻，均可以互相代换 2）用两脚消磁电阻代换三脚消磁电阻时，需要使接入的消磁电阻与消磁线圈串联 3）用三脚消磁电阻代换两脚消磁电阻时，需要将电阻值最小的两个脚接入电路

（续）

代换	代换要求或者原则、注意事项
温度熔丝的代换	温度熔丝代换的一些注意事项如下： 1）RH 系列温度熔丝是采用塑料方壳或半圆封装外形、陶瓷圆柱封装外形。这种温度熔丝类似于 RF 系列元件，其额定动作温度大多在 75 ~ 200℃，额定电流大多为 1A、2A、3A，少数大功率的 RH 系列温度熔丝为 5 ~ 20A 2）RF 系列温度熔丝采用陶瓷圆柱封装外形，外形与普通灰色、黑灰色外观的碳膜电阻相似，其额定动作温度为 75 ~ 250℃，额定电流为 1A、2A、3A、5A、10A、15A 3）RS 系列温度熔丝采用陶瓷、塑料材料具有安装孔的封装外形，其额定动作温度为 75 ~ 250℃，额定电流为 5A、10A 4）RY 系列温度熔丝是有机化学化合物型，其外形与金属圆柱封装的金属膜电容相似，其额定动作温度大多为 55 ~ 320℃，额定电流为 10A、15A 5）一般小家电中，大多采用 RF、RH01、RH02、RH03 等系列的低熔点合金型温度熔丝 6）电饭煲中，大多采用低熔点合金型的 RH、RF 系列温度熔丝，其额定温度为 30 ~ 150℃，额定电流为 5 ~ 10A。具体不同的电饭煲，所用的温度熔丝规格不尽相同，但是一般的 600 ~ 800W 电饭煲，大多采用 135 ~ 145℃、5 ~ 10A 规格温度熔丝，代换的时候可以参考一下 7）温度熔丝损坏后，一般需要用同规格或相似特性的元件来代换 8）一般温度熔丝外表上都有标注，代换前，需要看清标注，以便采用合适的配件来代换 9）如果一时没有相应的代换件，采用普通熔丝、电阻来代换，或者省去温度熔丝不用，或者直接把温度熔丝短接。这样做，只能够应急暂时用一下，必须很快恢复采用温度熔丝来保护应用 10）温度熔丝一般外套有耐高温塑料套管，再用金属支架或弹簧钢片紧贴安装在小家电的发热元件或金属底座上。拆卸时，拧下固定螺钉就能卸下。拆装时，不可乱撬乱拔，以免损坏零部件。重新安装时，需要先套好耐高温套管，再装好支架或簧片，再在原位置固定好即可 11）温度熔丝常用夹接或点焊方式与电源导线进行连接。如果绞接，需要在绞接区域上锡
机械式温控器的代换	机械式温控器代换的一些注意事项如下： 1）一般情况下，三脚温控器可以代替两脚温控器。但是，两脚温控器不能够代换三脚温控器，否则会导致冬季补偿发热功能缺失等情况 2）一般情况下，冷断点低的温控器可以代替冷断点高的温控器，但是温度范围不能够差距太大

（续）

代换	代换要求或者原则、注意事项
机械式温控器的代换	3）类型相同、冷断点相近的防爆型温控器可以代换非防爆型的温控器 4）空间、安装位置不允许的条件下，鹭宫型机械式温控器只能够代换鹭宫型机械式温控器，兰柯型机械式温控器只能够代换兰柯型机械式温控器 5）空间允许与安全的条件下，鹭宫型机械式温控器与兰柯型机械式温控器可以互换 6）WDF 型温控器不能够代替 WPF 型温控器，以免引起开机温度过高现象 7）WPF 型温控器可以代替 WDF 型温控器，但是需要注意温度调节的范围
集成电路的代换	集成电路代换的一些注意事项如下： 1）引脚功能相同、工作电压一致、各引脚电压一样的集成电路，一般可以互换使用 2）对于 MCU、存储器，除了常规集成电路代换的要求外，还要求内部程序相同
石英晶体振荡器的代换	石英晶体振荡器代换的一些注意事项如下： 1）石英晶体振荡器损坏后，尽可能使用与原型号相同的晶体振荡器来代换 2）无同型号晶体振荡器可代换的情况下，可以考虑用参数相近的晶体振荡器来代换 3）代换损坏的晶体振荡器时，需要注意区分该石英晶体振荡器适用在串联谐振电路中，还是适用在并联谐振电路中。两者的负载电容不同，是不能够直接代换的
液晶屏的代换	液晶屏代换的一些注意事项如下： 1）尺寸要相同 2）结构要相符 3）物理分辨率要相同 4）帧频要相同（60Hz 或 120Hz） 5）注意信号比特（8bit 或 10bit）要相同 6）先简后繁，先同品牌后不同品牌

1.3 维修方法与维修工具

1.3.1 家电维修方法（见表1-7）

表1-7 家电维修方法

名称	解　说
代码法	代码法是根据电器的故障代码含义来检修电器的一种方法。例如变频空调代码法的检修步骤如下： 第一步 确认故障代码、外机控制器故障指示灯显示方式　→　第二步 根据代码、外机控制器指示灯显示方式，确定故障内容　→　第三步 根据故障内容，按照标准化流程测试、分析、处理
单元电路检查法	单元电路检查法就是根据单元电路的特点来进行检测的一种方法
电流法、电流测量法	电流测量法也叫作电流法，是通过测量不同工作状态下的工作电流，从而判断故障的大致部位的一种方法
电压法、电压测量法	1）电压测量法也叫作电压法，是通过测量不同工作状态下的工作电压，从而判断故障的大致部位的一种方法 2）电压测量法可以将所测电压与正常工作参考电压进行比较，然后根据比较结果确定故障范围。采用电压测量法时，需要注意静态（无信号）与动态（接收信号）等不同情况下的数值差异 3）电压测量法检测的范围广，包括电源输出电压、集成电路引脚电压等
电阻法、电阻测量法	1）电阻测量法也叫作电阻法，是通过测量不同工作状态下的电阻，从而判断故障的大致部位的一种方法 2）电阻测量法可以将所测电阻与正常参考电阻进行比较，然后根据比较结果确定故障范围。采用电阻测量法时，需要注意元件的离线状态与在线状态等不同情况下的数值差异 3）电阻测量法检测的范围广，包括电源输出端电阻、集成电路引脚端电阻等
调试法	调试法就是指通过调试恢复电器原有工作状态的一种方法

（续）

名称	解 说
短路法、短路检查法	短路检查法也叫作短路法，是把某元器件、某电路直接短路，或者采用电容短接，从而判断故障部位的一种方法
断路检查法、开路检查法	开路检查法也叫作断路检查法，是把某元器件、某电路断开，从而缩小故障范围或者判断故障部位的一种方法 开路检查法在检查电源电路时尤为实用
分段处理法	1）分段处理法就是根据某一分段依据把电路、电压、电流分成不同的阶段来进行检测，从而判断出故障的一种方法 2）分段处理法分为电压分段处理法、电路分段处理法等
分割检查法	1）分割检查法是一种能够有效缩小故障范围的一种检测方法，首先是在分析的基础上，分割排除其他部分，集中精力检修故障发生的部分 2）分割检查法在检修过程中，可以通过拔掉部分转插、断开某一电路、甩掉某一元器件等来缩小故障范围 3）对于大电流短路故障，一般采用分割检查法效果较为显著
干扰检查法	干扰检查法就是利用人为地给电路施加杂波干扰信号，从而判断故障部位的一种方法。干扰检查法包括信号干扰法、人体干扰法
感温探测法	1）感温探测法就是探测元器件的温度是否异常，从而判断故障原因的一种方法。如果发热元件是滤波电阻或其他电阻，则多数是别的元件短路引起的，则一般需要检查其附近与相关的元器件是否短路，以及滤波电阻后面的电路是否有短路现象 2）如果是集成块存在烫手的现象，则可能是过电流故障。如果电动机外壳烫手，则可能是转子摩擦定子造成的。如果是电源变压器烫手，则可能是二次侧存在短路现象
感振探测法	感振探测法就是通过检测振动是否异常，从而判断故障原因的一种方法。例如音响异常，可以通过检测是否存在机械振动、磁头振动、皮带振动等来判断
隔离法	1）隔离法就是将可能妨碍故障判断的硬件或软件屏蔽起来，从而判断故障原因的一种方法。这种方法可以用来将怀疑相互冲突的硬件、软件隔离开，从而为判断故障提供了方便 2）软件屏蔽主要是停止其运行，或者卸载软件。硬件屏蔽，主要是在设备管理器中，禁用、卸载其驱动，或者将硬件卸掉

（续）

名称	解　说
故障再生检查法	故障再生检查法就是有意识地让故障重复发生，以及使故障发生、发展、转化过程变得缓慢，以便提供充足的观察机会、次数、时间与过程，从而判断故障原因的一种方法
加接电感法	加接电感法就是增设电感达到消除干扰的目的，从而排除故障。例如用一个电阻、一个电感线圈、三个电容组成一个消除干扰的电路，接在电源进线上，可以将不同成分的干扰信号消除掉
加接电容旁路法	加接电容旁路法是排除干扰的方法之一，例如，为消除发电机产生的干扰，可以在发电机的蓄电池端与发电机外壳间加装一只（0.01～0.047）μF/50V 的固定电容
加接电阻隔离法	加接电阻隔离法是排除干扰的方法之一，例如，汽车收音机发出一连串的"滴滴"声，为了消除或减弱这种干扰，在点火线圈与配电器间的高压线上串接一个 1kΩ 以下的抑制干扰隔离电阻，能够抑制干扰
加热法	有的电器在热机后才出现故障，检修时，可以用电烙铁或电吹风等热源对可疑元器件进行加温，使故障出现，从而判断出故障原因
经验检查法	经验检查法就是吸取同行业经验教训，对高风险部件加强检查的一种方法。经验检查法也可以根据维修者自己的经验情况来检修、判断
开路法与短路法	如果电路中某些元器件或单元电路属于辅助电路，或其开路、短路后并不影响电路的工作状态或造成其他元器件损坏，则把该元器件或单元电路开路或短路的一种维修方法
跨接法	跨接法是一种应急维修方法，跨接可以用细的高强度漆包线、0Ω 电阻、电容等进行
冷却法	电器故障出现后，可以在允许的情况下用酒精棉球对可疑元器件降温，如果故障消失，即可判断该元器件存在热稳定性不良
流程图检查法	流程图检查法就是利用信息系统的各种流程图来检查电器是否正常或者根据检修步骤流程图判断故障的一种方法
逻辑推断法	逻辑推断法就是以故障现象与故障原因间的逻辑关系为突破口，然后顺藤摸瓜，找出故障元器件，解决问题
万用表测量法	万用表测量法就是利用万用表对故障电路、元器件进行电压、电流或电阻等参数的测量，并且通过与正常工作时的数值相比较，从而判断出故障所在的一种方法

（续）

名称	解　说
压紧法	压紧法就是通过对集成电路、板块、接口等压紧，从而判断出故障所在的一种方法
直观观察法	直观观察法就是通过外观观察电器机内电路、元器件等情况，从而判断出故障的一种方法
重新刷固件法	有的电器控制软件相当复杂，容易造成数据出错、数据丢失等现象。出现有些故障时，重新对电器加载软件，可排除故障
逐步添加/去除法	1）逐步添加法是以最小系统为基础，每次只向系统添加一个部件/设备或软件，从而检查故障现象是否消失或发生变化，通过这样来判断，以及定位故障部位的一种方法 2）逐步去除法与逐步添加法的操作相反。另外，逐步添加/去除法一般要与替换法配合，才能够较为准确地定位故障部位
自诊检查法	自诊检查法就是利用电器自诊功能来判断电器故障原因与部位的一种方法
综合法	综合法就是综合利用各种方法进行判断的一种综合性方法
拔插检查法	1）拔插检查法就是拔掉怀疑有故障的零部件、元器件或者它们所在的板块，然后观察拔掉后的电器效果，从而判断故障的一种方法。拔插检查法还包括插入好的零部件、元器件或者它们所在的板块，然后观察插入后的电器效果，从而判断故障 2）拔插检查法可以确定故障是在主板，还是I/O设备、其他模块、零部件。该方法主要用于易拔插的维修环境。另外，注意有的电器不能够带电拔插
比较法	比较法与替换法类似，它是用好的部件与怀疑有故障的部件进行外观、配置、运行现象等方面的比较，从而判断故障是电器设置问题，还是硬件问题。比较法也可以在两台电器间进行比较，以便找出故障部位
波形测量法、波形法	波形测量法又叫作波形法，是利用示波器，对电器相关电路的信号测量出波形，然后比较波形，从而对电器进行故障判定。波形测量法一般适合电路结构较复杂的电路
补焊法	一些电器电路的焊点面积小，承受力小，容易出现虚焊等故障。针对该故障，一般可以通过补焊进行解决
拆次补主法	拆次补主法就是在维修电器时，如果缺少某个元器件，有时可以采用"弃车保帅"的方法，将次要的、拆去后不受影响的元器件拆下来，用来代换主要电路上损坏的元器件，从而使电器恢复正常工作

（续）

名称	解说
代换法	代换法是用正常的元器件或电路板来替换怀疑有故障的元器件或电路板，从而判断故障部位、元器件的一种方法。对于型号不同，但性能参数相同的元器件也可以互换使用。代换法换下来的元器件有时不一定存在故障。另外，代换法一般在故障存在不确定性的情况下使用
盲焊法	盲焊法就是对怀疑有故障的虚焊点逐一焊一遍，这样对于一些虚焊引起的故障比较实用
面板法	面板法就是根据电器面板指示灯的状态，或显示窗中显示出的代码信息，采取相应的方法，排除故障，面板法包括了指示法、代码法
敲打法	敲打法一般用在怀疑电器中的某部件有接触不良的故障时，通过振动、适当的扭曲，或用橡胶锤敲打部件或电器的特定部件来使故障复现，从而判断故障部件
清洁法	某些故障可能是由于电器内灰尘、异物较多、存在腐蚀等原因引起的，因此，维修时需要清洁灰尘或其他异物，清洁法包括吹风机吹尘、无水酒精清洗等
替代法、替代检查法	替代法就是用好的元器件或相近的元器件代替某个元器件，从而达到排除故障的一种方法
听放音效果法	听放音效果法就是听放音效果的情况来判断故障的方法，该方法主要用于录音电器故障的检测与判断
听放音噪声法	听放音噪声法就是听放音噪声的情况来判断故障的方法，该方法主要用于录音电器故障的检测与判断
听录音效果法	听录音效果法就是听录音效果的情况来判断故障的方法，该方法主要用于录音电器故障的检测与判断
听抹音效果法	听抹音效果法就是听抹音效果的情况来判断故障的方法，该方法主要用于录音电器故障的检测与判断
听收音效果法	听收音效果法就是听收音效果的情况来判断故障的方法，该方法主要用于录音电器故障的检测与判断

1.3.2　维修工具（见表1-8）

表 1-8　维修工具

工具	解　说
钳形表	钳形表的使用方法如下： 1）首先调零 2）选择合适的量程，一般先选择大量程，后选择小量程或看铭牌值估算量程 3）使用最小量程测量，其读数还不明显时，则可以将被测导线绕几匝，并且匝数要以钳口中央的匝数为准：读数 = 指示值 × 量程/（满偏 × 匝数） 4）测量时，需要使被测导线处在钳口的中央，并且使钳口闭合紧密，以减少误差 5）测量完后，需要将转换开关放在最大量程位置 6）测量注意事项：被测线路的电压要低于钳形表的额定电压。钳口要闭合紧密不能带电换量程。测高压线路的电流时，要戴绝缘手套，穿绝缘鞋，站在绝缘垫上
试电笔	试电笔的操作注意事项如下： 1）普通试电笔测量电压范围在 60～500V 之间，低于 60V 时试电笔的氖泡可能不会发光，高于 500V 则需要用高压检测仪 2）使用试电笔时，一定要用手触及试电笔尾端的金属部分或者接触金属笔卡 3）使用试电笔时禁忌：不允许触及试电笔前端的金属部分
电烙铁	使用电烙铁的一些注意事项如下： 1）使用前必须检查电源线、保护接地线的接头是否正确 2）初次使用新电烙铁，应先对烙铁头搪锡 3）电烙铁发热器由于多次发热，易碎易断，使用时应轻拿轻放，不要敲击 4）焊接时，宜用松香或中性焊剂作为助焊剂 5）烙铁头应经常保持清洁 6）使用中若发现烙铁头工作表面有氧化层或污物，应在石棉毡等织物上擦去，以免影响焊接质量 7）电烙铁烙铁头工作一段时间后，出现因氧化不能上锡的现象，需要采用锉刀或刮刀去掉烙铁头工作表面黑灰色的氧化层，然后重新搪锡 8）不使用电烙铁时要放在特制的烙铁架上，以免烫伤工作人员或其他物品

1.4 学修扫码看视频

第2章　电热水器、燃气热水器、空气能热水器与太阳能热水器

2.1　电热水器

2.1.1　电热水器的外形与结构

储水式电热水器内胆总是装满水并且有一定压力。通电加热到设定的温度时，温控器切断加热管的电源。热水流出后，冷水进入内胆，温控器的温度传感器被冷水冷却，温控器接通加热管的电源，加热管开始工作。冷水被加热，直到达到设定温度。电热水器内胆里的所有水保持该温度，直到热水被放出。

储水式电热水器的外形与结构如图 2-1 所示。其基本上是由外

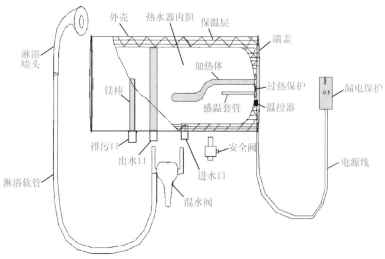

图 2-1　储水式电热水器的外形与结构

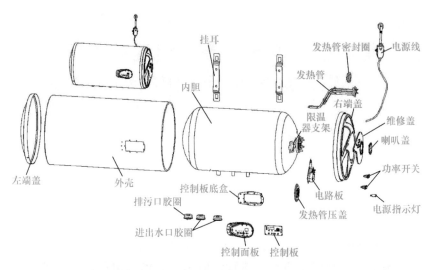

图 2-1　储水式电热水器的外形与结构（续）

壳、内胆、发泡层（保温层）、电器件（电源线、加热管、温控器、热断路器等）、进出水管、随机配件（安全阀、混水阀）等组成。

即热式电热水器的结构如图 2-2 所示。

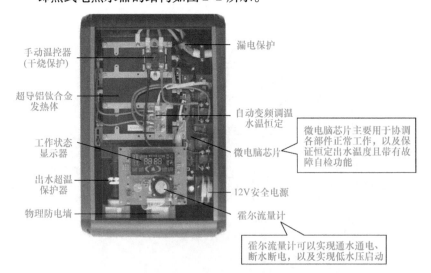

图 2-2　即热式电热水器的结构

2.1.2　储水式电热水器的部件（见表 2-1）

表 2-1　储水式电热水器的部件

名称	解　说
安全阀	安全阀是用来保护内胆，减少内胆的承受压力的。当内胆内的压力或自来水进水的压力大于额定压力时，安全阀会自动泄压，起到保护内胆的作用
单极温控器	1）温控器失效，热水温度被加热到极限值时，温控器会自动跳闸断开电源，起到过热保护作用 2）单极温控器最高设定温度一般为 90℃ ±3℃ 3）单极温控器主要用在机械式电热水器 4）双金属片单极温控器的好坏判断：首先把万用表调到 R×10 档，并且调零，然后用表笔测量其两端子。单极温控器常态下正常情况为断开状态，否则，说明该温控器可能异常。用表笔测量其端子与金属外壳，正常情况应为不导通。否则，说明该温控器可能异常
电源板	电源板主要是给控制板、电热管提供电源等
发泡层（保温层）	发泡层（保温层）主要是用来保温、隔热
混水阀	混水阀是用来将热水与冷水混合，以达到所需的水温
加热器	1）加热器是电能向热能转化的装置，主要用来对水进行加热 2）加热器的参数有功率、电压、电流等 3）常见加热器功率为 1500～3000W 等 4）电热管的好坏判断：首先把万用表调到 R×10 档，然后检测电热管两端子间电阻，如果测得电阻值为无穷大，则说明该电热管烧断开路。如果检测的阻值太小，则说明该电热管可能老化了。不同的功率，其阻值不同。例如 1350～1575W 的电热管，正确阻值为 30.7～35.8Ω 5）电热管的好坏判断：首先把万用表调到 R×10k 档（或 2M 档），红表笔接端子，黑表笔接安装盘，正确阻值应大于 2MΩ。否则，说明该电热管的绝缘可能损坏，需要更换，以防漏电
温控器	1）温控器其实就是温度开关，其可以用于控制热水器加热的最高设定温度 2）温控器可以分为可调式温控器、定温式温控器等 3）储水式电热水器温控器最高设定温度一般为 75℃ ±3℃
控制板	控制板用于控制所有的工作程序等

（续）

名称	解　说
漏电保护插头与电源线	1）漏电保护插头电源线，主要起到连接电源与防止漏电的作用。如果热水器发生漏电，则漏电保护插头会自动断开电源，起到漏电安全保护作用 2）正确情况下，通电后，按漏电保护插头上的试验按钮，漏电开关应立即跳闸 3）漏电保护插头电源线好坏的判断：首先把万用表调到 R×10 档，然后用红表笔接插头一端，黑表笔接连线端子，插头端子与连线末端端子一一对应，正常情况为导通状态。四线的漏电保护插头通电后用蓝色接线端与超温信号线端相接触，漏电开关正常情况应立即跳闸，按下复位键，电源指示灯正常情况应点亮 4）拆下来的漏电保护插头电源线好坏的判断：首先复位漏电保护插头电源线，然后将万用表调到 R×10k 档（或2M 档），任意两插头端子间阻值正常应在7MΩ 以上
内胆	内胆是组成电热水器的主要部件之一，搪瓷内胆保护层是瓷釉材料
热断路器（超温器）	热断路器（超温器）在温控器失效且温度超过设定值达到极限值时，能够自动切断加热电源，从而达到过热保护的目的
双极温控器	1）双极温控器最高温度设定为90℃±3℃，其主要用在电脑式、防电墙电热水器中 2）双金属片温控器好坏的判断：首先将万用表调到 R×10 档，并且调零，然后用表笔测量其两端子。双极温控器常态下正常情况为导通状态，否则，说明该温控器可能异常。用表笔测量其端子与金属外壳，正常情况应为不导通。否则，说明该温控器可能异常
外壳	外壳一般是由 0.5mm 厚度的钢板经喷粉处理而成的
温度表	温度表主要显示热水器热水的温度
液体膨胀式双极温控器	1）液体膨胀式双极温控器与热断路器一样，最高温度一般设定为90℃±3℃，其主要用在超薄系列电热水器中 2）液体膨胀式温控器好坏的判断：首先用万用表调到 R×10 档，并且调零，然后用表笔检测温控器的两端子，正常情况应为导通。否则，说明该温控器可能损坏了。用表笔测量控温器的两端子与金属外壳，正常情况应为不导通。否则，说明该温控器可能损坏了
指示灯	指示灯主要用来显示是否在加热或电源是否接通等

2.1.3 其他电热水器的部件（见表2-2）

表2-2 其他电热水器的部件

名称	解 说
70℃自动复位温控器	1）70℃自动复位温控器相当于一个由温度控制的自动开关。出水温度超过70℃时，则会跳开；出水温度低于70℃时，则会自动加热 2）70℃自动复位温控器好坏的判断：如果温度低于70℃，用万用表电阻档测量温控器，导通则判断温控器正常。如果不导通，则判断温控器异常。如果温度超过70℃±3℃，开路则判断温控器正常。不开路，则判断该温控器可能异常
95℃手动复位温控器	1）95℃手动复位温控器主要是防止干烧对电热水器的损坏，可以用于代替熔断器。当温度超过95℃时，温控器起跳。温度降低后，不能自动复位，需要手动按下温控器中间的小圆钮才能复位 2）95℃手动复位温控器好坏的判断：如果温度低于95℃手动复位后，用万用表电阻档测量，导通则判断温控器正常。如果不导通，则判断温控器异常。如果温度超过95℃±3℃，开路则判断该温控器为正常状态。不开路，则判断该温控器可能异常
变压器	1）电热水器变压器好坏的判断：一次侧阻值一般是几百欧，如果检测的一次侧阻值相差大，则说明该电热水器变压器可能损坏了 2）电热水器变压器好坏的判断也可以通过输入输出电压来判断，如果输入输出电压异常，则说明该电热水器变压器可能损坏了
继电器	电热水器继电器好坏的判断：通过检查继电器触点间的闭合、断开是否正确来判断
漏电线圈	1）漏电线圈主要用在机器内部，电源线的相线、零线从漏电线圈内部穿过。当泄漏电流时，其能够产生感应电流，并且给控制板提供漏电信号，然后传送到控制板发出指令，使双回路继电器跳开断电 2）漏电线圈电感比较灵敏，需采用专用测量电感的仪器来测量，也可以采用代换法来判断
温度传感器	1）温度传感器是由负温度系数热敏电阻制成的，其温度越高电阻变得越低，也就是出水温度升高，温度传感器的电阻会降低 2）温度传感器好坏的判断：可以采用万用表电阻档测量，25℃时，电阻大约为50kΩ，然后用手捏住感温探头，如果电阻变小，直到稳定在大约30kΩ，则说明该温度传感器正常。如果温度传感器电阻变化时大时小，或无变化，则说明该温度传感器异常

（续）

名称	解　说
涡流开关	通水后水流使涡轮转动，涡流开关内部芯片产生信号并送往单片机，电热水器开始加热。断水后，电热水器单片机停止工作
显示板	电热水器显示板好坏的判断：可以采用替代法来判断其好坏
主板	不同电热水器的主板有差异，判断其好坏的参考方法如下： 1）判断主板输出电压是否正常，以此来判断热水器的主板情况 2）采用替代法，来判断热水器的主板情况
发热管	1）发热管的作用：对水进行加热、换热等 2）可以使用指针万用表 R×20M 档来判断：用其中的一根表笔接发热管的零线公共端（四支管连接一起的），另一表笔接发热管的外壳，正确情况应显示无穷大。如果万用表的指针回零，则说明该紫铜管发热体存在漏电现象 3）可以使用万用表的电阻 R×200 档来判断：通过分别测量每组发热管电极端的电阻是否正常来判断。对不同类型，该判断数值有差异，例如有一种紫铜管发热体正常阻值为 10～15Ω

2.1.4　电热水器故障维修（见表2-3）

表2-3　电热水器故障维修

故障现象	故障原因	检修处理
出水温度偏低	1）温度设置低 2）调温阀调温低 3）发热管损坏	1）重新设定温度 2）调整调温阀，直到合适 3）检修、更换发热管
干烧、加热时水温超温	1）电热水器没有充水或没充满水时就开始加热 2）温度探头故障	1）拔下电源插头，将热水器水箱充满水后再开始加热 2）检修、更换温度探头
水箱充满水，接上电源插头，通电后显示屏无显示	1）电源插座没有电或接触不良 2）双极温控器没有复位 3）电源控制板损坏 4）显示屏损坏 5）电源线损坏	1）重新插好电源插头 2）按下双极温控器复位按钮 3）检修、更换电源控制板 4）更换显示屏 5）更换电源线

（续）

故障现象	故障原因	检修处理
加热时间变长	1）发热管结垢严重 2）发热管损坏 3）电源控制板损坏	1）检修、更换发热管 2）检修、更换发热管 3）检修、更换电源控制板
漏电	1）内部线碰壳 2）发热管绝缘损坏 3）感温探头绝缘损坏 4）温控器绝缘损坏	1）检修、更换内部接线 2）检修、更换发热管 3）检修、更换感温探头 4）检修、更换温控器
温度传感器故障	1）温度探头开路或短路 2）电源控制板损坏 3）VFD 显示器损坏	1）检修、更换温度探头 2）检修、更换电源控制板 3）检修、更换 VFD 显示器

2.1.5　维修帮

1. 阿里斯顿电热水器 TM EW803QH AG 维修参考（见图 2-3）

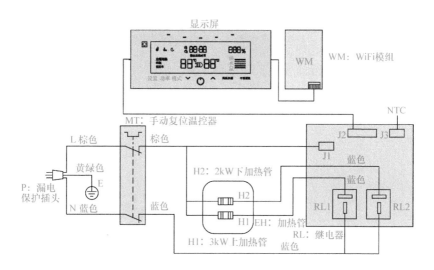

图 2-3　阿里斯顿电热水器 TM EW803QH AG 维修参考

故障现象	故障原因
显示屏错误，但冷水仍可以被加热	机身控制器故障等引起
无法开机故障	元器件损坏、外界停电、双极热保护开关已被触发等引起
漏电保护插头切断电源，且按复位键无法复位	系统有可能漏电等引起
不出水故障	各接口处堵塞、外界停水、进水阀没有打开等引起
安全阀排泄口有连续滴水	进水压力超过或与压力设定值相近等引起

故障代码	故障
E0	干烧故障
E2	上温控故障
E4	超温故障
E8	下温控故障
E9	上温控比下温控温度低，且温度低了20℃

图2-3 阿里斯顿电热水器TM EW803QH AG维修参考（续）

2. 海尔储水式电热水器 KM/TD3、YG3 系列、CQ5/PM5 系列维修参考（见图2-4）

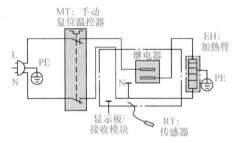

图2-4 海尔储水式电热水器KM/TD3、YG3系列、CQ5/PM5系列维修参考

3. 海尔储水式电热水器 KM、TD3、PA1、MC3 等系列维修参考（见图2-5）

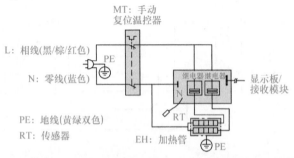

图2-5 海尔储水式电热水器KM、TD3、PA1、MC3等系列维修参考

4. 海尔储水式电热水器 YG3 系列维修参考（见图2-6）

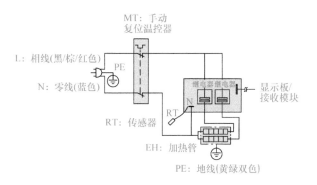

图 2-6　海尔储水式电热水器 YG3 系列维修参考

5. 海尔储水式电热水器 KM3、HP3、CQ5、PM5 等系列故障代码（见表2-4）

表 2-4　海尔储水式电热水器 KM3、HP3、CQ5、PM5 等系列故障代码

故障代码	故障代码含义
E2	内胆没有加满水、元器件损坏等
E3	室内温度低于零下20℃、传感器损坏等

6. 海尔电热水器 A6 维修参考（见图2-7）

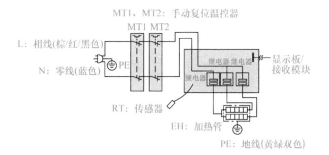

图 2-7　海尔电热水器 A6 维修参考

7. 林内电热水器 DSG40-M01P、DSG50-M01P、DSG60-M01P 维修参考（见图2-8）

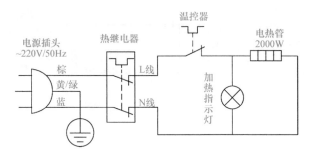

图2-8　林内电热水器 DSG40-M01P、DSG50-M01P、
DSG60-M01P 维修参考

8. 林内电热水器 DSG50-E02P、DSG60-E02P、DSG80-E01P 维修参考（见图2-9）

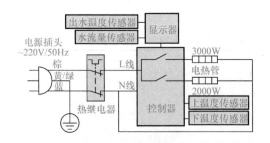

故障代码	故障代码含义
E2	干烧故障
E3	下温度传感器故障
E4	水温超过90℃故障
E5	出水温度传感器故障
E7	上温度传感器故障

图2-9　林内电热水器 DSG50-E02P、DSG60-E02P、DSG80-E01P 维修参考

9. 罗格电热水器故障代码（见表 2-5）

表 2-5　罗格电热水器故障代码

故障代码	故障现象及原因	检修处理	可能适应机型
E1	1）水流量太小，功率大 2）测温探头损坏 3）水路管道长，造成水阻流	1）调大水流量或降低档位（减小功率） 2）更换测温探头（出水口处） 3）不要急于调节档位，有热水出来再调节	罗格热水器 A6、A8、M6、7C100、7C、7C200
E2	1）开机显 E2，干烧探头损坏 2）正常使用后，突然关水显示 E2 3）显示板故障	1）更换干烧探头 2）自动恢复或先关机后关水 3）检修、更换显示板	罗格热水器 A6、A8、M6、7C100、新款 7C/7C200
E3	1）开机显示 E3 2）显示异常 3）机器通水工作突然显示 E3	1）检修、更换漏电线圈 2）检修、更换显示板 3）更换发热体	罗格热水器 A6、A8、M6、7C100、新款 7C/7C200
E4	1）测温探头没插好 2）测温探头短路	1）重新插好测温探头 2）更换测温探头	罗格热水器 A6、A8、M6、7C100、新款 7C、7C200
E5	1）水流开关没插好 2）水流开关短路	1）重新插好水流开关 2）更换水流开关	罗格热水器 7C100、7C200、7C、7C600、7C650

10. 美的电热水器 CFDQ8032 故障代码（见表 2-6）

表 2-6　美的电热水器 CFDQ8032 故障代码

故障代码	故障代码含义
E1	漏电故障
E2	干烧故障
E3	超温故障
E4	温度传感器故障
E5	通信故障

（续）

故障代码	故障代码含义
E6	胆外顶部传感器信号故障
E7	胆外底部传感器信号故障
E8	进水传感器故障
Eb	电子阳极没有正确工作

11. 云米储水式电热水器 VEW602-W、VEW603-W 故障代码（见表2-7）

表2-7　云米储水式电热水器 VEW602-W、VEW603-W 故障代码

故障代码	故障代码含义
E2	干烧故障
E3	温度传感器故障
E4	超温故障

12. 苏泊尔电热水器 E40-AA19、E50-AA19、E60-AA19 维修参考（见图2-10）

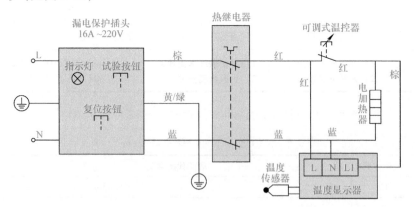

图2-10　苏泊尔电热水器 E40-AA19、E50-AA19、E60-AA19 维修参考

13. 苏泊尔电热水器 E60-AR66、E80-AR66 维修参考（见图2-11）

故障现象	故障原因
显示代码E2	热水器未注满水直接通电，发生干烧
显示代码E3	传感器损坏
显示代码E4	加热水温失控，超过90℃
热水口不出水	供水系统停水或水压太低
出水为冷水（操作板无显示）	进水阀未开启或混水阀故障
	停电或电源开关处于断开位置
	内部电路故障
出水为冷水（操作板有显示）	加热温度设置过低
	加热时间太短
	混水阀故障
	内部电路故障

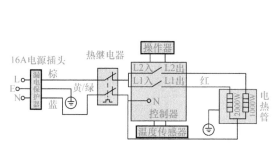

图 2-11　苏泊尔电热水器 E60- AR66、E80- AR66 维修参考

14. 苏泊尔电热水器 E50- MD32、E60- MD32 维修参考（见图 2-12）

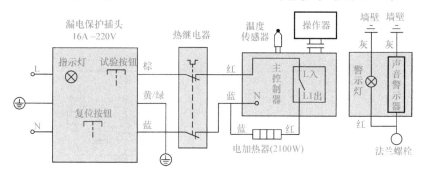

图 2-12　苏泊尔电热水器 E50- MD32、E60- MD32 维修参考

15. 苏泊尔电热水器 E60- UW82 维修参考（见图 2-13）

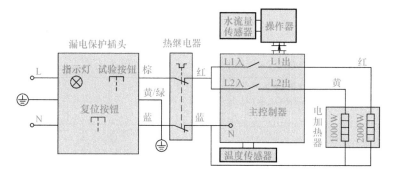

图 2-13　苏泊尔电热水器 E60- UW82 维修参考

16. 苏泊尔电热水器 E50-DD23、E60-DD23 维修参考（见图 2-14）

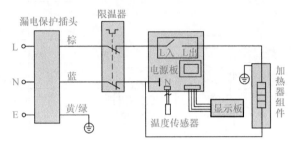

图 2-14　苏泊尔电热水器 E50-DD23、E60-DD23 维修参考

17. 苏泊尔电热水器 E50-DA10、E60-DA10、E50-MA12、E60-MA12 维修参考（见图 2-15）

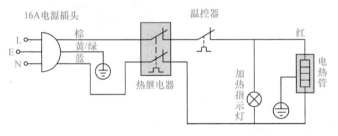

图 2-15　苏泊尔电热水器 E50-DA10、E60-DA10、E50-MA12、

E60-MA12 维修参考

18. 苏泊尔小厨宝（电热水器）E06-AK03 维修参考（见图 2-16）

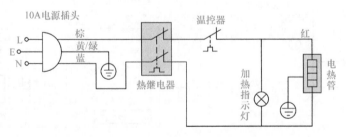

图 2-16　苏泊尔小厨宝（电热水器）E06-AK03 维修参考

19. 苏泊尔小厨宝（电热水器）**E06-UK05、E06-UK01** 维修参考（见图 2-17）

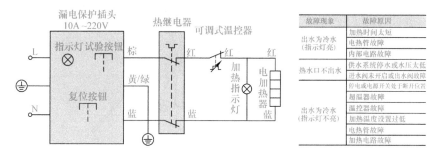

故障现象	故障原因
出水为冷水 （指示灯亮）	加热时间太短
	电热管故障
	内部电路故障
热水口不出水	供水系统停水或水压太低
	进水阀未开启或出水阀故障
	棕电或电源开关处于断开位置
出水为冷水 （指示灯不亮）	超温器故障
	温控器故障
	加热温度设置过低
	电热管故障
	加热电路故障

图 2-17　苏泊尔小厨宝（电热水器）E06-UK05、E06-UK01 维修参考

20. 苏泊尔小厨宝（电热水器）**E06-UK02** 维修参考（见图 2-18）

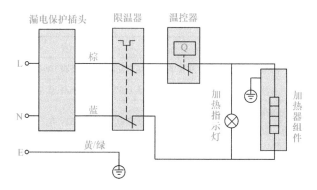

图 2-18　苏泊尔小厨宝（电热水器）E06-UK02 维修参考

21. 万和电热水器 DSZF45-I 维修参考（见图 2-19）

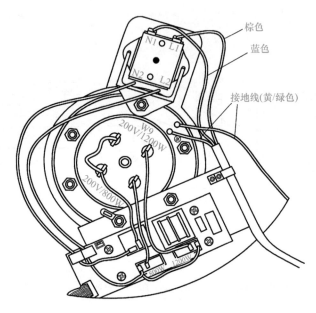

图 2-19　万和电热水器 DSZF45-I 维修参考

22. 万和电热水器故障代码（见表 2-8）

表 2-8　万和电热水器故障代码

故障代码	故障代码含义	机　　型
E1	热水器漏电故障	万和电热水器 DSZF45-I、DSZF30/40/50/60/80-R
E2	电热水器干烧故障	万和电热水器 DSZF45-I、DSZF30/40/50/60/80-R
	热水器未注满水直接通电，发生干烧	万和电热水器 E40/50/60-G51-30
E3	温度传感器故障	万和电热水器 DSZF45-I、DSZF30/40/50/60/80-R
	温度传感器开路或短路故障	万和电热水器 E40/50/60-G51-30
E4	加热时水温超温故障	万和电热水器 DSZF45-I、DSZF30/40/50/60/80-R
	加热水温失控，超过设定值85℃	万和电热水器 E40/50/60-G51-30

23. 万和电热水器 DSZF30/40/50/60/80- R 维修参考（见图 2-20）

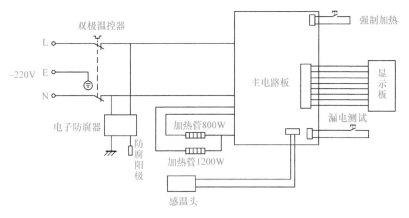

图 2-20　万和电热水器 DSZF30/40/50/60/80- R 维修参考

24. 万和电热水器 DSCF30/40/50/60/80- D4 维修参考（见图 2-21）

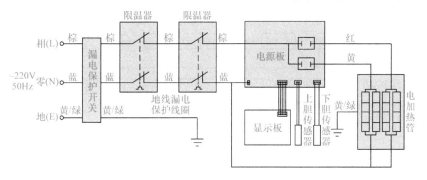

图 2-21　万和电热水器 DSCF30/40/50/60/80- D4 维修参考

2.2　燃气热水器

2.2.1　燃气热水器的结构

燃气热水器的结构如图 2-22 所示。

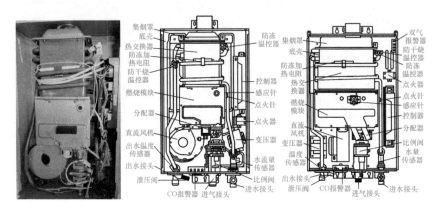

图 2-22　燃气热水器的结构

2.2.2　燃气热水器水路流动路线（见图 2-23）

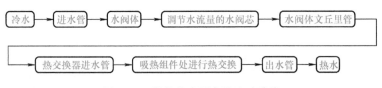

图 2-23　燃气热水器水路流动路线

2.2.3　燃气热水器气路流动路线（见图 2-24）

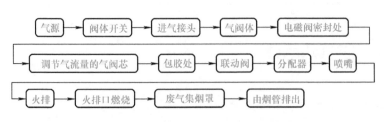

图 2-24　燃气热水器气路流动路线

2.2.4   强排热水器的保护特点（见表 2-9）

表 2-9   强排热水器的保护特点

名称	特点
电路负荷过大安全保护	电路中出现电机或线路短路时，电源盒中熔丝管因电流过大而烧断，使电路断电而停止工作，关闭电磁阀
防干烧安全保护	热水器出水温度超过 95℃ 时，温控器断开，脉冲点火器进入保护状态，关闭电磁阀
风机故障安全保护	风机不转或转速慢时，风压开关总成负压减小，风压开关断开，脉冲点火器进入保护状态，关闭电磁阀
漏电保护	电路发生漏电时，漏电保护开关插头立即跳断主电源
熄火安全保护	热水器意外熄火时，反馈针无火焰感应信号，自动关闭电磁阀
烟道堵塞或外界风压过大安全保护	烟道堵塞、外界风压过大时，风压开关总成负压减小，风压开关断开，脉冲点火器进入保护状态，关闭电磁阀
意外停电安全保护	热水器发生意外停电时，电路断电停止工作，关闭电磁阀

2.2.5   强鼓型强排热水器的保护特点（见表 2-10）

表 2-10   强鼓型强排热水器的保护特点

名称	特点
意外熄火保护	靠反馈针来检测
烟道堵塞保护	靠热电偶来检测
风机故障保护	靠电机传感器来检测
防干烧保护	靠温控器（85℃）来检测
电路负荷过大保护	靠熔丝管来检测
防漏电保护	靠漏电保护器来检测
20min 定时保护	靠主控板内部设置来控制

2.2.6 家用燃气热水器的配件（见表2-11）

表2-11 家用燃气热水器的配件

名称	解　说
安全隔离变压器	安全隔离变压器是将220V交流电降压、整流、稳压后提供给脉冲点火器继电器工作
电磁阀	1）电磁阀的作用，是用以控制气源通道的开启与关闭，起到安全保护作用。热水器点火时，电磁阀吸动。吸动后，脉冲点火器自动转为维持线圈工作 2）燃气热水器电磁阀有DC 3V等规格 3）燃气热水器电磁阀有左孔式、右孔式之分 4）燃气热水器电磁阀有飞机接口式、专用接口式之分
电机	电机好坏的判断：将万用表调到电阻档，检测连接电机电源的两条线（主绕组）间的电阻，正常情况大约为500Ω。检测与电容相对插头的两端子（主、副绕组串联）间的电阻，正常情况大约为1kΩ。否则，说明该电机可能损坏了。另外，不同机型的电机该电阻是有差异的
电源盒	电源盒好坏的判断： 1）将万用表调到交流电压700V档，然后检测电源插头与电源盒相连的连接器，正常情况下大约有220V电压 2）将万用表调到直流电压档检测，电源盒与脉冲点火器相连的三位对插中的黑线、红线，正常情况下应有电压输出。否则，说明该电源盒可能异常 3）将万用表调到交流电压4000V档，检测风机与电源盒的连线两端，正常情况下应有~220V输出。否则，说明该电源盒可能异常

（续）

名称	解　说
风机总成	1）电机旋转带动风轮转动，并且在集烟器风口产生负压吸入废气，再将废气从排风口排出。另外，风机轴上有风扇搅动空气来冷却电机，防止风机过热 2）风机总成，分为强排 2 线 50 口径、强排 2 线 60 口径、恒温 3 线 60 口径、强排 2 线 60 口径带底座、恒温 3 线 60 口径带底座等种类 3）风机总成，电机有 220V/50Hz/10W/0.13A、25W、28W 等规格 4）风机总成，电容有采用 1μF/500V CBB61 等 5）风机总成，插头有 2 线、3 线等类型之分 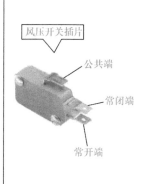
风压开关	1）风压开关用来检测、监控集烟器内的风压 2）风压开关好坏的判断：将万用表调到电阻档，开机前风压开关两端电阻正常情况应为无穷大。否则，说明该风压开关可能损坏了 燃气热水器KFR-1风压开关

（续）

名称	解　说
集烟罩部分	1）燃烧时产生的烟气、废气经过集烟罩集中，并且通过排烟管自然排到室外，使室内空气不受污染 2）燃烧产生的烟气、废气经过集烟器集中，并且通过排风机强制从排风口排出
点火器	1）脉冲点火器接收控制信号，然后经过处理输出相应信号进行控制，从而实现热水器的自动控制 2）脉冲点火器好坏的判断：将万用表调到直流电压10V档，在打火期间检测脉冲点火器与电磁阀相连的三位对插。如果有电压，但是不吸动，则说明该电磁阀可能异常。如果没有电压，则说明该电磁阀可能异常 3）燃气热水器点火器有单点火器、双点火器、温控点火器、温控显示点火器等种类 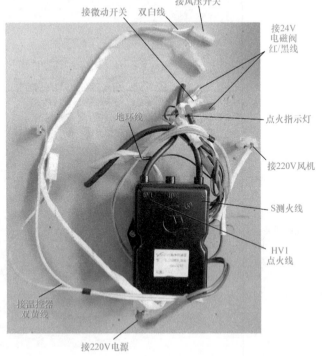

（续）

名称	解　说
点火器	 点火线接针尖短的针HV1　　S线是测火线，接针尖长的针，接反了会自动熄火
启动电容	1）启动电容是风机启动时的启动电容 2）风机启动电容好坏的判断：将指针万用表调到 1kΩ 电阻档，两表笔接电容的两端，如果万用表指针由无穷大摆到一定阻值又摆回到无穷大，则说明该电容正常。如果指针摆向一定阻值不回无穷大位置，则说明该电容可能漏电损坏。如果指针指在零刻度电阻位置，则说明该电容可能击穿。如果指针不摆动，则说明该电容可能无充放电能力，失效了
燃烧器部分	1）燃烧器部分，主要是由分气管、喷气嘴、单个燃烧器、燃烧底座等组成 2）燃烧器的作用是实现可燃气体燃烧
热交换器部分（水箱总成）	1）热交换器部分，主要是由铜管、换热铜片等组成，通常又叫水箱总成 2）热交换器部分，是将燃烧器燃烧的热量传递给水，使热水器有源源不断的热水流出
水气联动阀总成	1）水气联动阀总成，主要是由水阀体、气阀体、传动底板等组成 2）水气联动阀总成，可以利用水压来控制燃气的供给、切断，也就是控制燃烧器燃烧熄火的目的，并且实现水与气的隔开 3）热水器有水流过时，利用水的压力差使联动小轴向左移，打开气门，同时微动开关闭合，接通脉冲点火器电源引发打火，打开电磁阀
微动开关	1）微动开关，用以接通与断开脉冲点火器的工作电源 2）微动开关种类多，尺寸与外形一样，才能够代换，常用外形和尺寸如下：

（续）

名称	解　说
微动开关	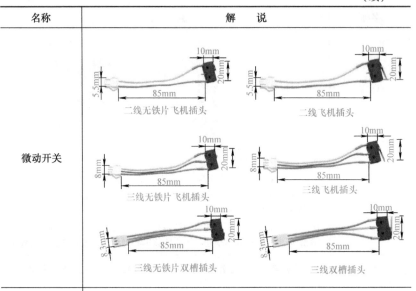 二线无铁片飞机插头　　二线飞机插头 三线无铁片飞机插头　　三线飞机插头 三线无铁片双槽插头　　三线双槽插头
温控器	1）水温超过85℃时，串联在电磁阀线圈中的温控器断开，电磁阀失电后释放，切断气路通道 2）温控器好坏的判断：将万用表调到电阻档，开机前温控器两端电阻大约为0Ω。否则，说明该温控器可能损坏了 3）常见温控器型号为KSD301，参数为10A/250V、85℃。KSD301有平脚、弯脚之分，外形如下： 

（续）

名称	解　说
水箱	1）水箱规格有 5L、6L、7L、8L、10L、12L 等 2）水箱有无氧铜、浸锡铜之分 3）水箱有法兰接口、螺纹接口之分 4）水箱外形、尺寸、接口一样，才能够代换，如下所示 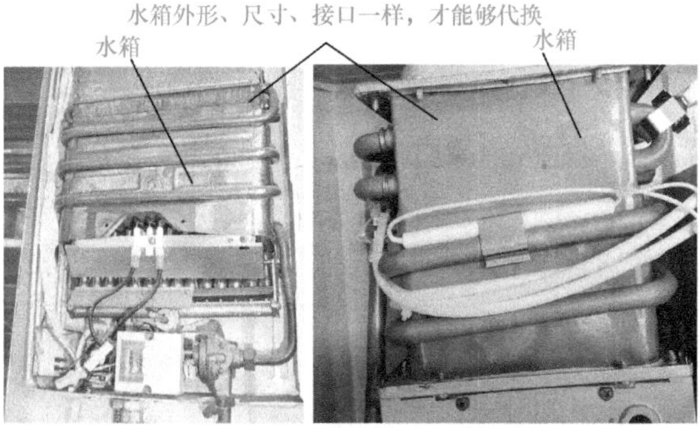
水压膜片胶垫	水压膜片胶垫有小号、中号、大号之分，如下所示，一般尺寸一样均可通用 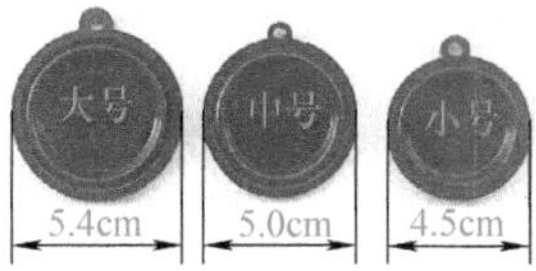
快速热水器后置式水气联动装置	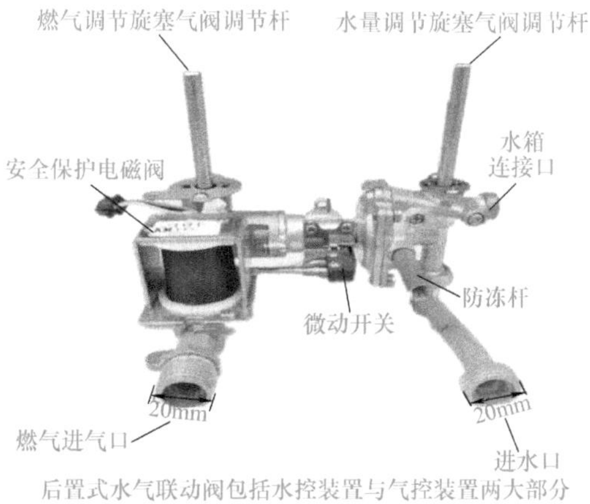 后置式水气联动阀包括水控装置与气控装置两大部分

2.2.7 强排燃气热水器故障维修（见表2-12）

表2-12 强排燃气热水器故障维修

故障现象	故障原因	维修处理
开机使用时，立即烧断熔丝管	可能是电机内部绕线短路	用万用表检查电机绕组电阻值，如变小或为零，则可能需要更换电机
通电后电机自动转动，开水后不打火	1）脉冲点火器不正常，自动输出控制电机信号 2）电源盒继电器触点黏死 3）插接接插件时，电源线连接器直接插在电机连接器上	1）通电后用万用表测电源盒上三位对插电压应为零，如果电压高于0.7V，则要更换脉冲点火器 2）将电源盒上的三位对插拔下，如果电机仍运转，则可能需要更换电源盒 3）需要检查线路，如果有错误，则重新正确插接
热水器通电后，有麻手感觉。但是漏电保护开关插头未跳开，而用手按试验键却能保护	电源插座没有接地或接地不良	正确安装插座
通气、通电、通水，打火开阀点燃后立即熄灭	1）脉冲点火器无维持电压输出 2）电源盒无风机输出电压 3）风机不转 4）温控器失效或端子接触不良 5）风压开关总成失效或传压管漏压 6）风压开关总成中压差盘动作量低，限量偏大	1）维修、更换脉冲点火器 2）维修、更换电源盒 3）维修、更换风机或启动电容 4）更换温控器或调整温控器 5）更换风压开关总成或更换传压管 6）用十字形螺钉旋具（俗称螺丝刀）逆时针向外旋出调整螺钉

（续）

故障现象	故障原因	维修处理
通电后开水无任何反应，熔丝管没烧断	1）微动开关接触不良或失效 2）电源盒损坏 3）脉冲点火器失效	1）调整或更换微动开关 2）把没有故障的微动开关对插在电源盒上的三位对插上，如果风机运转，则说明电源盒正常。否则，说明该电源盒可能损坏 3）更换脉冲点火器
风压开关总成工作不正常，造成风机工作但不点火	1）风机不转或转速慢，造成无负压或负压不够，风压开关不能闭合 2）传压管松脱或驳处不严有漏压，负压减小，风压开关不能闭合 3）风压开关总成组件损坏	1）检查风机或电容是否损坏，如果损坏，则需要更换电机或电容 2）接驳传压管，加紧严密不漏压为止 3）调整或更换风压开关总成

2.2.8 强鼓型强排热水器的部件（见表2-13）

表 2-13 强鼓型强排热水器的部件

名称	特 点
水流量传感器	水流量传感器，是利用霍尔 IC 输出低电平或高电平信号给主控板，使系统开启或关闭，实现超低水压启动与关机控制功能
热电偶	热电偶，是由两种不同材料的金属丝焊接起来构成，利用测量焊接点温度来实现烟道堵塞保护功能。正常情况下，热电偶电压大约为 0.21mV
电机	1）电机，起到强制鼓风，提供氧气供燃烧，以及将燃烧产生的废气排出室外等作用 2）电机常见的工作电压有 AC 24V 等
燃烧室	由于强制鼓风，燃烧时会产生很大的声音，并且室内温度很高，所以燃烧室采用密闭结构
温度探头	温度探头好坏的判断：将万用表调到200kΩ 档，检测温度探头两端电阻值，常温（25℃）下，其两端电阻值大约为 50kΩ。如果阻值相差太大，则说明该温度探头可能异常

2.2.9 维修帮

1. 阿里斯顿储热式燃气热水器 RSTDQ-NE 线路图（见图 2-25）

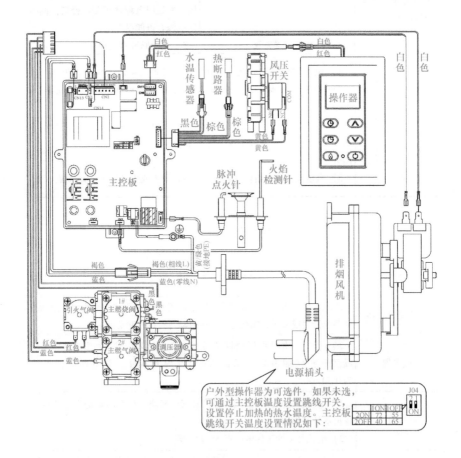

图 2-25 阿里斯顿储热式燃气热水器 RSTDQ-NE 线路图

2. 阿里斯顿储热式燃气热水器 RSTDQ-NE 时序图（见图 2-26）

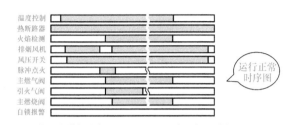

a) 阿里斯顿储热式燃气热水器RSTDQ-NE正常运行的时序图

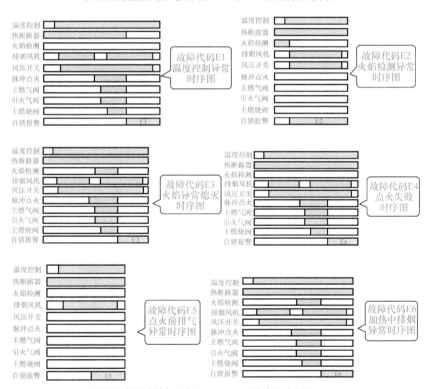

b) 阿里斯顿储热式燃气热水器RSTDQ-NE故障的时序图

图 2-26　阿里斯顿储热式燃气热水器 RSTDQ-NE 时序图

3. 阿里斯顿储热式燃气热水器 RSTDQ-NE 故障代码（见表2-14）

表 2-14　阿里斯顿储热式燃气热水器 RSTDQ-NE 故障代码

故障代码	主控板指示灯显示	故障代码含义
E1	闪一次停一次	水温超高故障
E2	闪二次停一次	假火焰故障
E3	闪三次停一次	火焰异常熄灭故障
E4	闪四次停一次	点火失败故障
E5	闪五次停一次	操作器通信故障
E6	闪六次停一次	风压开关故障
		烟道堵塞故障
		风机故障
E8	闪八次停一次	温度传感器故障

4. 阿里斯顿燃气热水器 Ti9 维修参考（见图2-27）

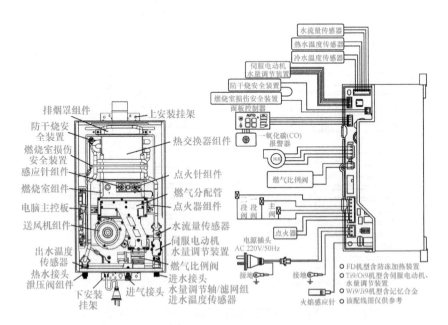

图 2-27　阿里斯顿燃气热水器 Ti9 维修参考

故障代码	故障代码含义	故障代码	故障代码含义
A3	烟道堵塞故障	E3	出水温度过高或空烧故障
A8	通信故障	E4	温度传感器故障
AA	频繁复位故障	E5	45min定时动作
CO	一氧化碳(CO)故障	E6	假火焰
EC	一氧化碳(CO)传感器故障	E7	风机故障或转速故障
E1	点火不成功	E9	主控板故障
E2	意外熄火故障		

图 2-27 阿里斯顿燃气热水器 Ti9 维修参考（续）

5. 苏泊尔燃气热水器 JSQ25-13R-UC55（12T）、JSQ30-16R-UC55S（12T）维修参考（见图 2-28）

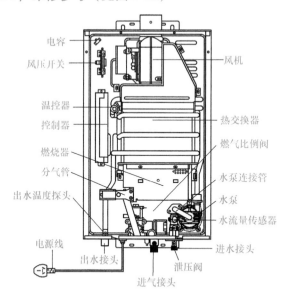

图 2-28 苏泊尔燃气热水器 JSQ25-13R-UC55（12T）、
JSQ30-16R-UC55S（12T）维修参考

故障代码	故障代码含义	故障代码	故障代码含义
E0	出水温度传感器故障	E6	超温保护
E1	熄火保护	E7	电磁阀故障
E2	点火失败/伪火故障	E8	水比例阀故障
E3	干烧保护	Eb	循环管路堵塞故障
E4	进水温度传感器故障	Ec	通信故障
E5	风压过大或风机转速异常故障	EE	定时保护时间到
		Eh	水泵故障

图 2-28　苏泊尔燃气热水器 JSQ25-13R-UC55（12T）、
JSQ30-16R-UC55S（12T）维修参考（续）

6. 海尔燃气快速热水器 E2S、E3S、E1Z 系列维修参考（见图 2-29）

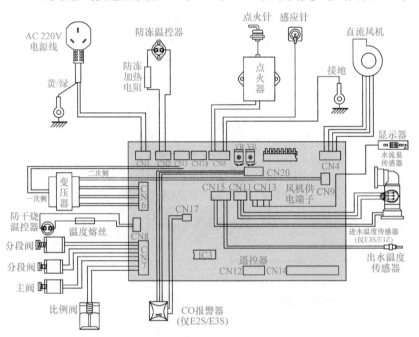

图 2-29　海尔燃气快速热水器 E2S、E3S、E1Z 系列维修参考

7. 海尔燃气快速热水器 E5X 系列维修参考（见图 2-30）

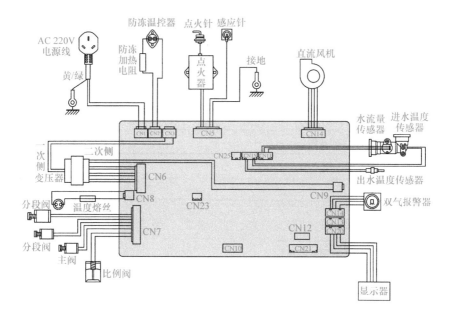

故障代码	故障代码含义	故障代码	故障代码含义
E1	开机点不着火故障	E7	显示板通信故障
E2	燃烧中途熄火故障	E9	调试拨码故障
E3	风机故障	F6	报警器CO超标
E4	出水温度过高保护	F7	报警器传感器故障
E5	温度传感器故障	Fb	报警器通信故障
E6	干烧保护	Fc	升数拨码错误

图 2-30　海尔燃气快速热水器 E5X 系列维修参考

8. 华帝燃气热水器故障代码（见表 2-15）

表 2-15　华帝燃气热水器故障代码

故障代码	故障代码含义
E0	风机系统故障
E1	出水温度传感器故障

(续)

故障代码	故障代码含义
E2	火焰检测出错故障
E3	进水温度传感器出错故障
E4	超温保护
E5	过热故障
E6	电磁阀故障
E8	风压系统故障

9. 林内燃气热水器 JSW40-J、JSW48-J 维修参考（见图2-31）

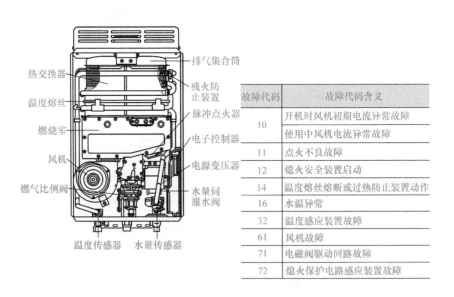

故障代码	故障代码含义
10	开机时风机初期电流异常故障
	使用中风机电流异常故障
11	点火不良故障
12	熄火安全装置启动
14	温度熔丝熔断或过热防止装置动作
16	水温异常
32	温度感应装置故障
61	风机故障
71	电磁阀驱动回路故障
72	熄火保护电路感应装置故障

图 2-31　林内燃气热水器 JSW40-J、JSW48-J 维修参考

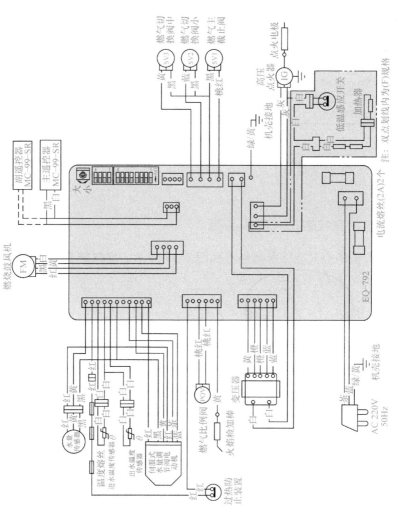

图 2-31　林内燃气热水器 JSW40-J、JSW48-J 维修参考（续）

10. 万和燃气热水器 CZH-2、JSQ20-10C26 故障代码（见表2-16）

表2-16　万和燃气热水器 CZH-2、JSQ20-10C26 故障代码

故障代码	故障代码含义
E0	进水温度探头故障
E1	火焰反馈故障
E3	风压开关故障
E4	风机故障
E6	出水温度探头故障
E7	拔码开关故障

2.3　空气能热水器

2.3.1　空气能热水器的外形

典型的空气能热水器外形如图 2-32 所示。空气能热水器又称为

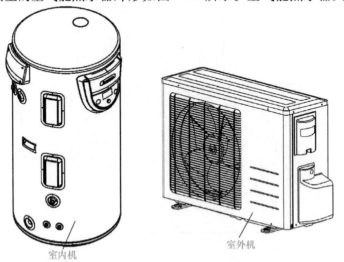

室内机

室外机

图 2-32　空气能热水器的外形

热泵热水器、空气源热水器。

空气能热水器属于第四代热水器，其可以分为一体式空气能热水器、分体式空气能热水器。

空气能热水器的工作原理：压缩空气使空气温度升高，然后通过 -17℃ 就会沸腾的液体传导热量到室内的储水箱，再将热量释放传导到水中。

2.3.2　空气能热水器故障维修（见表2-17）

表 2-17　空气能热水器的故障维修

故障现象	原　因	方　法
面板有显示，热水器不启动	没有制热显示：有设定时关机或被人关机	取消定时关机，按开关键启动机器
	没有制热显示：强弱电穿在同一条线管内	强弱电分开布管
	水已烧好：水温已达到设定温度	检查水温
	电路板与手操器故障：电路板损坏	更换电路板
	电路板与手操器故障：通信线损坏	更换通信线
	电路板与手操器故障：手操器损坏	更换手操器
水箱缺水	无自来水或压力不够	送自来水到补水阀或加加压泵
	冷水电磁阀损坏：线圈烧坏	更换线圈
	冷水电磁阀损坏：线圈已通电，阀芯打不开	更换膜片、压力弹簧
	电路板损坏：电路板冷水补充输出点无输出	更换电路板
	水位开关或连接线短路	更换水位开关与水位线或将短路点分开

（续）

故障现象		原　因	方　法
水箱溢水	冷水旁通阀被打开		关闭冷水旁通阀
	冷水电磁阀损坏	膜片上平衡孔堵塞	清洗掉堵塞物
		膜片破损	更换膜片
		压力弹簧压力不够	更换压力弹簧
		膜片老化	更换膜片
	水位开关损坏	水位开关或水位线断路	查找断点重新连接或更换水位开关
	中间继电器损坏	中间继电器常开触点烧死	更换中间继电器
	供水管返回冷水	供水止回阀损坏，或关闭不严	更换止回阀
		供水没有装止回阀	安装止回阀
	电路板故障	电路板损坏或输出继电器烧死	更换电路板
水箱水不热	机器正常，但未启动	机器没有启动	检查启动情况
	传感器故障	水箱温度传感器损坏	更换传感器
	加热异常	加热时间不够	继续加热
	用水量异常	用水量大于产水量	加大设备或管制用水量
	氟利昂有问题	氟利昂有泄漏	根据氟利昂泄漏处理方法处理
水箱供水容不下	供水电磁阀故障	线圈烧坏	更换线圈
		线圈已通电，阀芯打不开	更换膜片、压力弹簧
	时控开关故障	设定时间错误	检查设定时间，并调整好
		被调到手动关位置	按手动键使其回到自动位置
		时控开关损坏	更换时控开关
	供水软管吸扁		更换软管

（续）

故障现象		原　因	方　法
水泵、风机启动，压缩机不启动	电路板不输出	电路板损坏	更换电路板
	交流接触器不通	线圈损坏	更换交流接触器
		触点烧坏	
	压缩机故障	压缩机线圈烧坏	更换压缩机
		压缩机内置保护断开	更换压缩机
	热过载继电器损坏	热过载继电器常闭触点损坏	更换热过载继电器
		热过载继电器主触点损坏	
	压缩机电容损坏		更换电容
压缩机启动，风机不启动	电路板不输出	电路板损坏	更换电路板
		回气温度传感器损坏	更换传感器
		环境温度高导致回气温度高时，停风机	等环境温度降低后再试机
	风机电容损坏		更换电容
	风机损坏	风机线圈烧坏	更换风机或重绕线圈
		风机轴承缺油或卡死	加润滑油或更换轴承
面板没有显示	电源指示灯不亮	没有市电	待市电恢复
		跳闸	检查跳闸原因
		电源指示灯损坏	更换指示灯
	变压器无输出	变压器损坏	更换变压器
	电路板与手操器故障	电路板损坏	更换电路板
		通信线损坏	更换通信线
		手操器损坏	更换手操器

2.3.3 维修帮

1. 阿里斯顿空气能热水器 HSF150H/27ER 维修参考（见图 2-33）

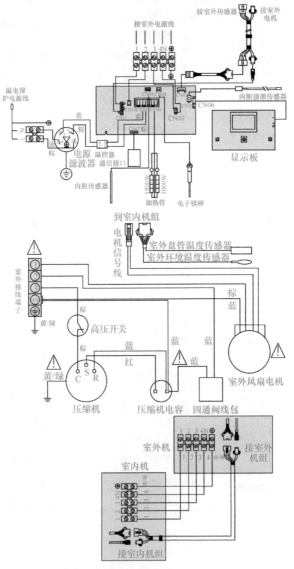

图 2-33 阿里斯顿空气能热水器 HSF150H/27ER 维修参考

2. 海尔 KF70/200-A、KF60/150-B 系列等热泵热水器故障代码（见表 2-18）

表 2-18 海尔 KF70/200-A、KF60/150-B 系列等热泵热水器故障代码

故障代码	含义	动作条件
F1	表示压缩机保护	压缩机运行 30min 后排气温度必须上升超过 15℃
F3	表示压缩机保护	压缩机运行 30min 后排气温度≥120℃
F5	表示压缩机保护	压缩机运行 30min 后蒸发器温度≥24℃，超过 3min
F6	表示压缩机过电流保护	电流检测超过 15A，连续 2s
E1	表示漏电报警	发生线路故障，系统自动切断电源
E2	表示超温报警	实际水温≥85℃
E3	表示水箱温度传感器故障	当传感器出现短、断路时
E4	表示环境温度传感器故障	当传感器出现短、断路时
E5	表示化霜温度传感器故障	当传感器出现短、断路时
E6	表示排气温度传感器故障	当传感器出现短、断路时
E7	表示通信故障	主控板与显示板通信异常
E8	表示压力开关保护	排气口压力开关动作
E9（不显示，可读写）	表示环境温度保护	环境温度 < -7℃或者 >45℃

2.4 太阳能热水器

2.4.1 太阳能热水器的结构

太阳能热水器可以将太阳光能转化为热能，以及将水从较低温度加热到较高温度，满足人们在生活、生产中的热水使用。太阳能热水器主要由太阳能真空管、保温水箱、支架等部件组成。太阳能热水器的结构如图 2-34 所示。

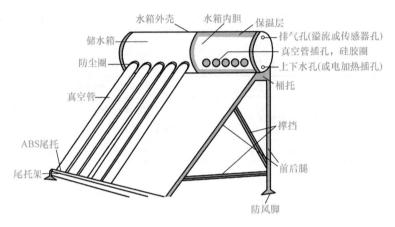

图 2-34　太阳能热水器的结构

2.4.2　太阳能热水器故障维修（见表2-19）

表 2-19　太阳能热水器故障维修

故障	可能原因	维修处理
太阳能热水器 不出水	1）水箱内的水已放空 2）管路接口松脱或堵塞 3）冬季上下水管冻结 4）真空集热管破损或硅胶圈脱落	1）需要补水 2）紧管路接口、疏通堵塞 3）改善管道保温，可以装伴热带或防冻器 4）更换真空管或硅胶圈
太阳能热水器 不上水	1）外界停水或水压太低 2）上水管接口松脱或破损	1）等待水压正常 2）检查管路
太阳能热水器 长时间上水箱溢流管不出水	1）管路接口松脱或堵塞 2）真空集热管与硅胶圈损坏	1）检查管路 2）更换真空集热管、硅胶圈
太阳能热水器 出水不热	1）真空集热管与反光板表面沉积较多灰尘或有遮挡物 2）真空集热管漏气 3）热管失效 4）天气不好，日光辐射能量不足 5）水阀件关闭不严	1）擦去真空集热管、反光板表面的灰尘，或者移走遮挡物 2）更换真空集热管 3）更换热管 4）使用电辅助加热装置 5）更换水阀件

（续）

故障	可能原因	维修处理
太阳能热水器出水温度太高，不能调温	自来水水压太低	待水压正常后再用即可
太阳能热水器加水时自来水管内出热水	自来水水压低	停止补水，待水压正常后再使用
太阳能热水器漏水	1）密封圈损坏或安装时水箱不正 2）水箱内胆开焊 3）室内或室外管件损坏	1）更换密封圈或重新安装，使水箱与真空管对正 2）补焊或更换内胆 3）更换管件
太阳能热水器走位倾斜、垮塌	1）没有正确施工安装 2）房屋结构不合理	1）更换太阳能热水器，校正或者更换损坏部位，然后正确安装 2）更改安装位置与环境
太阳能水箱实际使用容量与水箱实际总容量不符	1）太阳能自动控制系统出现故障 2）太阳能热水器主机有漏水	1）更换传感器 2）维修
天气晴好，热水器水温不热	1）使用中频繁给水箱补充冷水 2）有建筑物遮挡了热水器	1）使用中不要频繁给水箱补充冷水 2）改变安装位置
天气晴好，热水器显示水温不低，但洗浴过程中没有热水	1）水压不稳定或自来水压力过大，使得热水器中的热水下不来 2）热水阀门开关异常 3）热水器出水管太细 4）冬季，可能是室外管路被冻住	1）检查水压 2）检查热水阀门 3）加粗热水器出水管 4）解冻处理，以及检查电伴热带是否启动或者失效

（续）

故障	可能原因	维修处理
屋面太阳能水箱从排气孔向外溢水	1) 传感器故障 2) 室内热水管网中有其他承压设备	1) 更换传感器 2) 减少其他承压设备
有时淋浴时水温忽冷忽热	1) 水箱压力大，并且不稳定 2) 自动调温阀异常	1) 可以在房顶加一个副水箱 2) 更换自动调温阀
主机水箱内桶漏水	1) 密封圈在安装操作过程中损坏 2) 主机水箱内桶脱焊 3) 主机水箱内桶处插真空管、水嘴的孔位变形 4) 在水箱的内桶与保温层间缝隙内有余水	1) 更换密封圈 2) 更换水箱，或者补焊水箱 3) 更换水箱内桶 4) 等余水流完即可
主机真空管管孔处漏水（密封圈漏水）	1) 操作不当 2) 密封圈质量差 3) 真空管管口入水箱内桶部位开裂	1) 重新安装密封圈、真空管 2) 更换密封圈 3) 更换真空管
不上水	1) 太阳能热水器自动控制系统出现故障 2) 控制总闸、自来水总闸异常 3) 管路系统出现故障 4) 水气温过低，使管路冻结 5) 增压设备出现故障 6) 浮球箱（手动上水控制器）故障	1) 更换电磁阀、传感器、控制器等 2) 更换控制总闸、自来水总闸 3) 检查管路 4) 解冻处理 5) 维修或者更换增压设备 6) 维修或者更换浮球箱
上水用了近一个小时。晚上用时，水量不大，发现水箱上不满水	1) 自来水水压不够 2) 上下水管是否漏水 3) 水箱本身漏水	1) 增加水压 2) 更换管路、阀门、接头等 3) 更换水箱或重新焊接水箱

（续）

故障	可能原因	维修处理
电辅助加热系统不工作	1）电加热装置短路 2）电源线连接错位造成短路 3）太阳能热水器自动控制系统出现故障	1）更换电加热装置 2）重新连接 3）检查自动控制系统
冬天热水下不来，冷水很多	1）上下水管冻结 2）天气过冷 3）没有保温	1）进行解冻处理 2）用电热防冻带（板）加热管道 3）进行保温处理
非常晴朗的天气，水的温度不高	1）热水器上方有遮挡物 2）上水阀关不严 3）水里泥沙过多，沉积在真空管内影响集热与循环 4）当地空气污染严重，真空管表面有灰尘	1）去掉遮挡物或重新选择安装位置 2）更换上水阀 3）拆开热水器，用清洁剂、净水冲洗 4）擦洗真空管
热水水温在洗浴过程中不稳定	1）冷水水压不稳 2）其他用水点不断增加或减少，使冷水水压与热水流量不断变化，导致水温变化	1）检查冷水水压 2）保持用水点的相对稳定
太阳能热水器管路出现漏水	1）真空集热管破裂 2）硅胶圈脱落或破裂 3）接头管件松脱	1）更换真空管 2）检查硅胶圈 3）重新连接或更换管接件
太阳能热水器水箱吸瘪变形，热水器不能正常使用	水箱的排气管堵塞，水箱内空气与大气不连通	安装热水器时，彻底检查水箱、排气管中有无杂物。使用中，排气管中不能落入灰尘、冰雪及结冰。水箱变形不能校正时，需要更换水箱
太阳能热水器洗浴时水温忽冷忽热	自来水水压波动	洗浴时，少开另外的自来水阀门

2.5 学修扫码看视频

第3章 电饭煲、电压力煲（电压力锅）

3.1 电饭煲

3.1.1 电饭煲的结构

电饭煲的外形与结构如图 3-1 所示。

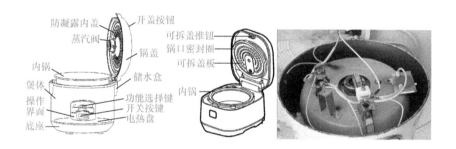

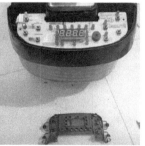

图 3-1 电饭煲的外形与结构

3.1.2 电饭煲的部件（见表3-1）

表3-1 电饭煲的部件

名称	解 说
7805	 TO220 封装　　　TO92封装 1 脚为输入 2 脚为地　　3 脚为输出 输入　输出 地 可以用万用表检测7805的三个引脚两两间的电阻，如果存在短路或者电阻值小于100kΩ，则说明该7805可能损坏或外部电路有异常
保温片	 41W、220V 线长15cm
触点开关	1）触点开关有1000W以下、1000～2500W、2300～3000W等规格 2）代换触点开关时，需要考虑外形、尺寸、参数等应符合要求
磁钢	磁钢内部装有一个永久磁环和一个弹簧，可以按动，位置在发热盘的中央。煮饭时，按下煮饭开关，靠磁钢的吸力带动杠杆开关使电源触点保持接通。煮米饭时，锅底的温度不断升高，永久磁环的吸力随温度的升高而减弱。内锅里的水被蒸发掉，锅底的温度达到（103±2）℃时，磁环的吸力小于其上的弹簧的弹力，限温器被弹簧顶下，从而带动杠杆开关，切断电源
电饭煲电源板	电饭煲上用的电源板主要有线性变压器电源、开关电源等

（续）

名称	解　说
发热盘	1）发热盘是电饭煲的主要发热元件，其是一个内嵌电发热管的铝合金圆盘，内锅就放在它上面，取下内锅就可以看见 2）发热盘有 500W、700W、900W、1000W 等规格
杠杆开关	杠杆开关用来完成电路的连接。通过磁钢限温器的动作带动杠杆支架，从而挑起或者松开弹片，使其触点闭合或断开
继电器	继电器的主要作用就是用低压信号控制高压信号，主要用来控制发热盘的通断。如果继电器表面有裂痕或灼烧痕迹时需更换继电器
显示控制主板	显示控制主板的显示方式主要有三种，一种是 LED 显示方式，另一种是数码管显示方式，还有一种就是带液晶的显示方式
热保护器（熔断器）	热保护器（熔断器）一般安装在发热管与电源间，起着保护发热管的作用。常用的热保护器规格为 180℃、5A 或 10A
微动开关	微动开关用来完成电路的连接。通过磁钢限温器的动作来带动杠杆支架，从而压紧或者松开微动开关按钮，使其接通不同的回路，实现对电路的连接
温度限温器组件	限温器是对电饭煲在工作过程中出现非正常情况而引起温度过高，不至于引起危险的一种保护器件
温控器	温控器由一个弹簧片、一对常闭触点、一对常开触点、一个双金属片组成。煮饭时，锅内温度升高，因构成双金属片的两片金属片的热伸缩率不同，结果使双金属片向上弯曲。温度达到 70℃ 左右时，在向上弯曲的双金属片推动下，弹簧片带动常开与常闭触点进行转换，从而切断发热管的电源，停止加热。锅内温度下降到 60℃ 以下时，双金属片逐渐冷却复原，常开与常闭触点再次转换，接通发热管电源，也就是会加热

3.1.3　电饭煲故障维修（见表 3-2）

表 3-2　电饭煲故障维修

故障现象	可能原因
饭不熟或煮饭时间过长	主传感器异常、控制板损坏、内锅偏斜、焖饭时间不够、内锅变形、内锅与电热盘间有异物等

（续）

故障现象	可能原因
指示灯不亮，内锅不热	电路板连线断开、电路板电源没有接通、主电路控制板损坏、电源板损坏等
指示灯不亮，内锅发热	主电路控制板损坏等
指示灯不亮，电热盘不热	电饭煲电路与电源没有接通
指示灯不亮，电热盘发热	指示灯或降压电阻损坏
指示灯亮，内锅不热	电路板连线部分断开、电热盘元件烧坏、主传感器故障、电源板损坏等
指示灯亮，电热盘不热	电热管元件烧坏、中间接线松脱
煮成焦饭或不能自动保温或异常	主传感器异常、控制板损坏等
煮成焦饭或煮饭不能自动保温或保温异常	烹饪按钮及杠杆联动机构不灵活、温控器失灵、磁钢限温器失灵等
煮饭煮粥长时间不沸腾	传感器异常、控制板损坏等
煮粥大量溢出	主传感器异常、控制板损坏等

3.1.4 维修帮

1. 海尔电饭煲 CFJ301、CFJ401、CFJ501 维修参考（见图 3-2）

2. 九阳电饭煲 F-50ZD08、F-60ZD08、F-60ZD07 维修参考（见图 3-3）

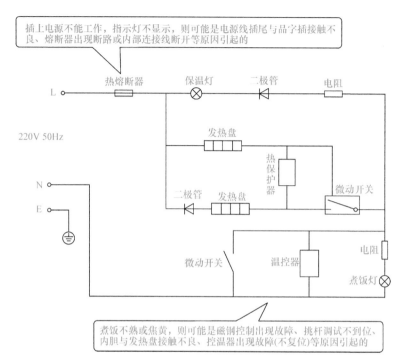

图 3-2 海尔电饭煲 CFJ301、CFJ401、CFJ501 维修参考

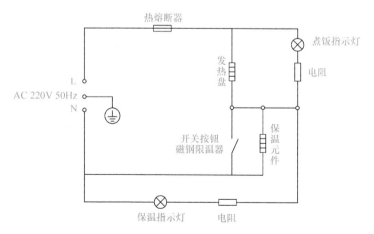

图 3-3 九阳电饭煲 F-50ZD08、F-60ZD08、F-60ZD07 维修参考

3. 九阳电饭煲 F-20T5、F-40T5 故障代码（见表 3-3）

表 3-3　九阳电饭煲 F-20T5、F-40T5 故障代码

故障代码	故障原因
E0	内部电路出现故障
E1	电饭煲在工作状态时检测到无锅、锅具材料或尺寸不合适
E2	IGBT 温度传感器过热或 IGBT 短、开路故障
E3	电网电压过高故障
E4	电网电压过低故障
E5	顶部温度传感器出现开路故障
E6	顶部温度传感器出现短路故障
E7	底部温度传感器温度过高或出现短、开路故障
E8	通信故障

4. 九阳电饭煲 F-30FY1、F-40FY1、F-50FY1 维修参考（见图 3-4）

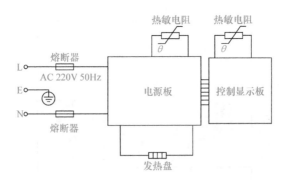

图 3-4　九阳电饭煲 F-30FY1、F-40FY1、F-50FY1 维修参考

故障现象	故障原因	故障现象	故障原因
指示灯不亮	电路电源没有接通		内胆未放好，悬空
	线路故障	煮成焦饭	内胆变形
发热盘不加热	电路故障		电路故障
	熔断器熔断		传感器故障
	发热盘故障		未放入内胆
指示灯亮 发热盘不加热	电路故障	显示错误代码：E5	内胆内无水干烧
	发热盘故障		内胆未放好，悬空
	煮的量过多或过少	煮粥大量溢出	煮的量过多
	米与水的比例不对	显示错误代码：E1/E2/E3/E4	电路故障
饭不熟	内胆未放好，悬空		
	在内胆和发热盘之间有异物		
	内胆变形		
	电路故障		
	传感器故障		

图 3-4 九阳电饭煲 F-30FY1、F-40FY1、F-50FY1 维修参考（续）

5. 九阳电饭煲 JYY-40YD03 维修参考（见图 3-5）

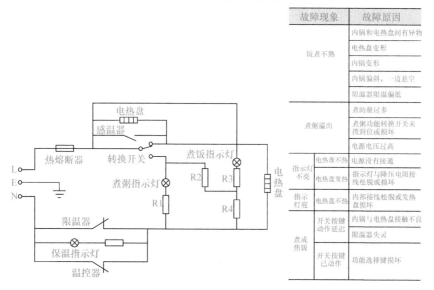

故障现象		故障原因
饭煮不熟		内锅和电热盘间有异物
		电热盘变形
		内锅变形
		内锅偏斜，一边悬空
		限温器限温偏低
煮粥溢出		煮的量过多
		煮粥功能转换开关未拨到位或损坏
		电源电压过高
指示灯不亮	电热盘不热	电源没有接通
	电热盘发热	指示灯与降压电阻接线松脱或损坏
指示灯亮	电热盘不热	内部接线松脱或发热盘损坏
煮成焦饭	开关按键动作延迟	内锅与电热盘接触不良
		限温器失灵
	开关按键已动作	功能选择键损坏

图 3-5 九阳电饭煲 JYY-40YD03 维修参考

6. 美的电饭煲 BG-R1 故障代码（见表3-4）

表3-4　美的电饭煲 BG-R1 故障代码

指示灯状态	故障代码	故障代码含义
闪烁	EU	通信发送故障
常亮	C2	IGBT 过热保护
	C4	无锅保护
	C6	步进电机故障
	C7	电磁铁故障
闪烁	E	电极故障
常亮	E1	底部传感器开路故障
	E2	底部传感器短路故障
	E3	IGBT 传感器开路故障
	E4	IGBT 传感器短路故障
	E5	上盖传感器开路故障
	E6	上盖传感器短路故障
	EU	通信接收故障

7. 苏泊尔电饭煲 SF40FC693、SF50FC693 维修参考（见图3-6）

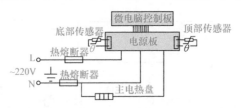

故障代码	可能原因
E0	顶部传感器开路或短路故障
E1	底部传感器开路或短路故障

图 3-6　苏泊尔电饭煲 SF40FC693、SF50FC693 维修参考

8. 苏泊尔电饭煲 SF50A2C、SF60A2C 维修参考（见图 3-7）

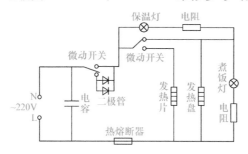

图 3-7　苏泊尔电饭煲 SF50A2C、SF60A2C 维修参考

9. 苏泊尔电饭煲 SF12FB627、SF12FB727、SF12FB627P 维修参考（见图 3-8）

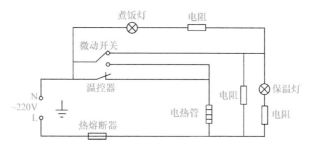

图 3-8　苏泊尔电饭煲 SF12FB627、SF12FB727、SF12FB627P 维修参考

10. 苏泊尔电饭煲 SF18FC745 维修参考（见图 3-9）

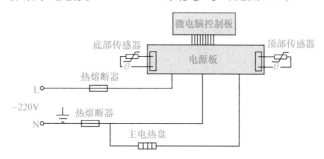

图 3-9　苏泊尔电饭煲 SF18FC745 维修参考

11. 松下电饭煲 SR-CY18 维修参考（见图 3-10）

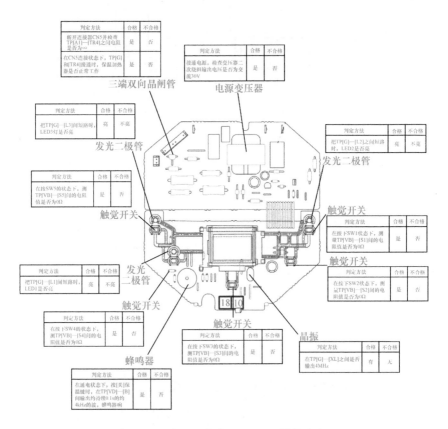

图 3-10　松下电饭煲 SR-CY18 维修参考

3.2　电压力煲（电压力锅）

3.2.1　电压力煲的结构

电压力煲外形与结构如图 3-11 所示。

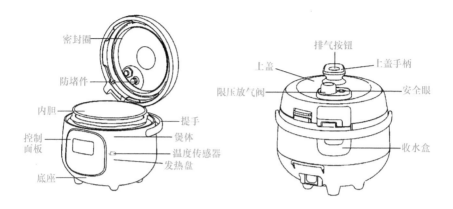

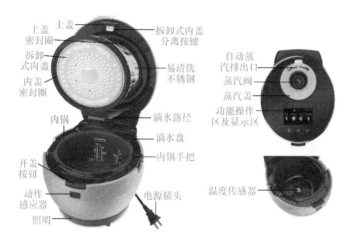

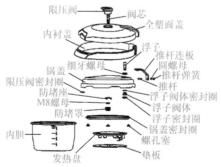

图 3-11　电压力煲外形与结构

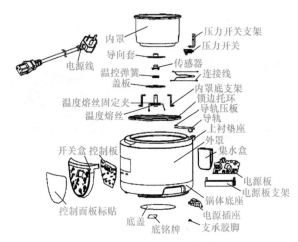

图 3-11　电压力煲外形与结构（续）

3.2.2　电压力煲的部件（见表 3-5）

表 3-5　电压力煲的部件

名称	解　说
保温器	保温器主要用于工作结束后，保持锅内温度在一定的范围内等作用
磁钢	1）磁钢可以分为大功率磁钢、小功率磁钢等类型 2）电压力煲常见的磁钢限温为 175℃
发热盘	发热盘是加热部件，规格多种多样 1000W压力锅发热盘　　800W压力锅发热盘 1000W压力锅发热盘

（续）

名称	解　说
热敏电阻、限温器	热敏电阻主要用于防止发热盘干烧和温度异常（内煲没放好）。当干烧引起的高温和温度异常而使压力煲不能保证正常工作时，自动发生作用——断电，从而确保使用安全
熔断器	熔断器是控制整机温度的一种安全保护器件
温控开关	1）温控开关有 15A/250V、20A/250V 等规格 2）温控开关有 KSD105（15A/250V、10A/250V 等）、KSD101（15A/125V 等）等型号 温控开关 触点
电路板指示灯板	电路板指示灯板主要用于电压力煲实现各功能操作，指示工作过程，设有安全保护功能、报警功能等
限压阀	 适用九阳电高压锅限压阀50YL2、60YL2、50YJ7、50YL3、50YS18、60YS23、50YS23、40YS23、50YS80、50YL80-A、40YJ9、50YJ9、60YJ9、50YL82等 适用九阳电高压锅限压阀JYY-40C1、JYY-50C2、JYY-60C1、JYY-50C3、JYY-50C10、JYY-20M1、JYY-40YL6、JYY-50YL6、JYY-60YL6、JYY-40YS19、JYY-50YS19、JYY-60YS19、JYY-40YS21、JYY-50YS21、JYY-40YS22、JYY-50YS22、JYY-60YS22、JYY-40YS24、JYY-50YS25、JYY-40YS27、JYY-50YS27、JYY-60YS27、JYY-40YS30、JYY-50YS30、JYY-40YS85、JYY-50YS85、JYY-60YS85、JYY-20M1、JYY-20M2、JYY-60YS21、JYY-60YS25、JYY-60YS30、JYY-20M3等

（续）

名称	解　说
限压阀	适用九阳电高压锅限压阀40FY1、50FY1、50FS2、50FS1、50IHS2、50FS6、50IHS3等 电压力锅限压阀
压力开关	压力开关主要用于控制煲内的压力，当煲内不断变化的压力增大到触动了预先设置的闪动开关，其断开停止加热，从而完成控制压力的工作

3.2.3　电压力煲故障维修（见表3-6）

表3-6　电压力煲故障维修

故障现象	可能原因	检修处理
煲盖漏气	没有放上密封圈	检查密封圈，并且根据要求放好
	密封圈粘有食物残渣	清洁密封圈
	密封圈磨损	更换密封圈
	没有合好盖	根据规定合盖
	泄气阀底座没有固定好	固定好泄气阀底座
浮子阀不能上升	煲内食物与水过少	根据规定量放食物和水
	煲盖或限压放气阀漏气	检查煲盖，并且重新安装煲盖，或者更换煲盖
	浮子阀机构卡住	重新安装煲盖
浮子阀漏气	浮子阀密封圈粘有食物残渣	清洁浮子阀密封圈
	浮子阀密封圈磨损	更换浮子阀密封圈
工作时排气阀不断排气	排气阀没有放在密封位置	排气阀需要拨到密封位置
	压力控制失灵	检查压力开关
合盖困难	密封圈没有放置好	需要放好密封圈
	浮子卡住推杆	可以用手轻推推杆使不再卡住

（续）

故障现象	可能原因	检修处理
开盖困难	放气后浮子阀没有落下	可以用筷子轻压浮子阀
	煲内有压力	可以等煲内压力下降后开盖
通电灯不亮	电源插座接触不良	检查电源插座
	指示灯损坏	更换指示灯

3.2.4　维修帮

1. 九阳电压力煲 Y20M-B502 维修参考（见图 3-12）

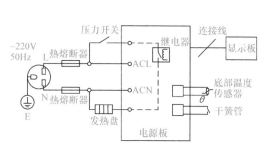

图 3-12　九阳电压力煲 Y20M-B502 维修参考

2. 九阳电压力煲 Y20M-B502、JYY-20M3 故障代码（见表 3-7）

表 3-7　九阳电压力煲 Y20M-B502、JYY-20M3 故障代码

故障代码	故障代码含义	故障代码	故障代码含义
数码屏显示 E1，蜂鸣器报警	温度传感器开路故障	数码屏显示 E5，蜂鸣器报警	温度传感器失效故障
数码屏显示 E2，蜂鸣器报警	温度传感器短路故障	数码屏显示 E7，蜂鸣器报警	合盖未到位
			微动开关故障
数码屏显示 E3，蜂鸣器报警	压力开关开路故障	数码屏显示 E8，蜂鸣器报警	电压过高故障
数码屏显示 E4，蜂鸣器报警	压力开关短路故障	数码屏显示 E9，蜂鸣器报警	电压过低故障
	胶圈长时间漏气（60min）		

3. 苏泊尔电压力煲 CYSB50FS9Q-150 维修参考（见图 3-13）

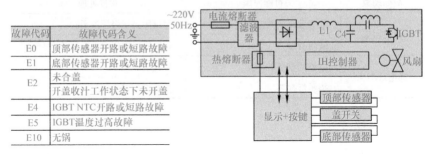

故障代码	故障代码含义
E0	顶部传感器开路或短路故障
E1	底部传感器开路或短路故障
E2	未合盖
	开盖收汁工作状态下未开盖
E4	IGBT NTC 开路或短路故障
E5	IGBT 温度过高故障
E10	无锅

图 3-13 苏泊尔电压力煲 CYSB50FS9Q-150 维修参考

4. 九阳电压力煲 M40、M50 维修参考（见图 3-14）

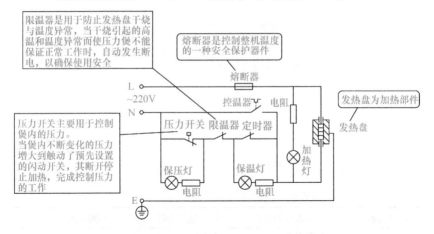

图 3-14 九阳电压力煲 M40、M50 维修参考

5. 奔腾电压力煲故障代码（见表 3-8）

表 3-8 奔腾电压力煲故障代码

故障代码 E0	故障代码 E1	故障代码 E2	故障代码 E3	故障代码 E4	奔腾电压力煲型号系列
—	传感器断路故障	传感器短路故障	超温故障	压力开关低电压工作，触点接触不良故障	PYD 系列

（续）

故障代码 E0	故障代码 E1	故障代码 E2	故障代码 E3	故障代码 E4	奔腾电压力煲型号系列
开盖保护	底部传感器断路故障	底部传感器短路故障	温度大于200℃故障	温度低于80℃时，压力开关断开	PFLN 系列
—	底部传感器断路故障	底部传感器短路故障	温度大于200℃故障	温度低于80℃时，压力开关断开	PFLG 系列

6. 奔腾电压力煲元器件规格（见表3-9）

表 3-9　奔腾电压力煲元器件规格

奔腾电压力煲型号系列	主要元器件规格
LJ416、LJ516、LJ616	1）保温温控器：70（1±10）℃ 2）定时器：AC250V、15A、50Hz、30min 电动式 3）发热盘：LJ416——800W；表面喷涂 　　　　　LJ516——900W；表面喷涂 　　　　　LJ616——1000W；表面喷涂 4）熔断温度为 132～142℃ 5）压力开关：动作行程 0.5～2mm 6）限温器：155℃
LN513、LN613、 LN512、LN612	1）发热盘： LN512——900W。表面喷涂 LN612——1000W。表面喷涂 2）二极管式 NTC 热敏电阻器： R25℃——100（1±2%）kΩ B25/50℃——3950（1±1%） 3）熔断器熔断温度为 125～135℃ 4）压力开关：动作行程 0～2mm
LN514、LN614	1）发热盘： LN514——900W、表面喷涂 LN614——1000W、表面喷涂 2）二极管式 NTC 热敏电阻器： R25℃——100（1±2%）kΩ B25/50℃——3950（1±1%） 3）熔断器熔断温度为 125～135℃ 4）压力开关：动作行程 0～2mm

（续）

奔腾电压力煲型号系列	主要元器件规格
PLFG5005、PLFG6005	1）发热盘： PLFG5005——900W PLFG6005——1000W 2）限温器：熔断温度为 125 ~ 135℃ 3）二极管式 NTC 热敏电阻器： R25℃——100（1±2%）kΩ B25/50℃——3950（1±1%） 4）压力开关：动作行程 0 ~ 2mm
PLFG5006、PLFG6006	1）发热盘： PLFG5006——900W PLFG6006——1000W 2）限温器：熔断温度为 125 ~ 135℃ 3）二极管式 NTC 热敏电阻器： R25℃——100（1±2%）kΩ B25/50℃——3950（1±1%） 4）压力开关：动作行程 0 ~ 2mm
PLFJ4005、PLFJ5005、 PLFJ6005	1）发热盘： PLFJ4005——800W PLFJ5005——900W PLFJ6005——1000W 2）限温器：熔断温度为 125 ~ 135℃ 3）碳膜电阻：150kΩ、1/4W 4）压力开关：动作行程 0 ~ 2mm 5）突跳式温控器：起控温度为（70±3）℃（外锅） 6）定时器：带同步电机定时器，最大定时时间为 30min 7）突跳式温控器：起控温度为（150±3）℃ 8）电源开关：翘板开关 6A、220V
PLFJ4007、PLFJ5007、 PLFJ6007	1）发热盘： PLFJ4007——800W PLFJ5007——900W PLFJ6007——1000W 2）定时器：机械定时，最大定时时间为 90min 3）限温器：熔断温度为 132 ~ 142℃ 4）双金属片温控器：起控温度为（60±5）℃ 5）压力开关：动作行程 0 ~ 2mm

（续）

奔腾电压力煲型号系列	主要元器件规格
PLFN4002、PLFN5002、PLFN6002	1）发热盘： PLFN4002——800W PLFN5002——900W PLFN6002——1000W 2）限温器：熔断温度为 125～135℃ 3）二极管式 NTC 热敏电阻器： R25℃——100（1±2%）kΩ B25/50℃——3950（1±1%） 4）压力开关：动作行程 0～2mm
PPD415、PPD515、PPD615	1）发热盘： PPD415——800W；表面喷涂 PPD515——900W；表面喷涂 PPD615——1000W；表面喷涂 2）二极管式 NTC 热敏电阻器： R25℃——100（1±2%）kΩ B25/50℃——3950（1±1%） 3）熔断器温度：132～142℃ 4）压力开关：动作行程 0～2mm

7. 奔腾电压力煲 PLFJ 维修参考（见图 3-15）

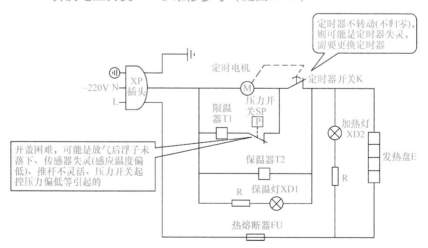

图 3-15 奔腾电压力煲 PLFJ 维修参考

8. 奔腾电压力煲 PFLE 系列维修参考（见表 3-10）

表 3-10　奔腾电压力煲 PFLE 系列维修参考

故障	传感器断路故障	传感器短路故障	温度大于200℃故障	压力开关误动作故障
蜂鸣 LED 指示	蜂鸣 10 声保温、煮饭灯闪烁	蜂鸣 10 声保温、煮粥灯闪烁	蜂鸣 10 声保温、豆类和蹄筋灯闪烁	蜂鸣10声保温、压力灯闪烁

9. 美的电压力锅 MY-12CH402A、MY-12PCH402A 维修参考（见图 3-16）

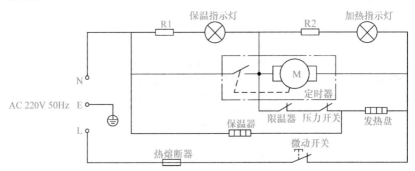

图 3-16　美的电压力锅 MY-12CH402A、MY-12PCH402A 维修参考

10. 美的电压力锅 MY-QC50B9、MY-WQC50B9 维修参考（见图 3-17）

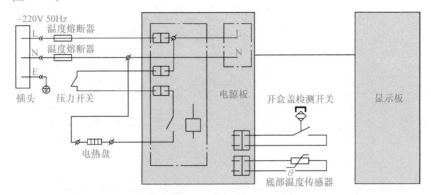

图 3-17　美的电压力锅 MY-QC50B9、MY-WQC50B9 维修参考

3.3　学修扫码看视频

第4章 吸油烟机、燃气灶、集成灶与组合灶

4.1 吸油烟机

4.1.1 吸油烟机的工作原理

吸油烟机主要组成部分：机壳部分、核心部分、控制系统、滤油装置、悬挂装置等。典型吸油烟机的外形与结构如图4-1所示。

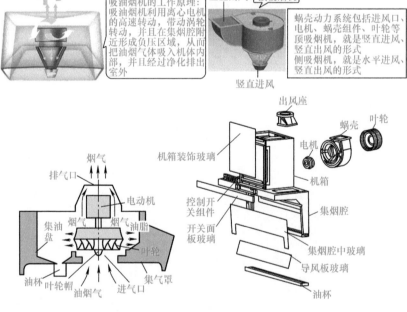

吸油烟机的工作原理：吸油烟机利用离心电机的高速转动，带动涡轮转动，并且在集烟腔附近形成负压区域，从而把油烟气体吸入机体内部，并且经过净化排出室外

竖直出风　顶吸烟机

蜗壳动力系统包括进风口、电机、蜗壳组件、叶轮等
顶吸烟机，就是竖直进风、竖直出风的形式
侧吸烟机，就是水平进风、竖直出风的形式

竖直进风

出风座
叶轮
蜗壳
电机
机箱装饰玻璃
机箱
集烟腔
集烟腔中玻璃
导风板玻璃
油杯
控制开关组件
开关面板玻璃

烟气
排气口
电动机
烟气　　烟气
油脂
集油盘
叶轮
油杯　叶轮帽　油烟气　进气口　集气罩

图4-1　典型的吸油烟机的外形与结构

接通电源，打开电源开关，则吸油烟机电机得电带动叶轮高速旋转，使炉灶上方一定空间范围内形成负压区，将室内的油烟气体吸入吸油烟机内部。然后油烟气体经过油网过滤，进行油烟分离，再进入烟机风道，通过涡轮的旋转对油烟气体进行再次油烟分离。风柜中的油烟受到离心力作用，油雾凝聚成油滴，并且通过油路收集到油杯。

这样，净化后的烟气最后沿固定的通路排出。

4.1.2　机械式吸油烟机电气原理图（见图4-2）

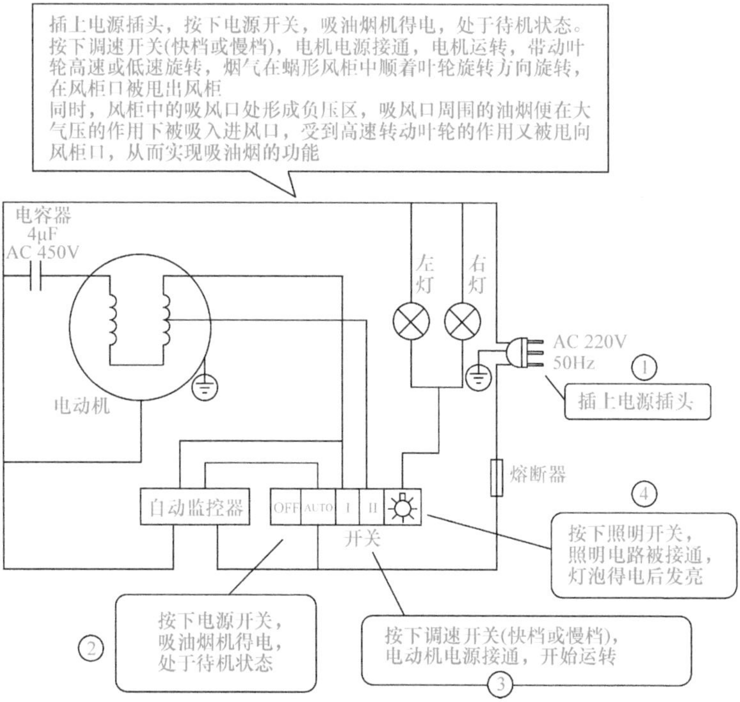

插上电源插头，按下电源开关，吸油烟机得电，处于待机状态。
按下调速开关(快档或慢档)，电机电源接通，电机运转，带动叶轮高速或低速旋转，烟气在蜗形风柜中顺着叶轮旋转方向旋转，在风柜口被甩出风柜
同时，风柜中的吸风口处形成负压区，吸风口周围的油烟便在大气压的作用下被吸入进风口，受到高速转动叶轮的作用又被甩向风柜口，从而实现吸油烟的功能

电容器 4μF AC 450V

电动机

左灯　右灯

AC 220V 50Hz

① 插上电源插头

熔断器

自动监控器　OFF AUTO I II　开关

④ 按下照明开关，照明电路被接通，灯泡得电后发亮

② 按下电源开关，吸油烟机得电，处于待机状态

③ 按下调速开关(快档或慢档)，电动机电源接通，开始运转

图4-2　机械式吸油烟机电气原理图

4.1.3 吸油烟机的分类（见图4-3）

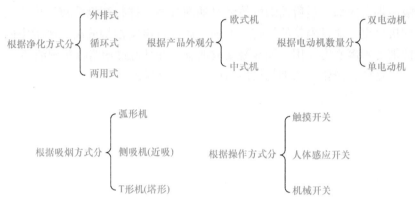

图4-3 吸油烟机的分类

4.1.4 吸油烟机的部件（见表4-1）

表4-1 吸油烟机的部件

名称	解 说
吸油烟机的控制开关	控制开关类型： 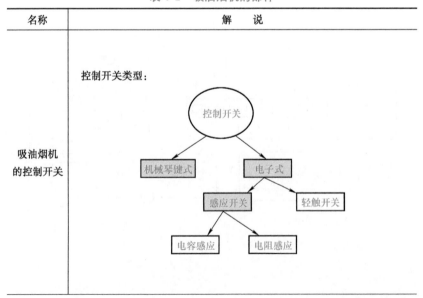

名称	解　说
吸油烟机的显示屏、照明灯	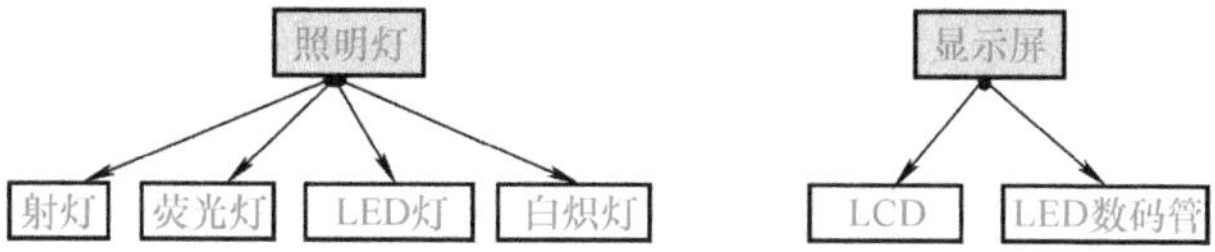
吸油烟机风机系统	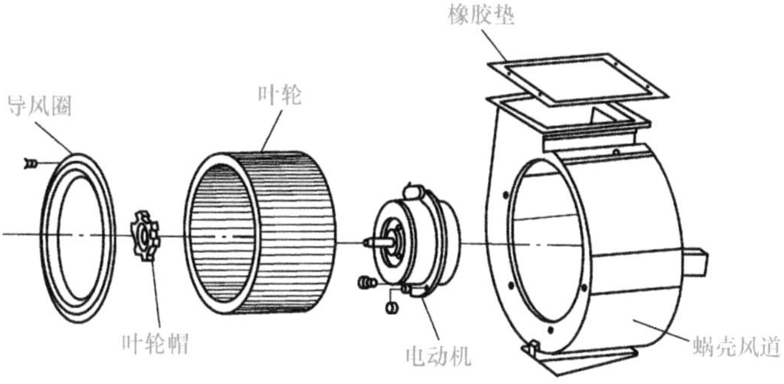
吸油烟机常用油网结构	吸油烟机常用油网结构类型： 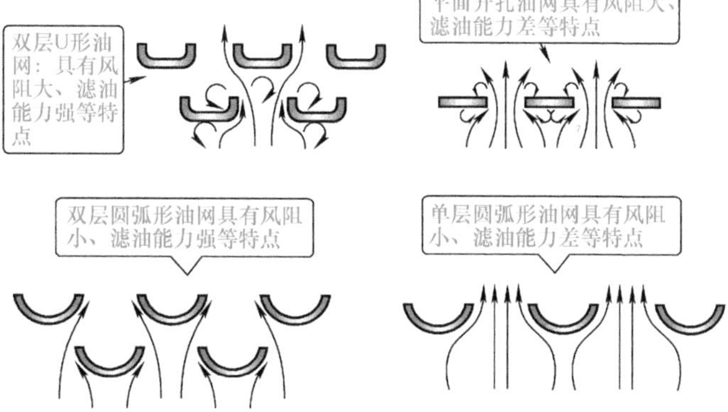

(续)

名称	解　说
专用电容	吸油烟机 CBB61 专用起动电容有：4μF/450V、5μF/450V、1.2μF/450V、1.5μF/450V、3μF/450V、3.5μF/450V、6μF/450V、8μF/450V、16μF/450V 等规格 不分正负极　　4.6cm　1.8cm　3.4cm 安装固定孔
电容器	1）将万用表调到 R×10k 档，然后将两表笔接电容两端，如果万用表上显示的阻值由小慢慢变为无穷大或接近无穷大，再调换电容两端检测，如果仍是由小慢慢变为无穷大或接近无穷大，则说明该电容正常。如果阻值很小，且不变动，则说明该电容漏电。如果阻值接近 0Ω，则说明该电容击穿短路。如果阻值为无穷大，则说明该电容无充放电能力，已失效 2）用白炽灯接到 220V 交流电上，并且白炽灯正常发亮。然后白炽灯与待测电容器串联后接到 220V 交流电上，白炽灯亮度明显减弱，则说明该电容器是好的。如果不亮，则说明该电容器内部断开。如果亮度不发生变化，则说明电容器内部已击穿
照明灯	可以用万用表 R×200 档检测灯泡内的灯丝是否导通。如果不导通，则说明该照明灯烧坏了
电机	1）首先将万用表调到 R×2k 档，然后用两表笔任意检测线与线间的电阻值，电阻值最大的两线是起动电容的连接线，其阻值也是主绕组与副绕组间的电阻值，通常主绕组的阻值比副绕组的阻值小 2）调速绕组一般是在副绕组的线圈上抽出线头

（续）

名称	解　说
电机	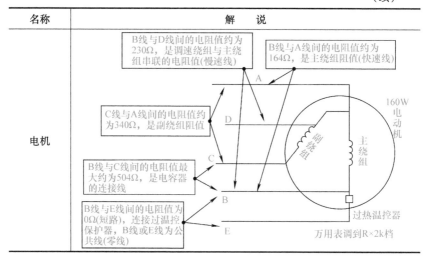

4.1.5　吸油烟机故障维修（见表4-2）

表4-2　吸油烟机故障维修

故障现象	故障原因	检修处理
不工作	1）电源没有接通，电压不正常 2）速度键没有按下	1）接通电源或检查电压 2）按下速度键
机体明显振动	1）主机悬挂不牢固 2）叶轮安装不到位 3）叶轮损坏 4）手紧螺母没有拧紧	1）确认主机悬挂牢固 2）需要将叶轮安装到位 3）更换叶轮 4）拧紧手紧螺母
漏油	1）油杯里的废油过多 2）油网没有清洗	1）清理油杯废油 2）清洗油网
没有电源	1）电源线插头没有插上或没有插好 2）电源插座没有电源 3）电源没有接上或熔丝熔断	1）接好电源插头 2）接通电源 3）安全接好电源或更换熔丝

（续）

故障现象	故障原因	检修处理
吸力不强	1）使用时门窗敞开过多或门窗关闭 2）主机安装高度不在要求范围 3）万向风管太长或弯曲角数量太多 4）排气公用烟道口太窄或出风口密封不严 5）止回阀叶片卡住 6）叶轮没有清洗	1）打开门窗开关，进行适当调整 2）调整安装高度到要求范围内 3）减短万向风管长度或减少弯曲角数量 4）扩大烟道口直径，将出风口密封到位 5）清理叶片 6）清洗叶轮
照明灯不亮	1）照明键没有按下 2）照明灯烧毁	1）按下照明键 2）更换照明灯
不工作	清洗电机烧坏	更换清洗电机
机器不能正常工作	电源未接通、外界电磁干扰、电源线坏等	接通电源、更换电源线等
电机能转，灯不亮	照明灯损坏等	更换照明灯等
灯亮，电机不转	叶轮被卡阻、电机损坏等	清理杂物、更换电机等
吸油烟效果不好	厨房空气对流大或密封太严、出风管太长、安装高度过高、止回阀叶片未打开等	针对故障原因，对应采取措施
机体剧烈振动，噪声增大	连接件固定螺钉松脱、吸油烟机悬挂不可靠、蜗壳支脚固定螺钉松脱、叶轮安装未到位、电机固定螺钉松脱、叶轮受损或平衡块脱落等	针对故障原因，对应采取措施

4.1.6　维修帮

1. A. O. 史密斯吸油烟机 CXW-200-Q5 维修参考（见图 4-4）

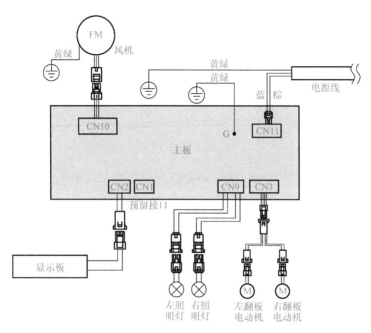

故障代码	故障代码含义
F0、F3、F4、F5、F6、F9、FA	风机故障等
F1	电压过高等
EC	通信故障等

图 4-4　A. O. 史密斯吸油烟机 CXW-200-Q5 维修参考

2. 林内吸油烟机 CXW-220-ETW41G 维修参考（见图 4-5）

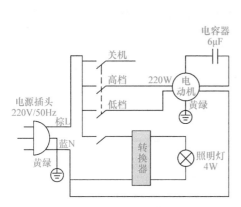

故障现象	故障原因
机体振动大	螺钉松动 电动机松动 叶轮变形
吸油烟 效果不佳	主机安装过高 止回板未完全打开 门窗通风太大 油网油污过多
照明灯和电动 机均不工作	电源未接通 电源线或电路板损坏
电动机工作 照明灯不亮	照明灯损坏 电路板损坏或接触不良
电动机不工作 照明灯工作	叶轮被卡阻 电容器损坏 电动机损坏 电路板损坏或接触不良

图 4-5　林内吸油烟机 CXW-220-ETW41G 维修参考

3. 林内吸油烟机 CXW-188-NM08J 维修参考（见图 4-6）

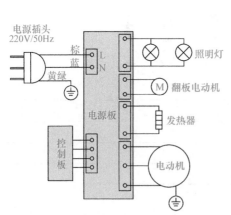

故障现象	故障原因
机体振动大	螺钉松动 电动机松动 叶轮变形
吸油烟 效果不佳	主机安装过高 止回板未完全打开 门窗通风太大 油网油污过多
翻板 玻璃不翻转	翻板电机损坏 电路板损坏
照明灯和电动 机均不工作	电源未接通 电源线或电路板损坏
电动机工作 照明灯不亮	照明灯损坏 电路板损坏或接触不良
电动机不工作 照明灯工作	叶轮被卡阻 电动机损坏 电路板损坏或接触不良

图 4-6　林内吸油烟机 CXW-188-NM08J 维修参考

4. 美的吸油烟机 CXW-260-BVL80T 维修参考（见图 4-7）

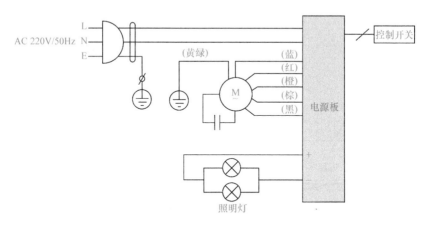

图 4-7　美的吸油烟机 CXW-260-BVL80T 维修参考

5. 美的吸油烟机 CXW-268-TC1 维修参考（见图 4-8）

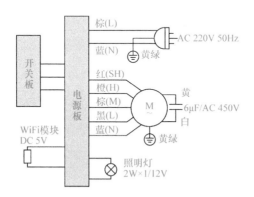

图 4-8　美的吸油烟机 CXW-268-TC1 维修参考

6. 苏泊尔吸油烟机 CXW-218-AM1、CXW-218-Z1D 维修参考

（见图 4-9）

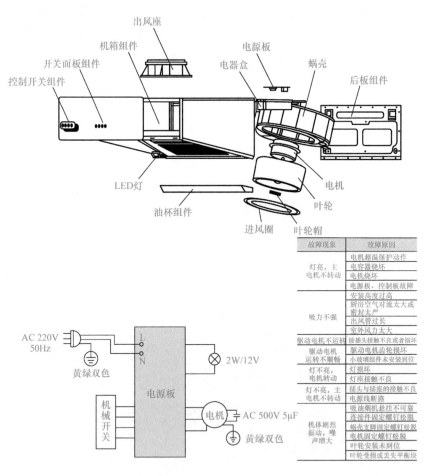

故障现象	故障原因
灯亮，主 电机不转动	电机超温保护动作
	电容器烧坏
	电机烧坏
	电源板、控制板故障
吸力不强	安装高度过高
	厨房空气对流太大或 密封太严
	出风管过长
	室外风力太大
驱动电机不运转	接插头接触不良或者损坏
驱动电机 运转不顺畅	驱动电机齿轮损坏
	小玻璃组件未安装到位
灯不亮， 电机转动	灯损坏
	灯座接触不良
灯不亮，主 电机不转动	插头与插座的接触不良
	电源线断路
机体剧烈 振动，噪 声增大	吸油烟机悬挂不可靠
	连接件固定螺钉松脱
	蜗壳支脚固定螺钉松脱
	电机固定螺钉松脱
	叶轮安装未到位
	叶轮受损或丢失平衡块

图 4-9 苏泊尔吸油烟机 CXW-218-AM1、CXW-218-Z1D 维修参考

7. 苏泊尔吸油烟机 CXW-268-Y-DE15、CXW-268-Y-DE16 维修参考（见图 4-10）

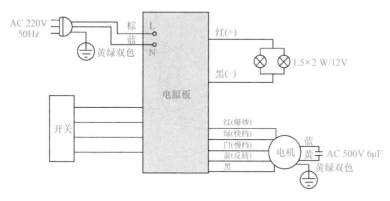

图 4-10　苏泊尔吸油烟机 CXW-268-Y-DE15、

CXW-268-Y-DE16 维修参考

8. 苏泊尔吸油烟机 CXW-268-Y-AE88 维修参考（见图 4-11）

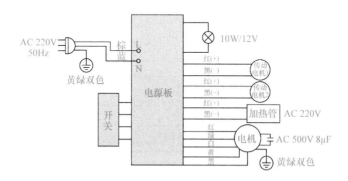

图 4-11　苏泊尔吸油烟机 CXW-268-Y-AE88 维修参考

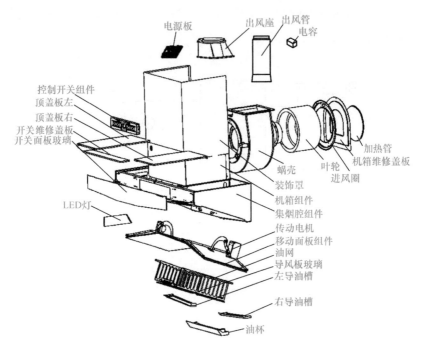

图 4-11　苏泊尔吸油烟机 CXW-268-Y-AE88 维修参考（续）

9. 苏泊尔吸油烟机 CXW-185-J501A、CXW-185-J505 等维修参考（见图 4-12）

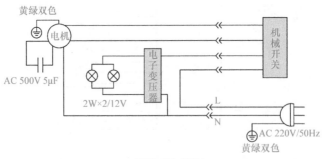

CXW-185-J501A

图 4-12　苏泊尔吸油烟机 CXW-185-J501A、CXW-185-J505 等维修参考

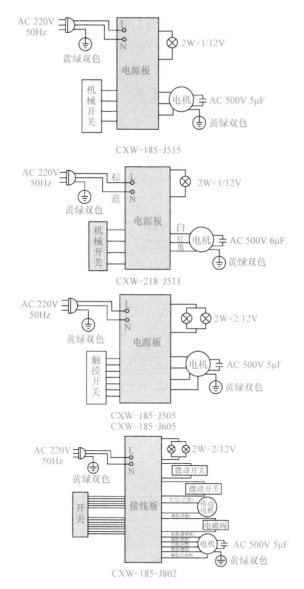

图 4-12　苏泊尔吸油烟机 CXW-185-J501A、CXW-185-J505 等维修参考（续）

10. 苏泊尔吸油烟机 CXW-238-Y-AJ15 维修参考（见图 4-13）

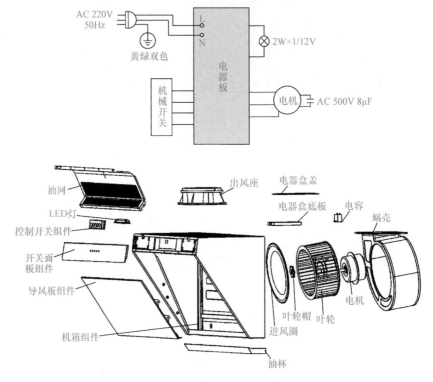

图 4-13　苏泊尔吸油烟机 CXW-238-Y-AJ15 维修参考

4.2　燃气灶

4.2.1　燃气灶的外形与结构

　　家用燃气灶是利用燃气（液化气、天然气、人工煤气）作为燃料，用燃气灶带有的支架支撑烹调器皿，用火直接加热烹调器皿的燃烧器具，如图 4-14 所示。

大火盖　小火盖　面板

旋钮

燃烧系统是由炉头、喷气嘴、分火器等组成。燃气经过阀门调节后经引射器引射，把燃气引入混合管内进行一次空气混合，再通过分火器分流与空气进行二次空气充分混合后燃烧

底壳

阀体

分气管　进气管　分气管

图 4-14　燃气灶的外形与结构

风门调节片　　风门调节片

金属燃气管

脉冲点火器　卡箍　肥皂水(泡泡)检漏　电池盒

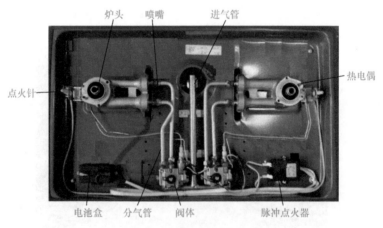

炉头　　喷嘴　　　进气管

点火针

热电偶

电池盒　　分气管　　阀体　　　脉冲点火器

图 4-14　燃气灶的外形与结构（续）

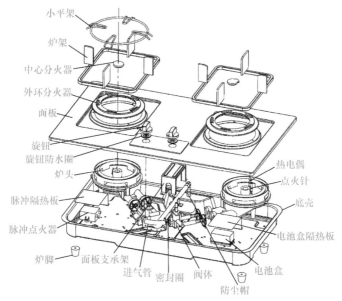

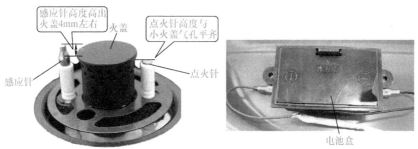

图 4-14 燃气灶的外形与结构（续）

4.2.2 燃气灶的类型

燃气灶的类型如图 4-15 所示。

4.2.3 燃气灶的工作原理

燃气在一定的压力下，以一定的流速通过通气管进入阀体，然后经过阀体喷嘴喷出，再进入燃烧器，并且燃气靠本身的喷射负压能量吸入一次空气，然后在燃烧器内燃气和一次空气混合，再经过火盖火

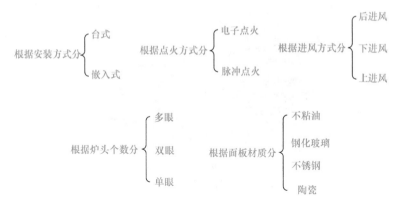

图 4-15　燃气灶的类型

孔或火缝均匀流出，并且再与二次空气混合，然后进行充分平稳的燃烧，形成蓝色的火焰，如图 4-16 所示。

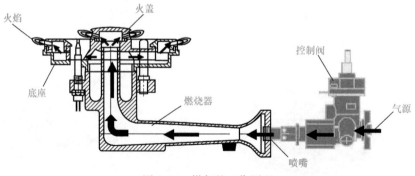

图 4-16　燃气灶工作原理

4.2.4　燃气灶的系统与部件（见表4-3）

表4-3　燃气灶的系统与部件

名称	解　说
安全系统	安全系统包括电磁阀、感应针等
底壳	1）底壳的作用：各种零部件固定在底壳上；灶具嵌装在台面后的受力部件；与外界保持相对隔离；防止机体内部的污染等 2）底壳的主要材料：表面喷塑粉处理的冷轧板等

（续）

名称	解　说
点火方式	1）压电陶瓷电火花点火的原理：用手按压并转动旋钮打火时，带动击锤机构的拨叉动作，在弹簧力的作用下，击锤击压电陶瓷端面，机械能转换为电能，产生 10kV 以上的瞬间高电压。通过高压导线连接电极，在 4～5mm 距离的电极间打出电火花，并且将从电极旁边喷嘴喷出的燃气点燃 2）脉冲电子点火的原理：采用电池作电源，电子电路产生高压脉冲，通过高压线把电能送到点火针上，在点火针与火盖间隙处产生一连串连续高压放电火花，成为点火源
点火总成	1）有液化气点火总成和天然气点火总成之分 2）有左点火总成和右点火总成之分 3）维修代换时，尺寸、外形、安装孔等需要适合，才能够代换 左枪反面　　　　　　　右向
阀体总成	1）阀体总成的组成：阀体总成由旋塞阀与电磁阀等组成 2）旋塞阀主要由阀杆（旋钮杆）、旋塞（阀芯）、喷嘴等组成 3）电磁阀主要由线圈、铁心、密封圈、弹簧等组成
分气管	1）分气管主要用来连接阀体总成与喷嘴 2）分气管一般用铝管或紫铜管加工而成 3）分气管折弯处不能有裂纹和严重的瘪缩等异常现象
风门	1）风门的主要作用是通过它来调节空气量的多少，以应变气质发生的变化 2）风门基本为扇形的金属板，依靠弹簧压紧在炉头的端部，它在底壳的下面漏出一个调节片，可以方便调节 3）出现黄火时，可以把风门开大一些，增加空气量 4）出现火焰飘离火孔，可以把风门关小一些，减少空气量

（续）

名称	解　说
供气系统	供气系统包括输气管路、阀体等
火盖	1）火盖包括内环火盖、外环火盖、装饰圈等 2）火盖的作用：均匀分配燃气燃烧，直接影响燃烧工况和热效率 3）火盖的主要材料：黄铜、表面喷高温漆等
进气管	1）进气管的作用：连接外部燃气管道或液化气钢瓶；阀体安装在进气管上 2）进气管的主要材料：表面镀彩锌、电泳或喷塑粉处理的铁管等
炉架 （锅支架）	1）炉架有铸铁炉架、搪瓷炉架等类型 2）炉架主要用于支撑加热容器（锅具）等 3）炉架和火盖保持一定的距离，以保证燃气的二次空气混合，降低烟气中一氧化碳含量。如果炉架偏低，则会出现二次空气补充不足，燃烧不充分，一氧化碳含量急剧上升 4）炉架可以保证较高的热效率。如果锅支架太高，容器与火焰的距离较远，热量会向周围散发而损失较多，热效率会大大下降
炉头	1）炉头的作用：连接喷嘴、支撑铝座火盖、与喷嘴组合完成燃气与空气的第一次混合等 2）炉头的主要材料：表面电镀处理的铸铁
铝座	1）铝座的作用：分配燃气、缓冲、支撑火盖等 2）铝座的主要材料：经表面机加工的压铸铝合金等
脉冲点火器、 点火针、 电池盒	1）脉冲点火器与点火针构成点火系统，产生电火花，实现点火功能 2）只能在点火针部位放电，放电必须连续、均匀。如果在其他部位放电，则属于不正常 3）点火针连接线与放电陶瓷件的连接要牢固 4）点火针与脉冲点火器的连接必须牢固，一般用硅胶固化 5）电池盒要扣牢，但是不能扣住打不开 6）放电的距离为 3～5mm，释放的电火花最佳方位是在火孔正上方
面板	1）面板有不锈钢面板、陶瓷面板、搪瓷面板、钢化玻璃面板等类型 2）面板的作用：烹调用的工作台面，具有存储烹调过程中产生的汤液，防止汤液溢出，支撑锅支架

（续）

名称	解　说
喷嘴	1）喷嘴与阀体直接或间接连接在一起，头部有很小的燃气出气孔 2）通过喷嘴把燃气集中喷入混合腔内 3）喷嘴六角面上的 6 个小孔称"一次进空气孔"，能够使空气与燃气充分混合，以便充分燃烧 4）规格有 32#喷嘴小孔 + 大孔、32#喷嘴大孔、32#喷嘴小孔、左向双嘴、右向双嘴等 5）喷嘴有液化气专用喷嘴、天然气专用喷嘴等 芯高28mm 小孔对天然气/液化气来说外形尺寸相同，但进气孔大小不同
燃气灶点火器	**华帝燃气灶点火器 ZD15 与 ZD2D 可以互相通用** 可以使用ZD15点火器的华帝燃气灶 ZD15点火器　B0401X、B0401AX、B0401BX、I1001A、I1001B、I1001C、WB8001T、WB8001G 高压插片 接电池盒 接底壳螺钉 接左开关（红、蓝、黄） 接右开关（红、紫、黄） 接电磁阀 接左感应针（蓝） 接右感应针（红） 可以使用ZD2D点火器的华帝燃气灶 ZD2D点火器　B0412X、I10004A/BC、I10007B、0013BX/GX、B0318X、B0419X、B0313X、B0317AX/N/BX、B0326BX/X、B0412AX/BX/C、B0612X、B0626X、WB1001A、WB1001D、B8321A、B0627X

（续）

名称	解　说
燃气灶点火器	华帝燃气灶点火器 2J1 接右炉微动开关（红、紫、黄） 接左炉微动开关（红、蓝、黄） 接电磁阀（红、绿、白） 接地(紫色) 接电池盒(红黑) **可以使用2J1点火器的华帝燃气灶** 2J1点火器　BH806A、BH806B、BH806C、BH806D、BH806E、BH808A、BH808B、BH808C、B809A、B809B、B809C、I10002B、I10003C、I10008B、B850D、I10008C、WBH8006H、BH807A1、BH807A2、BH807A3、BH807D1、BH807D2、I10012H
燃气灶电磁阀	燃气灶电磁阀有单线型和双线型等种类 总成接头　电磁阀 电磁阀接头 地线接头 双线感应针配双控电磁阀

（续）

名称	解　说
燃气灶 电磁阀	 单线感应针配单控电磁阀
燃烧系统	燃烧系统包括炉头、分火器、喷嘴等
微动开关	微动开关有带弯压片和有带直压片等类型 微动开关有两线、三线、专用微动开关等类型 二线灶具微动开关　　　　三线灶具微动开关
熄火保护装置	1）离子感焰式熄火保护装置：燃烧产生高温时将燃烧区域内的气体部分离子化呈现电性，工作期间受内、外部影响而造成意外熄火时，离子信号消失，控制系统将关闭电磁阀，以防止燃气继续溢出 2）热电偶式电磁阀熄火保护装置：主要由热电偶和电磁阀两部分组成，分单线圈和双线圈两种 3）双金属片式熄火保护装置：不同热膨胀系数的两层金属压实的双金属片，当双金属片被小火焰加热时，就向着热膨胀系数小的金属片一面弯曲，从而使阀杆移动，打开燃气通道
旋钮	1）旋钮的主要作用是与阀体的阀杆连接固定，便于舒适地开关阀门或调节火焰的大小 2）旋钮检查要点：表面是否光洁、与阀杆配合是否良好、金属旋钮是否有锈迹等

4.2.5 燃气灶故障维修（见表4-4）

表4-4 燃气灶故障维修

故障现象	故障原因	检修处理
点火、熄火时有噪声	点火器多次不能点燃	停止点火，等燃气灶周围混合气逸散后再试点
	关火操作速度太快	关火时应慢点
点火后发出"呼呼"响声	火盖未盖好或火盖不配套	放正火盖或更换火盖
点火困难	气源总开关没有打开	打开气源总开关
	电池电力不足	更换电池
	引火管或喷嘴堵塞	疏通引火管或喷嘴
	阀芯坑堵塞	拆出阀芯，刮掉密封脂，再重新涂抹密封脂
	橡胶管屈折、压扁	如橡胶管屈折，则校正；如橡胶管压扁，则更换橡胶管
	击锤弹簧无弹性或锈蚀	更换弹簧
	压电陶瓷失灵	更换新的压电陶瓷
	电极间位置偏移	应调整两者距离在3.5~4mm
	减压阀压力不正常	调整压力或更换减压阀
	换钢瓶时，管内有空气	重复点几次
	燃气快用完	应换新气源
点火嘴漏气着火	阀芯轴复位不灵活，阀芯轴弹簧弹力不足	取出阀芯轴，在轴上涂润滑油，更换阀芯轴弹簧
	阀芯轴密封圈磨损，老化变形	更换阀芯轴密封圈
电脉冲连续点火器有时不易产生火花	电池快用完	更换电池
	电池正负极异位	应校正正负极
	点火触头与绝缘瓷板有油污、水垢	应清洁、烘干

（续）

故障现象	故障原因	检修处理
电脉冲连续点火器有时不易产生火花	高压输出导线击穿、开裂	更换高压输出导线
	电子点火器受潮	烘干电子点火器
	控制线路盒失灵	更换控制线路盒
	开关未接通	调整开关或更换开关
	按键损坏	更换按键
	点火针与火盖距离不当	调整至 3~5mm
	喷嘴堵塞	用细钢丝疏通或更换喷嘴
	橡胶管屈折、压扁	校正橡胶管或更换橡胶管
	燃气快用完	更换新燃气瓶
阀体手柄处漏气	阀芯表面的密封脂干涸或耗尽	拆下洗抹干净，重新涂上密封脂
	阀体锥孔内有硬物创伤，造成密封性不好	拆下阀体与阀芯，清洗干净，涂上密封脂
风吹不熄"再点火、乱报警"	一次空气过多（风门过大）	关小风门
	气压太高	关小燃气阀门
	感应针太远	调整感应用针的位置
	感应针短路	更换感应针或调整接地片与感应针的距离，保证两者不接触
	感应针太脏	清洁感应针
红火	空气湿度大、气源杂质多	正常现象
	炉头、分火器灰尘较多	清洁炉头通道、清洁分火器
黄火	风门开度不够大	开大风门
	风门通道堵塞	清除引射器内积炭，清除铁锈，清除风门上的毛刺，清除蜘蛛网等
	喷嘴孔径过大	更换喷嘴
	喷嘴孔堵塞	用小于喷嘴孔径的细小钢丝疏通
	喷嘴与引射器不同心	调整引射器安装位置
	火盖的火孔有污物	用铁丝疏通
	燃气质量不稳定	选用质量好的燃气

（续）

故障现象	故障原因	检修处理
回火（炉头里燃烧）	燃气压力过低	如果为了省气关小，应适当开大
	风门开度过大	液化气瓶内燃气是否用完，如果用完，换新气瓶。如果用新气瓶仍有该现象，则需要调减压阀
	喷嘴堵塞	用细钢丝疏通
	火盖的火孔堵塞	用钢丝疏通
	喷嘴不正或喷嘴孔径偏心	校正喷嘴或更换喷嘴
火焰短小无力	燃烧器火孔堵塞	将燃烧器取下，清理被堵塞的火孔
	气源快用尽	换新的燃气瓶
	阀喷嘴或燃气灶喷嘴堵塞	用钢丝疏通
	角阀开度小	开大角阀
	橡胶管压扁或屈折	如果压扁，则需要换新的；如果屈折，则需要理直
离焰、脱火	风门开度过大	调小风门
	燃气压力过高	用液化气钢瓶时，应调减压阀。用管道气的，可以把燃气总开关关小一点
	厨房空气流动太快	适当关小门窗开度
	烟道抽风过猛	调整烟道抽力
	厨房内废气排除不良	应安装排气扇（或抽油烟机）
	饮具与燃气规格不相符	更换饮具或燃具锅支架
漏气（有异味）	橡胶管老化破裂或脱落	更换或重新连接橡胶管
	燃气灶的减压阀漏气	更换或维修减压阀
	燃气灶的点火器或进气管漏气	维修或更换燃气灶的点火器或进气管
	进气管密封圈老化	更换密封圈
喷嘴与阀体连接处漏气着火	喷嘴与阀体连接处螺纹间隙大	拧出喷嘴，在螺纹部位涂上密封油

（续）

故障现象	故障原因	检修处理
喷嘴与引射器连接处漏气着火	引射器内腔被堵塞	清除炉头引射器内腔、喉管内铁锈及杂质等
气管阀体支架与阀体连接处漏气	支架与阀体接合处未装密封圈或密封圈安装不当	重新装上密封圈
	密封圈老化	更换密封圈
	连接的螺钉松动	重新拧紧螺钉
压电陶瓷点火器打不出火花	击锤弹簧无弹性	更换击锤弹簧
	机构元件松脱	上紧机构元件
	点火器导线脱落或损坏	装上或更换点火器导线
	电极与接地放电端子间距离偏移	调整其位置并紧固，使两者距离为 3.5~4mm
	放电针尖端有污垢	清除干净放电针尖端
压电陶瓷点火器有火花但不能引燃	点火嘴被污物堵塞	可以用细钢丝疏通或更换点火嘴
	喷嘴堵塞	疏通喷嘴
	阀芯坑被密封脂堵塞	拆下清理
	橡胶管屈折或压扁	校正橡胶管或更换橡胶管
	电极间位置偏移	调定点火电极与打火板间距离为 3.5~4mm
自动熄火	热电偶位置不对	调整热电偶位置，使火焰对准热电偶引出端 3~5mm 范围内燃烧
	热电偶损坏	应更换热电偶
	热电偶与电磁阀连接处接触不良	调整热电偶与电磁阀

4.2.6 维修帮

1. A.O. 史密斯两眼灶 JZT-F3B1/F3G1 维修参考（见图4-17）

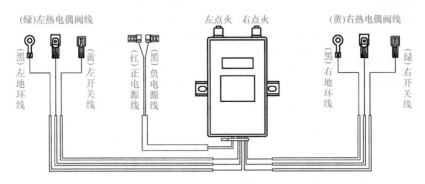

图 4-17　A.O. 史密斯两眼灶 JZT-F3B1/F3G1 维修参考

2. A.O. 史密斯三眼灶 JZT-F3B2 维修参考（见图4-18）

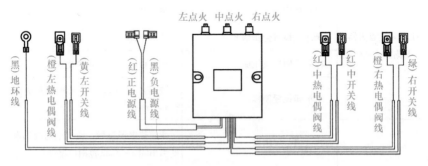

图 4-18　A.O. 史密斯三眼灶 JZT-F3B2 维修参考

3. 容声台式家用燃气灶维修参考（见图 4-19）

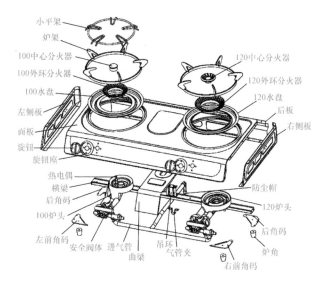

故障现象		故障原因	故障处理
漏气（或有异味）		橡胶管老化、破裂或脱落	更换或重新连接橡胶管
		炉头主火未点燃	待燃气散尽后再点火
		阀体密封不严	更换阀体
		阀体密封圈老化	更换密封圈
留不住火或中途熄火		热电偶处过脏或损坏	调正位置并清洁或更换热电偶
		电磁阀损坏	更换电磁阀
		阀体损坏	更换阀体
火焰异常		热电偶处火焰离焰	调节风门
	火焰不规则	分火器未放好	放好分火器
	火焰短小无力	燃气压力不够	查验气瓶气路或减压阀
	火焰易吹脱	风门进风口过大	调节风门减小进风口
	火焰长且发黄或有黑烟	风门进风口过小	调节风门加大进风口
	火焰不均匀	分火器的火孔堵塞	清洁分火器火孔
点不着火		气源总开关未开	打开气源总开关
		橡胶管扭折、压扁或堵塞	校正或更换进气管
		燃气用完	更换气瓶
		橡胶管内混有空气	反复打火以排除空气
		点火针位置不当	调整放电距离约4~6mm
		打火时火花弱小	清洁点火针
		未装电池、电池反装、无电或欠电	正确装电池或更换新电池
		脉冲点火器损坏	更换脉冲点火器

图 4-19 容声台式家用燃气灶维修参考

4. 苏泊尔燃气灶 JZ* - DS2E1、JZ* - DB2E2 维修参考（见表 4-5）

表 4-5 苏泊尔燃气灶 JZ* - DS2E1、JZ* - DB2E2 维修参考

故障代码	故障代码含义
E1	当输出切断信号 20s 后仍能检测到热电偶工作信号
E2	其他故障
E3	意外熄火故障
E4	副线圈开路故障
E5	主线圈开路故障

5. 苏泊尔气电两用灶具 JZDT- Z- AY70、JZDY- Z- AY70 维修参考（见图 4-20）

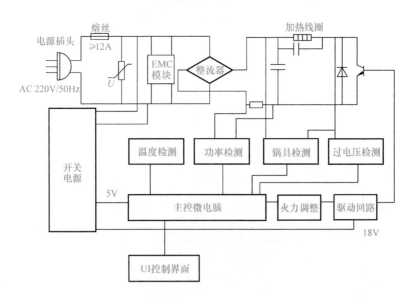

图 4-20 苏泊尔气电两用灶具 JZDT- Z- AY70、
JZDY- Z- AY70 维修参考

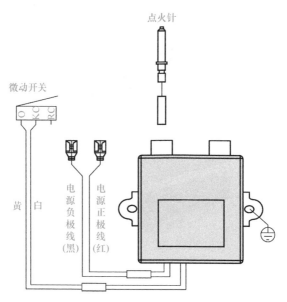

图 4-20 苏泊尔气电两用灶具 JZDT-Z-AY70、
JZDY-Z-AY70 维修参考（续）

4.3 集成灶、组合灶

4.3.1 集成灶、组合灶的结构

集成灶和组合灶的结构如图 4-21 所示。

LED贴片灯
恒温加热置物台
吸油烟机
搪瓷炉架
燃气灶
操控面板
燃气定时旋钮
保洁柜
燃气灶旋钮
超大油杯
合金拉手

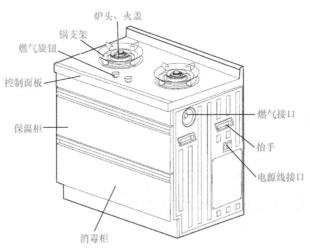

炉头、火盖
锅支架
燃气旋钮
控制面板
保温柜
燃气接口
抬手
电源线接口
消毒柜

图4-21　集成灶和组合灶的结构

4.3.2 集成灶、组合灶的部件（见表4-6）

表4-6 集成灶、组合灶的部件

部分	器件	解　说
台式燃气灶	阀体总成	阀体总成用于点火和燃气气路的控制，以及燃气气量大小的调节。阀体总成一般是由阀座、气阀芯、旋钮杆、阀体、压电陶瓷点火组件、引火管（含点火喷嘴）、喷嘴及其实现功能转换需要的附件等组成
	分火器	分火器用于燃气分流并且实现燃气燃烧
	炉架	炉架用于支撑烹饪器皿
	炉头	炉头用于安放分火器总成，实现空气一次混合
嵌入式燃气灶	阀体总成	阀体总成用于点火开关和燃气供气量大小的调节。阀体总成一般是由阀座、阀芯、旋钮杆、阀体、喷嘴及实现功能转换需要的附件等组成
	脉冲点火器	脉冲点火器用于燃气灶的点火，一般由点火线圈与其他电子元器件等组成
	微动开关	微动开关用于接通与断开脉冲点火器的工作电源
	炉头	炉头用于安放分火器总成，实现空气一次混合
	分火器总成	分火器总成用于燃气分流，实现燃气燃烧 分火器总成是由中心、外环分火器、分火器座等组成
	热电偶熄火保护装置	热电偶熄火保护装置由热电偶和电磁阀组成，用于控制燃气通路的开启和关闭
	离子熄火保护装置	燃烧产生高温时将燃烧区域内的气体部分离子化呈现电性，工作期间受内部、外部影响而造成意外熄火时，离子信号消失，控制系统将关闭电磁阀，以防燃气继续溢出

4.3.3 集成灶故障维修（见表4-7）

表 4-7 集成灶故障维修

故障现象	故障原因	检修处理
点火困难	1）点火旋钮没有拧转 90° 2）点火火星弱 3）气路不畅通 4）火盖引火槽没有对准点火针 5）火盖引火槽堵塞	1）正确操作旋转点火旋钮到位 2）更换电池 3）检查气路连接管是否畅通 4）旋转铝盖对准即可 5）清理引火槽堵塞物
风机不转	1）电源线脱落或漏保插头损坏 2）电源板或电脑板损坏 3）电动机温升超过 125℃ 4）控制线接插接触不良 5）电动机电容损坏	1）检查、维修或更换电源线、漏保插头 2）检查、维修或更换电源板或电脑板 3）冷却后可恢复正常 4）检查插头，保证接触良好 5）更换电动机电容
火焰异常	1）燃气质量差 2）火孔堵塞 3）火盖与铝盖未放到位 4）风门没有调好	1）更换燃气、调节风门 2）清理火孔堵塞物 3）将火盖卡入定位销内 4）调节风门到火焰最佳状态
集成灶不能正常点火	1）气路没有接通 2）炉盖引火槽没对齐，点火针或引火槽堵塞 3）风门调节太大 4）电磁阀未打开	1）检查燃气气源是否已接通到燃气灶具、阀门是否打开 2）将引火槽对齐点火针或清理引火槽 3）将内环与外环风门适当调小再点火 4）检查电磁阀或更换电磁阀
屏不亮	1）电源线脱落或漏保插头损坏 2）电源板或电脑板损坏	1）维修或更换电源线或漏保插头 2）维修、更换电源板或电脑板
吸烟效果差	1）风机工作效率差 2）三档风速不正常 3）排管不畅通 4）灶膛吸风口、正压风口堵塞	1）检查、维修或更换风机 2）检查风机运行情况，排除故障 3）确保管道畅通无卡瘪现象 4）清理堵塞物

4.3.4　维修帮

美的组合灶 JJZT-D3 维修参考（见图 4-22）

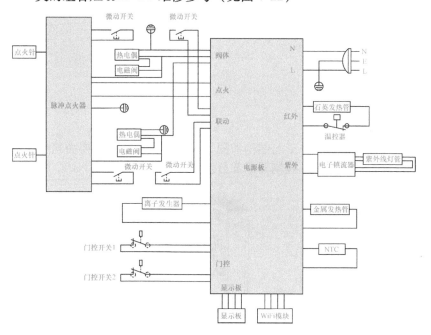

图 4-22　美的组合灶 JJZT-D3 维修参考

4.4　学修扫码看视频

第5章　消毒柜、洗碗机

5.1　消毒柜

5.1.1　消毒柜的结构

典型的消毒柜外形与结构如图 5-1 所示。消毒柜主要由箱体、消毒装置、烘干装置、控制器等部分组成。

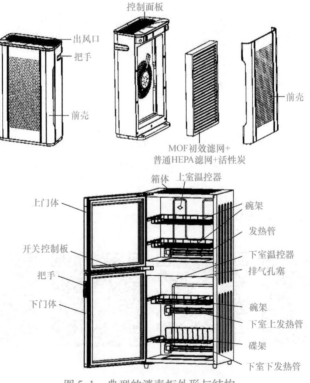

控制面板

出风口
把手
前壳

前壳

MOF初效滤网+
普通HEPA滤网+活性炭

箱体　上室温控器

上门体　　　　　　　　　　　　碗架

　　　　　　　　　　　　　　发热管

开关控制板　　　　　　　　　下室温控器

把手　　　　　　　　　　　　排气孔塞

下门体

　　　　　　　　　　　　　　碗架
　　　　　　　　　　　　　下室上发热管

　　　　　　　　　　　　　碟架
　　　　　　　　　　　　下室下发热管

图 5-1　典型的消毒柜外形与结构

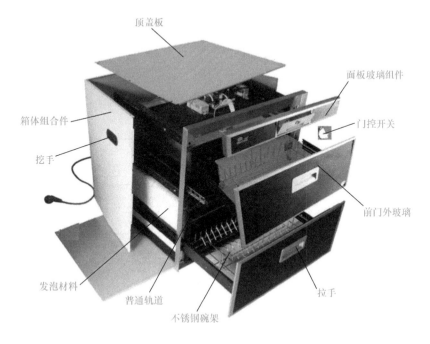

顶盖板

面板玻璃组件

门控开关

箱体组合件

挖手

前门外玻璃

发泡材料

普通轨道

不锈钢碗架

拉手

图 5-1 典型的消毒柜外形与结构（续）

5.1.2 消毒柜的工作原理

消毒柜柜腔内紫外灯管工作时产生紫外线、臭氧，然后通过臭氧与紫外线同时作用达到灭活细菌或病菌的效果。消毒程序完成后进入烘干程序，然后通过加热，一方面加速臭氧分解，另一方面烘干餐具，如图 5-2 所示。

嵌入式低温双抽屉消毒柜工作原理，如图 5-3 所示。插上电源插头，电源接通。按下消毒键 K3，主控板输出信号，继电器 J1 吸合，J1-1 闭合，紫外线臭氧管开始工作。

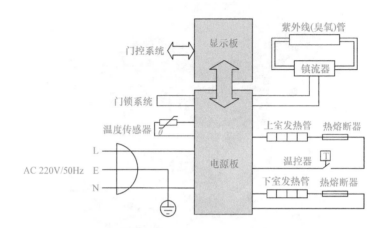

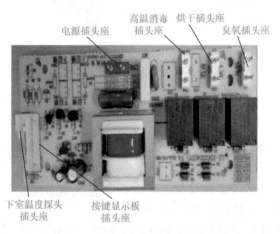

图5-2 消毒柜的工作原理

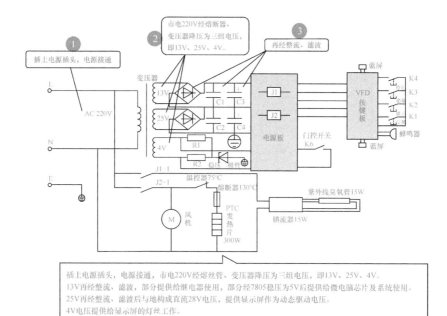

图 5-3　嵌入式低温双抽屉消毒柜工作原理

5.1.3　消毒柜的部件（见表 5-1）

表 5-1　消毒柜的部件

名称	解　说
12V 变压器	12V 变压器把 220V 转变为 12V 交流电 12V 变压器的检测：220V 输入时，检测是否输出 12V。如果没有 12V，则说明该变压器可能异常 变压器外形　　　　　变压器符号

（续）

名称	解　说
9V 三端稳压器	9V 三端稳压器的检测：1-2 脚加 12V 时，3-2 脚应有 9V 直流电，如果没有 9V 直流电，则说明该三端稳压器可能异常
按键显示板总成	按键显示板主要用于各种功能的选择、功能图案的动态显示及实现相应功能的控制
保护盖板	1）保护盖板分为顶盖板、后盖板、左盖板、底盖板、右盖板等部分 2）一般情况下电源线安装在后盖板，右提手和左提手分别安装在右盖板、左盖板上 3）保护盖板使用的材料是彩钢板或冷轧板，厚度一般为 0.4~0.6mm
臭氧管	臭氧管的作用是产生臭氧以进行消毒
胆	1）有的消毒柜分为上胆和下胆 2）胆是作为消毒工作的实际区域 3）根据不同的消毒方式，一般情况下，上胆消毒方式为臭氧、紫外线或臭氧紫外线组合消毒，并且在工作时臭氧不允许泄漏；下胆消毒方式一般为 120℃ 高温消毒时，还需要对下胆进行发泡，起保温作用
导轨	1）导轨用于柜门的支承、开启、关闭等 2）开门时，内、外导轨滑出，使柜门有合理的开启空间；关门时，内、外导轨滑入，内导轨滑入外导轨内，内外导轨合看，使柜门关闭并且密封
电磁锁	电磁锁通电吸合后，能够产生稳定的磁场以产生足够的吸力，使衔铁稳定吸合，从而保证消毒过程中能够锁紧柜门
电源板	1）电源板给按键显示板提供工作电源以及接收按键显示板的输出指令，以实现继电器的开启与关闭 2）电源板，常见由滤波电路、整流电路、继电器、各输出线接口、其他电子组件等组成
电子镇流器	1）电子镇流器的作用是把交流 220V 经升压包、振荡电路提升为瞬间高频、高电压，然后经紫外线臭氧管产生紫色光，产生紫外线，以及电离空气中的氧，产生臭氧 2）电子镇流器应有完整的标志及电压、频率、功率标识等 3）电子镇流器必须和与之相对应功率的灯管配套使用

（续）

名称	解　说
发热管	发热管主要起到高温消毒与烘干的作用
风机	1）风机的好坏直接决定着消毒柜的烘干效果与噪声指标 2）风机是由风叶、电机、风道等组成 3）风机的工作原理，是风叶固定在电机转轴上，当电机在风道内通电旋转时，驱动风叶以一定的速度和方向旋转，因离心力的作用，使风叶的内外腔产生气压差，从而产生气流流动，以达到送风的功效
烘干装置	1）烘干装置由 PTC 加热器、温控器、风机等部分组成 2）通过加热流动空气的方式，使柜内温度升高，达到烘干餐具的目的
红外线灯管	1）红外线灯管应表面清洁、无污点，瓷头上的参数标示清晰，两端固定螺母要牢靠，连接通电后发热要均匀 2）红外线灯管发出的红外光，应均匀分布在石英区域 石英管主要有高温消毒等作用。 石英管的检测：加220V能产生高温 石英管外形
继电器	1）继电器控制电路的通断 2）继电器的检测：加电压、断电压时检测各触点动作情况 3）继电器外形与继电器符号如下： 线圈　常闭触点　常开触点 继电器外形　　　继电器电路图形符号

（续）

名称	解　说
开关	1）按键开关是控制整个消毒柜功能的部件，按下相应的按键开关即可实现对应的功能 2）开关目前主要有电子开关、触摸开关等 3）电子开关和触摸开关是通过变压器、继电器、控制芯片等一系列的电器元件，将功能的控制进一步地智能化，以及实现在安全电压下控制整个消毒柜的各功能
控制器	1）控制器是由电源板、按键显示板等组成 2）控制器可以根据用户的意愿来要求消毒柜完成各项功能
门开关、 门控开关	1）门开关用于检测柜门的开启、关闭，防止紫外线臭氧管工作时因柜门开启而发生臭氧泄漏 2）门控开关要无污迹，接线端子要牢固，接触要良好
面板组件	1）面板组件是由钢化玻璃、控制开关等组成 2）面板组件上的按钮间不能相互干涉
前门玻璃组件	前门玻璃组件包含钢化玻璃、门框、碗架、把手、小玻璃、滑轨等部件
热熔断器、 熔体（丝）	热熔断器是一种温度熔丝，一般是与红外管串联接入电路。当控制模块失灵导致红外管不断地持续加热时，温度上升到一定温度使热熔断器熔断，从而切断电路，避免引起火灾，起到保护等作用 热熔断器有对消毒电路进行短路保护等作用。检测：正常时电阻为0Ω FU 热熔断器外形　　　　热熔断器电路符号
温度探头	温度探头起对下室高温消毒的温度控制作用
温控器	1）温控器是限温的，也是调温的一种温度敏感控制器 2）温控器主要起到烘干、控温作用 3）突跳式直脚温控器，应外观良好，不得有破裂、损伤、变形、凹坑等缺陷。温控器的正面，应清晰地标示电压范围与允许流过的电流大小、动作温度，以及有具体的认证标识。

（续）

名称	解　说
温控器	温控器达到一定温度后便断开石英管电源。 温控器的检测：常温电阻为0Ω 温控器外形
箱体	1）箱体部分包括喷涂外壳、不锈钢内胆、不锈钢碗盘架、导轨、柜门等 2）箱体用于支撑整个消毒柜，是消毒柜的骨架 3）柜门、柜体要保持良好的密封性，以确保各功能的有效实现
箱体支架组件	1）箱体支架组件是由冷轧板经过焊接和螺钉紧固组合而成的，需要有较好的硬度与强度，可以支撑消毒柜的其余各部件，并且装入一定重量的餐具也不会发生变形 2）箱体的支架组件主要包含左支架、右支架、门框等
消毒装置	1）消毒装置一般由消毒灯管、镇流器、荧光灯座、辉光启动器、辉光启动器座等组成 2）有消毒装置的高臭氧紫外线灯管的功率为20W、长度为395mm，灯头型式为G13、玻管材料为石英玻璃。更换时，必须更换相同规格的灯管 3）有的消毒装置光波管的功率为500W、长度为260mm、玻管材料为石英玻璃。更换时，必须更换相同规格的灯管
主控板	1）主控板应清洁，应无异物 2）低电压时，控制板能够正常工作，继电器不发生抖动；高电压时，控制板不得有打火现象 3）主控板与对应的电子开关或触摸开关，一般是配套使用 4）主控板上由变压器、芯片、输入电路、输出电路、元器件等组成
紫外线臭氧管	1）紫外线臭氧管是由玻璃管、放电电极等组成 2）紫外线臭氧管用于产生紫外线和臭氧，起到对餐具消毒等作用

5.1.4 消毒柜故障维修（见表5-2）

表 5-2 消毒柜故障维修

故障现象	故障原因	检修处理
不通电（按键板无显示）	1）电源线损坏 2）连接线接触不良、松脱、断开 3）电源板损坏 4）按键显示板损坏	1）更换电源线 2）检查各接线情况 3）检查、更换电源板 4）检查、更换按键显示板
臭氧严重逸出	1）密封条变形或者老化 2）拉门变形或门缝太大	1）修整或更换密封条 2）调整、修理拉门
功能差错	1）设定状态错误 2）显示器不良 3）电脑板不良	1）重新正确设定 2）维修、更换显示器 3）维修、更换电脑板
上层柜臭氧功能不工作	1）门控开关损坏 2）电源板故障 3）电子镇流器故障 4）紫外线臭氧灯管损坏	1）更换门控开关 2）修理、更换电源板 3）更换电子镇流器 4）更换紫外线臭氧灯管
上层柜烘干功能不工作	1）电源板故障 2）温控器损坏 3）热熔断器损坏 4）发热管故障	1）修理、更换电源板 2）更换温控器 3）更换热熔断器 4）更换发热管
时间不准确	1）断过电源或没有调整好 2）显示器不良	1）重新进行时间调整 2）修理、更换显示器
通电跳闸	1）连接线短路 2）电路板短路	1）检查、更换连接线 2）检查、更换电路板
无热风吹出、不会加热	1）电动机、PTC 接触不好 2）电动机、PTC 不良 3）过热保护器不良 4）电脑控制板或熔丝不良 5）内部线路插接不良 6）红外线灯管不良引起的	1）重新调整电动机、PTC 2）维修、更换电动机或 PTC 3）更换过热保护器 4）更换电脑控制板或熔丝 5）重新插接 6）更换红外线灯管

（续）

故障现象	故障原因	检修处理
下层柜高温消毒功能不工作	1）门控开关损坏 2）温度探头损坏 3）电源板故障 4）热熔断器故障 5）发热管故障	1）关好门，或者更换门控开关 2）更换温度探头 3）修理、更换电源板 4）更换热熔断器 5）更换发热管
显示屏不亮	1）停电 2）电源插头没有插好 3）柜门关闭错误	1）等通电后使用 2）插好电源插头 3）关好柜门
显示器功能档指示灯不亮	1）功能键没按好 2）显示器不良	1）按压功能键 2）更换显示器
紫外线灯不亮	1）紫外线灯不良 2）灯辉光启动器不良 3）电子镇流器不良	1）更换紫外线灯 2）更换辉光启动器 3）更换电子镇流器

5.1.5　维修帮

1. 林内消毒柜 100DGEVH 维修参考（见图 5-4）

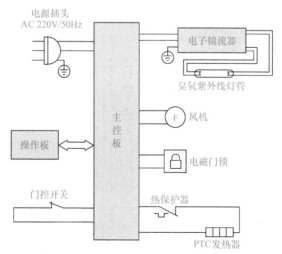

图 5-4　林内消毒柜 100DGEVH 维修参考

2. 美的消毒柜 110YQ2 维修参考（见图 5-5）

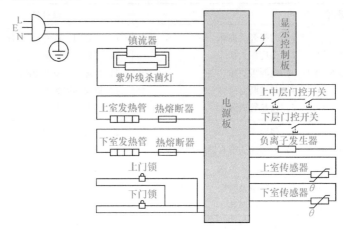

图 5-5 美的消毒柜 110YQ2 维修参考

3. 美的消毒柜 MXV-ZLP100K03 维修参考（见图 5-6）

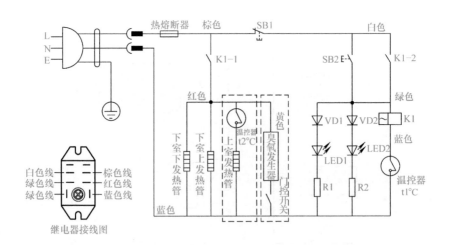

图 5-6 美的消毒柜 MXV-ZLP100K03 维修参考

4. 美的消毒柜 JQ07 维修参考（见图5-7）

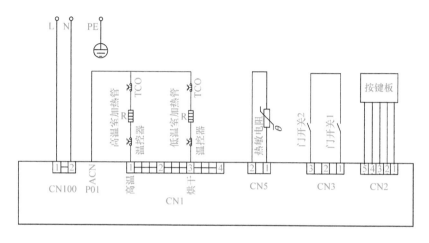

图5-7　美的消毒柜 JQ07 维修参考

5. 美的消毒柜 JT03 维修参考（见图5-8）

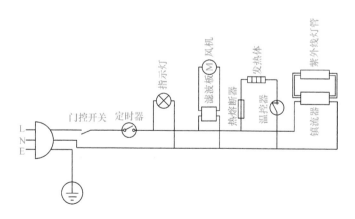

图5-8　美的消毒柜 JT03 维修参考

6. 美的消毒柜 BB100 维修参考（见图 5-9）

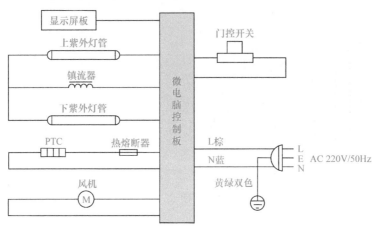

图 5-9　美的消毒柜 BB100 维修参考

7. 容声嵌入式消毒柜 G501、G502 等维修参考（见图 5-10）

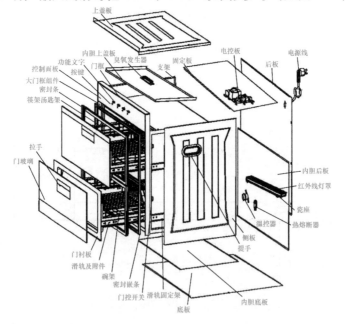

图 5-10　容声嵌入式消毒柜 G501、G502 等维修参考

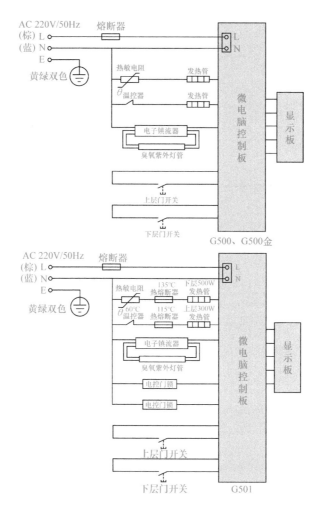

图 5-10　容声嵌入式消毒柜 G501、G502 等维修参考（续）

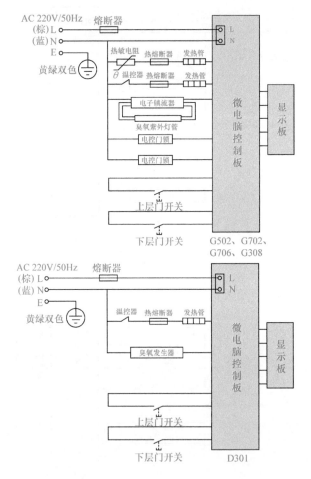

图 5-10 容声嵌入式消毒柜 G501、G502 等维修参考（续）

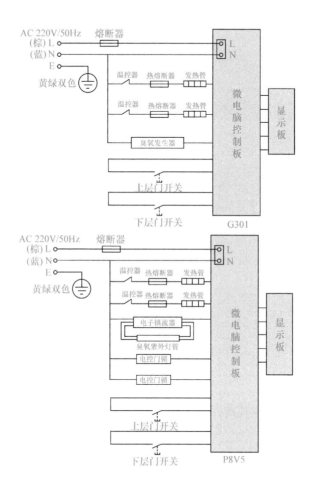

图 5-10　容声嵌入式消毒柜 G501 、G502 等维修参考（续）

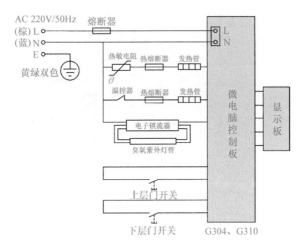

图 5-10　容声嵌入式消毒柜 G501、G502 等维修参考（续）

8. 万和嵌入式低温双抽屉消毒柜 ZTD108K 维修参考（见图 5-11）

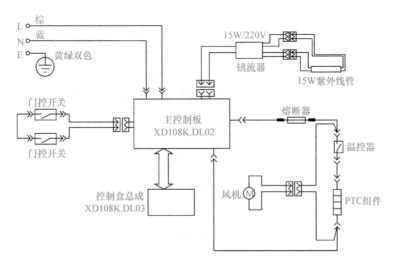

图 5-11　万和嵌入式低温双抽屉消毒柜 ZTD108K 维修参考

9. 万和嵌入式高温双抽屉消毒柜 ZTD108K1 维修参考（见图 5-12）

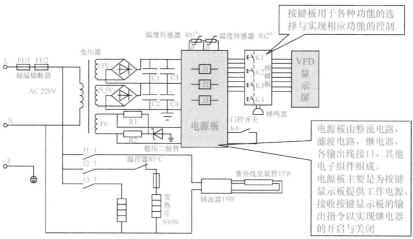

图 5-12　万和嵌入式高温双抽屉消毒柜 ZTD108K1 维修参考

10. 苏泊尔消毒柜 ZTD90S-303S 维修参考（见图 5-13）

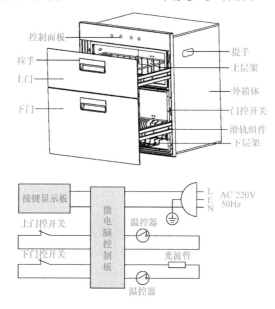

图 5-13　苏泊尔消毒柜 ZTD90S-303S 维修参考

11. 苏泊尔消毒柜 RLP100G 维修参考（见图 5-14）

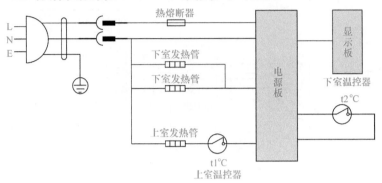

图 5-14 苏泊尔消毒柜 RLP100G 维修参考

12. 苏泊尔消毒柜 ZTD100G/508 维修参考（见图 5-15）

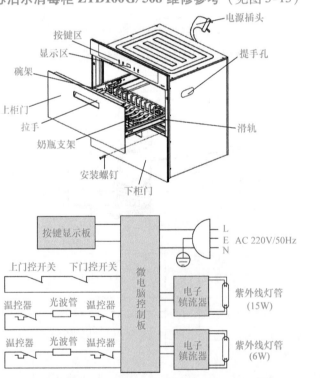

图 5-15 苏泊尔消毒柜 ZTD100G/508 维修参考

5.2　洗碗机

5.2.1　洗碗机的结构

洗碗机的结构如图 5-16 所示。

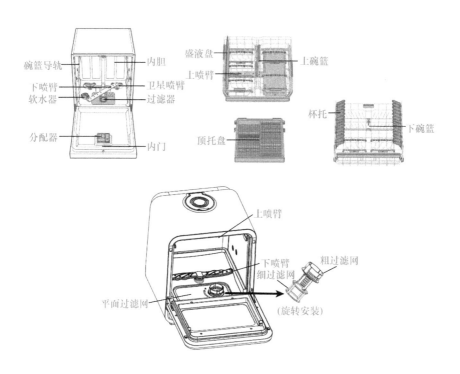

图 5-16　洗碗机的结构

5.2.2　洗碗机的水路

洗碗机的水路图如图 5-17 所示。

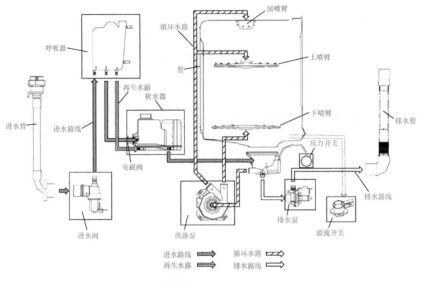

图 5-17　洗碗机的水路图

1）通过进水阀控制进水——进水阀通电，自来水通过进水管，穿过进水阀、呼吸器、软水器后进入机器水杯中。

2）通过洗涤泵进行洗涤——洗涤泵通电，水杯中的水在洗涤泵的带动下，通过水路进入到喷臂中。水驱动喷臂旋转，从而喷射餐具，起到洗净餐具的功能。

3）通过排水泵进行排水——洗涤结束后，排水泵通电，水杯中的水通过排水泵排出洗碗机。

5.2.3　洗碗机的部件（见表 5-3）

表 5-3　洗碗机的部件

名称	解　说
分配器	分配器是洗碗机的专用零件，用于存放洗碗粉和亮碟剂，洗涤过程中根据设定的时间进行投放
呼吸器	1）呼吸器是洗碗机的专用零件，呼吸器上有"流量计" 2）通过呼吸器的流量计，可以准确控制进水量的多少

（续）

名称	解　说
进水阀	1）进水阀通电，自来水可以进入机器 2）进水阀断电，阻挡自来水进入机器
排水泵	通电时，排水泵可以把内胆的污水排出
软水器	1）软水器是洗碗机专用零件，用于软化水，使内胆表面不会结垢 2）软水器软水过程会消耗专用盐，故需要定时加专用盐
洗涤泵	洗涤泵用于驱动水流，是洗碗机的心脏
溢流开关	溢流开关一般位于底盘盖上，当机器漏水或进水量过多时，水会聚集到底盘盖，底盘盖的浮标会上浮，从而启动溢流开关，则机器强制排水

5.2.4　洗碗机故障维修（见表5-4）

表 5-4　洗碗机故障维修

故障现象	故障原因
餐具没有完全干燥	亮碟剂太少，不正确的装载，餐具取出过早，洗涤程序选择错误等
餐具洗不干净	洗碗粉的量不够，餐具的摆放影响到喷臂的转动，餐具摆放错误，过滤器堵塞或洗碗机太久不清洗等
机器内胆有撞击声	喷臂可能被餐具卡住等
内胆里有泡沫	洗碗粉过期发霉，洗碗粉使用不正确等
洗碗机不通电	没有连接电源等
洗碗机排水不畅	过滤网阻塞，厨房下水道堵塞，排水管打结等

5.2.5　维修帮

1. 林内洗碗机 WQD13-M2GB 故障代码（见表5-5）

表 5-5　林内洗碗机 WQD13-M2GB 故障代码

故障代码	故障代码含义
E1	进水异常故障
E3	加热异常故障
E4	发生溢流故障
Ed	通信提示故障

2. 林内洗碗机 WQD8-AGS 维修参考（见图 5-18）

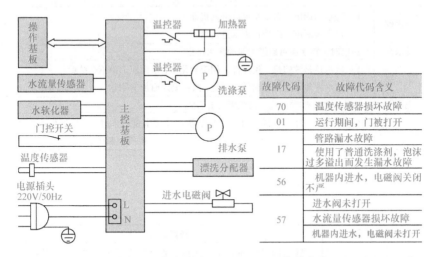

故障代码	故障代码含义
70	温度传感器损坏故障
01	运行期间，门被打开
17	管路漏水故障
	使用了普通洗涤剂，泡沫过多溢出而发生漏水故障
56	机器内进水，电磁阀关闭不严
	进水阀未打开
57	水流量传感器损坏故障
	机器内进水，电磁阀未打开

图 5-18　林内洗碗机 WQD8-AGS 维修参考

3. 九阳洗碗机 X5、X5S 维修参考（见图 5-19）

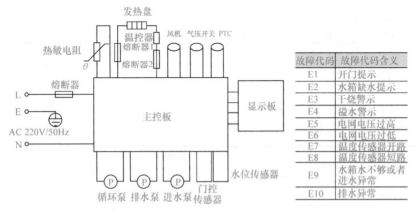

故障代码	故障代码含义
E1	开门提示
E2	水箱缺水提示
E3	干烧警示
E4	溢水警示
E5	电网电压过高
E6	电网电压过低
E7	温度传感器开路
E8	温度传感器短路
E9	水箱水不够或者进水异常
E10	排水异常

图 5-19　九阳洗碗机 X5、X5S 维修参考

4. 九阳洗碗机 X12 维修参考（见图 5-20）

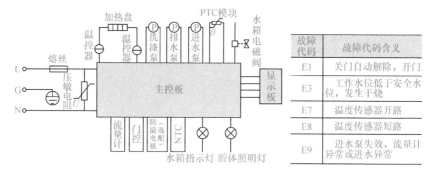

图 5-20　九阳洗碗机 X12 维修参考

故障代码	故障代码含义
E1	关门自动解除，开门
E3	工作水位低于安全水位，发生干烧
E7	温度传感器开路
E8	温度传感器短路
E9	进水泵失效，流量计异常或进水异常

5. 美的 WQP8-3905-CN 台式洗碗机故障代码（见表 5-6）

表 5-6　美的 WQP8-3905-CN 台式洗碗机故障代码

故障代码	故障代码含义
E1	进水异常
E4	发生溢流
E9	触键提示
Ed	通信提示

第6章 电风扇、电吹风机、电蚊拍、灭蚊灯

6.1 电风扇

6.1.1 电风扇的结构

电风扇是一种利用电动机驱动扇叶旋转，来达到使空气加速流动的一种家用电器。落地电风扇外形与结构示例如图6-1所示。电风扇的类型与规格见表6-1。

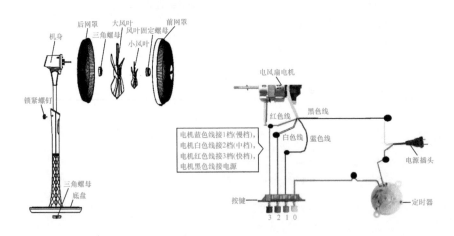

图 6-1 落地电风扇的外形与结构示例

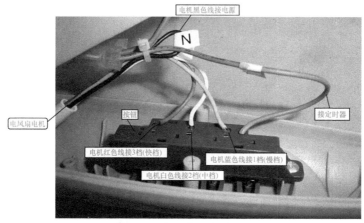

图 6-1　落地电风扇的外形与结构示例（续）

表 6-1　电风扇的类型与规格

品种	扇叶直径/mm
台扇	200，250，300，350，400
落地扇	300，350，400，500，600
壁扇	250，300，350，400
台地扇	300，350，400
顶扇	300，350，400
转页扇（鸿运扇）	250，300，350
吊扇	900，1050，1200，1400，1500，1800
排气扇	150，200，250，350，400，450，500

6.1.2　吊扇的结构（见图 6-2）

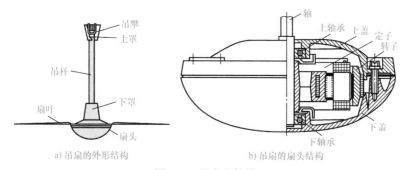

a) 吊扇的外形结构　　　　　　　b) 吊扇的扇头结构

图 6-2　吊扇的结构

6.1.3 转页扇（鸿运扇）的结构（见图6-3）

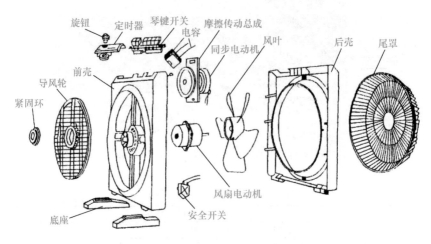

图6-3 转页扇（鸿运扇）的结构

6.1.4 电风扇的部件（见表6-2）

表6-2 电风扇的部件

名称	解 说
档位按键开关	1）电风扇档位按键开关有4键、5键等种类 2）电风扇档位按键开关有焊接式、卡线式、免焊式等种类 3）电风扇档位按键开关有圆形、大圆形、长方形等种类 4）维修代换时，外形尺寸一样的，一般可以代换
台扇、转页扇开关	1）台扇、转页扇开关往往是3档开关 2）旋钮往往需要配合开关使用 3）台扇、转页扇开关与壁扇拉线开关不同 4）维修代换时，外形尺寸一样的，一般可以代换

（续）

名称	解　说
壁扇拉线开关	常见的壁扇拉线开关孔心距约为48mm。壁扇拉线开关往往需要配旋钮、拉线，如下所示 
电风扇电机	电风扇电机的结构如下： 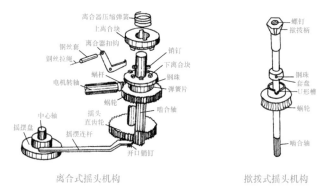 离合式摇头机构　　掀拨式摇头机构

6.1.5 电风扇网罩的规格选择

维修更换电风扇网罩，应选择相应颜色、相应规格的网罩。选择网罩的规格，可以用卷尺绕网罩一周测得其周长，也就是网罩长。电风扇网罩规格见表6-3。

表6-3 电风扇网罩规格

网圈/in①	网圈长/cm	网罩直径/cm
12	107	34
14	127.5	41
小16	135	43
大16	139	44.5~45
18	156	50

① 1in=0.0254m。

6.1.6 电风扇故障维修 （见表6-4）

表6-4 电风扇故障维修

故障现象	故障原因	检修处理
电动机发热	线圈匝间短路	更换电动机
	电压过低	减少使用时间
风扇不转	保护开关不良	维修或者更换保护开关
	热过载损坏	更换电动机
	轴承卡死	加油或重新装配
	线圈损坏	更换线圈
	电容损坏	更换电容
风向转叶不动	同步电动机损坏	更换电动机
噪声大	轴承松动	更换电动机
	风叶变形	校正或更换风叶
转速过慢	缺少润滑	加润滑油
	电容容量减少	更换电容

6.1.7　维修帮

1. 先锋电风扇 FS40-13DR 维修参考（见图 6-4）

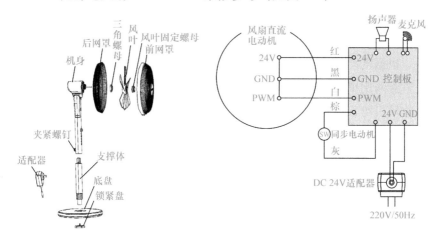

图 6-4　先锋电风扇 FS40-13DR 维修参考

2. 先锋电风扇 FS40-16HR 维修参考（见图 6-5）

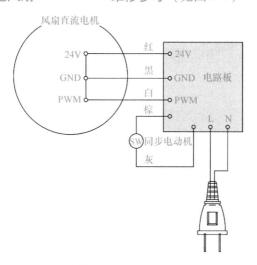

图 6-5　先锋电风扇 FS40-16HR 维修参考

6.2 电吹风机

6.2.1 电吹风机的结构

根据电动机类型，电吹风机可以分为单相交流感应式电吹风机、交直流两用串励式电吹风机、永磁直流式电吹风机。根据送风方式，电吹风机可以分为轴流式电吹风机、离心式电吹风机。根据使用方式，电吹风机可以分为手持式电吹风机、支座式电吹风机。

电吹风机的外形与结构示例如图6-6所示。

6.2.2 电吹风机的工作原理

电吹风机的基本工作原理为：接上电吹风机电源，然后把吹风机电源开关打开，吹风机就通上电。电吹风机电路首先为电热元件的电

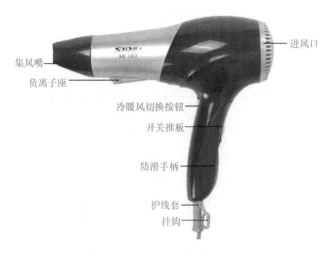

图6-6 电吹风机的外形与结构示例

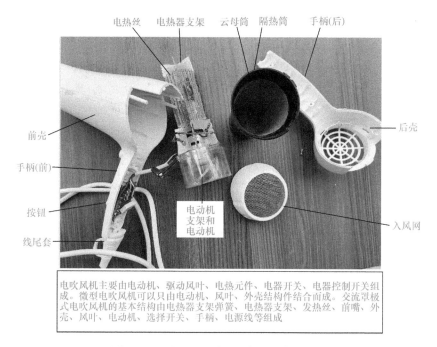

电吹风机主要由电动机、驱动风叶、电热元件、电器开关、电器控制开关组成。微型电吹风机可以只由电动机、风叶、外壳结构件结合而成。交流罩极式电吹风机的基本结构由电热器支架弹簧、电热器支架、发热丝、前嘴、外壳、风叶、电动机、选择开关、手柄、电源线等组成

图6-6　电吹风机的外形与结构示例（续）

热元件供电，电热元件通电后会发热。然后电流使电动机转动，并且带动风扇转动。风扇转动产生的气流经过电热元件流向吹风筒。当气流经过电热元件时，由于强制对流，电热元件的热量使气流升温。热空气就从吹风筒的末端吹出来。

电吹风机的基本工作原理如图6-7所示。

6.2.3　电吹风机的电动机

电动机是电吹风机的核心部件，其有串励式、罩极式、永磁式等种类。许多电吹风机专用电动机与风扇配件是整体更换，不分拆1kW电吹风机专用电动机电压为直流12～36V。电吹风机的电动机如图6-8所示。

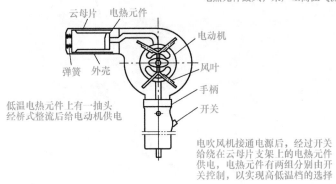

在云母片支架的后面有一个直流电动机，电动机上有一风扇共同组成轴流风机给电热元件鼓风，来产生高温气流

云母片　电热元件

电动机

弹簧　外壳

风叶

手柄

开关

低温电热元件上有一抽头经桥式整流后给电动机供电

电吹风机接通电源后，经过开关给绕在云母片支架上的电热元件供电，电热元件有两组分别由开关控制，以实现高低温档的选择

图 6-7　电吹风机的基本工作原理

检测电动机的好坏可以采用万用表的电阻档来测量：电动机冷态电阻应有一定的数值。如果测电动机冷态电阻值在30～50Ω间跳变，则可能是电刷接触不良。遇到电刷接触不良，可以首先清除掉换向器上的碳粉，以及研磨电刷工作面后装机看能否排除故障。如果不能，则可能需要更换电刷或者检查电动机是否存在其他异常情况。有的可以直接换掉电动机风扇配件，代换时需要注意电动机的电压、风扇直径尺寸等参数

图 6-8　电吹风机的电动机

6.2.4　电吹风机的电热元件

电吹风机的电热元件一般采用电热丝（镍铬丝）绕制而成。电热元件如图6-9所示。

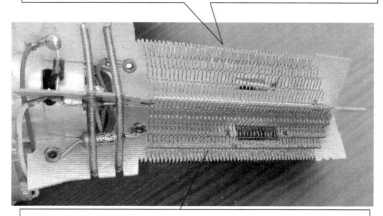

电热元件电热丝(镍铬丝)是否异常的检测判断，可以采用万用表的电阻档来测量：正常应有一定的阻值。如果为无穷大，则说明电热丝(镍铬丝)开路。电热丝开路一般是烧断所致

电吹风机采用的电热丝有扁形的、圆形的。镍铬丝一般绕在云母板或陶瓷板上，在其外面套有云母纸卷隔热。电热元件一般装在电吹风机的出风口附近。工作时，电动机带动扇叶旋转，由吸风口吸入冷风，再由出风口吹出热风

图 6-9　电吹风机的电热元件

更换电吹风机的电热元件时，需要测量其前端、后端、长度尺寸与形状、引接线，以免装不下与不适配。另外，还需要考虑功率大小、适配的电动机，以及是否具有二极管与温控器等。

6.2.5　电吹风机的开关

电吹风机的开关有挠板式开关、推杆式开关、按钮式开关、安全开关等类型。电吹风机的开关如图 6-10 所示。有的电吹风机，采用了开关板，如图 6-11 所示。开关板损坏，可以单独维修，也可以更换板块。

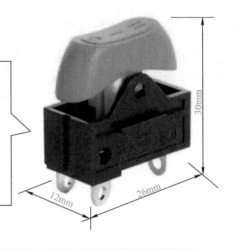

电吹风机3档位拨动开关

名称： 船形开关
型号： HG-A01-01
档位： 3脚3档
电流： 10A
电压： 250V

电吹风机中常用单刀双掷开关的好坏，可以用万用表电阻档来测量其通断来判断：分别检测公共脚与其他两脚。正确闭合状态，若检测阻值为0则为好的，否则，说明开关异常。正确断开状态，若检测阻值为无穷大则为好的，否则，说明开关异常

图 6-10 电吹风机的开关

图 6-11 开关板

6.3　电蚊拍

6.3.1　电蚊拍的结构

电子高压灭蚊手拍简称电蚊拍或电子灭蚊拍。电蚊拍可以分为单层网电蚊拍、双层网电蚊拍、三层网电蚊拍。电蚊拍的结构示例如图6-12所示。

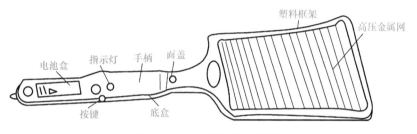

图 6-12　电蚊拍的结构示例

6.3.2　电蚊拍的部件（见表 6-5）

表 6-5　电蚊拍的部件

名称	解　说
电源开关	电蚊拍的电源开关常用 6mm×6mm 轻触式微型按键开关，工作于 120~200mA 条件下。电源开关较容易损坏，常见的损坏原因如下： 1）触点氧化接触不良，导致指示灯不亮，电蚊拍不工作 2）簧片疲劳，触点黏死，导致指示灯常亮，一装上电池，电蚊拍就工作 电源开关损坏，一般换新的电源开关即可
升压变压器	升压变压器损坏多为二次匝间绝缘击穿，表现为听不到升压变压器在通电瞬间的"吱吱"音频声，碰触金属网时无火花
振荡管	检测升压变压器的二次绕组阻值为 80Ω，属正常。如果再测 L3 两端，无 230V 电压，则故障多为振荡管损坏

（续）

名称	解　说
倍压整流元件	倍压整流元件中任一只元件击穿短路或开路，都会引起无高压或高压不足。电容损坏后，可以用333J/630V涤纶电容更换；二极管损坏后，可以用1N4007硅整流管代换
电池盒及电池	1）电池盒的故障多数是电池漏液，造成正极铜片或负极弹簧锈蚀氧化、接触不良，导致电蚊拍不工作，可以用小刀彻底刮掉锈蚀物即可 2）电池久用耗电，如果每节电池电压低于1V，则会引起高压不足，灭蚊效果差
高压金属网	高压金属网钢丝变形、松脱，可能会造成瞬间短路而发出火花。变形的钢丝需要整形，松脱的钢丝需要复位后用502胶粘牢

6.3.3　电蚊拍电路原理

电蚊拍电路原理如图6-13所示。

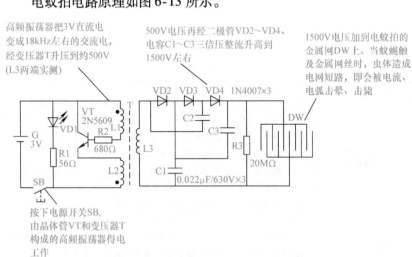

高频振荡器把3V直流电变成18kHz左右的交流电，经变压器T升压到约500V（L3两端实测）

500V电压再经二极管VD2～VD4、电容C1～C3三倍压整流升高到1500V左右

1500V电压加到电蚊拍的金属网DW上。当蚊蝇触及金属网丝时，虫体造成电网短路，即会被电流、电弧击晕、击毙

按下电源开关SB，由晶体管VT和变压器T构成的高频振荡器得电工作

图6-13　电蚊拍电路原理

6.3.4　电蚊拍故障维修（见表6-6）

表6-6　电蚊拍故障维修

故障现象	故障原因和处理
指示灯不亮	电池供电正常的情况下，故障多由开关 SB 内部接触不良所致。若有开关内部触点氧化开路等异常情况，可以更换新的开关即可
指示灯亮，但没有高压产生	1）可能是 VT 2N5609 损坏。如果手头无该管子，则可以可用 8050、9013 NPN 型晶体管代替。 2）如果 VT 2N5609 没有损坏，通电后存在明显发烫现象，则说明变压器 T 内部线圈存在击穿短路现象，需要用同规格漆包线重新绕制或者更换变压器 T
高压不足	1）可能是有电容开路或容量变小。 2）可能是二极管中有一只损坏。 3）电池 G 电压不足

6.4　灭蚊灯

6.4.1　灭蚊灯常见结构（见图6-14）

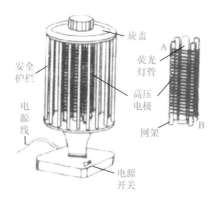

图 6-14　灭蚊灯常见结构

6.4.2 灭蚊灯故障维修（见表6-7）

表 6-7 灭蚊灯故障维修

故障现象	故障原因	检修处理
灯管不亮	灯管松动而引起接触不良	拧紧灯管或转动灯管，使之接触良好
	灯管损坏	对于SI31、35、36，可用万用表测试灯管两头的灯丝接线柱，阻值应在4Ω左右。对于其他灭蚊灯，则采用更换好的灯管来试看
	开关损坏（对于有开关的灭蚊灯）	更换开关
	灯头座损坏（针对SI31、35、36灭蚊灯）	更换灯头座
	导线开路或虚焊	接通导线或重新焊接
	保护网拆开	装回保护网
	接触杆断裂（仅SI35、36有接触杆）	更换接触杆
电网无高压	开关损坏（对于有开关的灭蚊灯）	更换开关
	高压板上元器件损坏	更换元器件或电路板
	导线断路或虚焊	接通导线或重新焊接
	高压网上灰尘、昆虫等杂物过多，引起电网导电不良	用毛刷等去除杂物
灭蚊灯正常（即灯亮、有高压），但灭蚊效果不好	使用环境不规范	应符合环境要求
	蚊子的适应性及多样性	同时使用其他驱蚊、灭蚊产品

6.4.3　维修帮

　　1. 灭蚊灯维修参考电路 1（见图 6-15）

　　2. 灭蚊灯维修参考电路 2（见图 6-16）

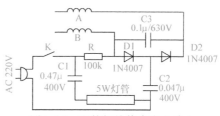

图 6-15　　灭蚊灯维修参考电路 1

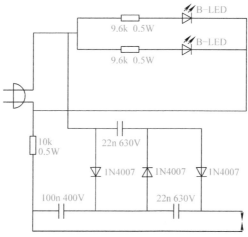

图 6-16　　灭蚊灯维修参考电路 2

6.5　学修扫码看视频

第7章 电热水壶、电热水瓶、台灯

7.1 电热水壶

7.1.1 电热水壶的结构

电热水壶可以分为分体式电源底座电热水壶、一体式电热水壶。目前，常见的电热水壶的外形与结构如图7-1所示。

电热水壶是一种能够快速加热水到沸腾的一种电器。根据结构，其可以分为直插式电热水壶、旋转式电热水壶。直插式电热水壶就是壶体与底座不能旋转，一般是用发热管直接加热。旋转式电热水壶是壶体与底座可以360°旋转，一般是用发热盘加热。

旋转式电热水壶(多用壶)一般由壶座、壶体两部分组成。壶座一般由电源线、圆形座盘、旋转式三环电源连接器等组成。现在的电热水壶很多采用三环电源连接器，因此，壶体可以任意方向加热。

图7-1 电热水壶的外形与结构

7.1.2　电热水壶的耦合器开关

电热水壶耦合器开关又叫作温控器，其分为上座、下座（或者底座）。电热水壶温控器尺寸有 53mm×53mm×48mm 及大铜圈底芯尺寸 12mm 等规格，如图 7-2 所示。

a) 小三角小铜圈耦合器开关尺寸　　　　b) 大三角大铜圈耦合器开关尺寸

c) 小三角大铜圈耦合器开关尺寸　　　　d) 大三角小铜圈耦合器开关尺寸

图 7-2　电热水壶的耦合器开关

电热水壶耦合器开关可以直接更换。更换时，需要看尺寸是否合适，以及看开关是在把手上方还是下方。电热水壶耦合器开关尺寸包括大三角尺寸、小三角尺寸、大铜圈尺寸、小铜圈尺寸等。

7. 1. 3　电热水壶的底座

更换电热水壶底座时，主要考虑其尺寸，如果尺寸一样，选择通用类型的一般情况可以直接代换，如图7-3所示。

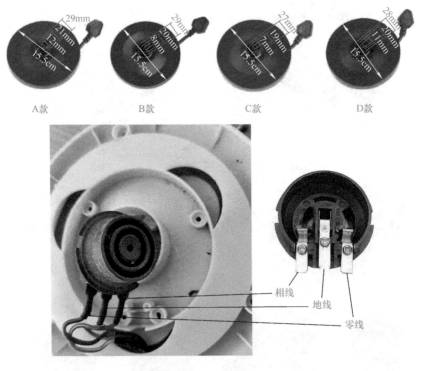

图7-3　电热水壶底座

7. 1. 4　电热水壶的开关

电热水壶的开关型号有 JS-011 等。维修时，需要看外观、尺寸。电热水壶的开关参数，常见的有 13A/250V、16A/250V 等参数，如

图7-4所示。

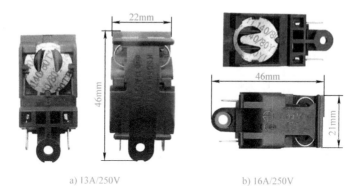

a) 13A/250V   b) 16A/250V

图7-4 电热水壶的开关

7.1.5 电热水壶故障维修（见表7-1）

表7-1 电热水壶的故障维修

故障现象	故障原因及维修
电热水壶不工作	1）电源线没有插紧到位，则需要重新插紧 2）干烧温控器动作后没有复位，需要断开电源，使电热水壶冷却后再操作 3）电热水壶电源线异常，应更换电源线
刚烧一会，就发出沸腾的声音，或者自动断电	检查是否温度没有达到标准值就沸腾或起保护作用，可能原因是温控器损坏
烧水时间变长	烧水时间变长主要与环境条件、电热水壶内水垢多、电压过低等情况有关
水沸腾后不断电	复位开关失灵，如果是感温片严重变形所致，则可以重新弯折感温片小舌的凸起角度，使其推动开关连杆的动作正常即可。如果是开关连杆动作受阻，则需要找出受阻部位或异物，一般只需要去除异物与校正位置便能够恢复正常

（续）

故障现象	故障原因及维修
水沸腾前电热水壶断电，指示灯熄灭	1）可能是壶体内水垢过多，需要除垢 2）电源接触不良等，需要检查电源等 3）电源开关出现故障，需更换
水壶出现漏电	1）发热管出现故障，产生漏电，需要更换发热管 2）内部连接线松脱造成漏电，需要连接好连接线 3）有水漏进水壶内部，造成漏电
水烧干断电后不能复位	1）壶内部温度太高，则需要往壶体内加入冷水，等待几分钟，电热水壶将自动复位，进入煮水状态 2）线路故障，需要维修
指示灯不亮，不能烧水	检查是否有电压输入，如果没有，则需要检测电源插头是否损坏。如果有电压输入，则需要检测发热管是否正常

7.1.6 维修帮

1. 九阳电热水壶 K15ED-W560 故障代码（见表7-2）

表7-2 九阳电热水壶 K15ED-W560 故障代码

故障代码	故障代码含义	故障代码	故障代码含义
E1	工作环境温度过低故障	E3	干烧保护
E1	传感器开路故障	E3	传感器故障
E2	干烧时间过长故障	E4	传感器接触不良或损坏
E2	传感器短路故障		

2. 九阳电热水壶 JYK-10CC01A、JYK-10CC01D 故障代码（见表7-3）

表7-3 九阳电热水壶 JYK-10CC01A、JYK-10CC01D 故障代码

故障代码	故障代码含义
E1	温度传感器开路警示
E2	温度传感器短路警示
E3	干烧警示
E4	温度传感器损坏警示

3. 美的电热水壶 MK-12E03A1 维修参考（见图 7-5）

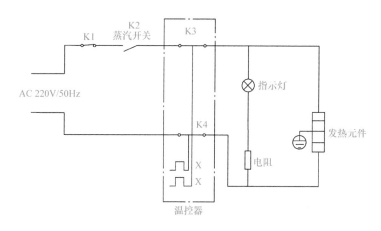

图 7-5 美的电热水壶 MK-12E03A1 维修参考

4. 美的多功能母婴电热水壶 BG-RS2 维修参考（见图 7-6）

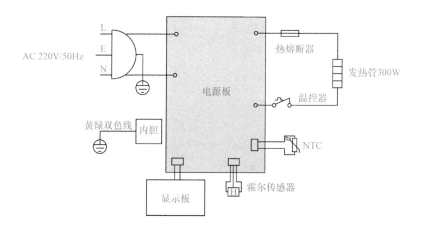

图 7-6 美的多功能母婴电热水壶 BG-RS2 维修参考

5. 美的电热水壶 SCU1579-HJ 维修参考（见图 7-7）

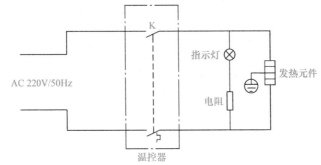

图 7-7　美的电热水壶 SCU1579-HJ 维修参考

6. 苏泊尔电热水壶 SW-17S62A 维修参考（见图 7-8）

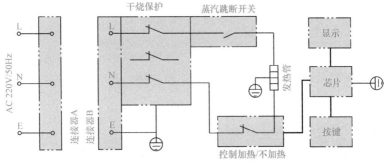

图 7-8　苏泊尔电热水壶 SW-17S62A 维修参考

7. 苏泊尔电热水壶 SW-15S09A、SW-15T09a、SW-15J313 维修参考（见图 7-9）

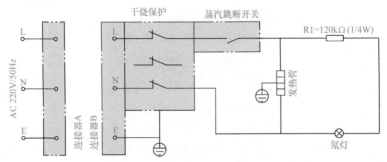

图 7-9　苏泊尔电热水壶 SW-15S09A、SW-15T09a、SW-15J313 维修参考

7.2　电热水瓶

7.2.1　电热水瓶的结构（见图 7-10）

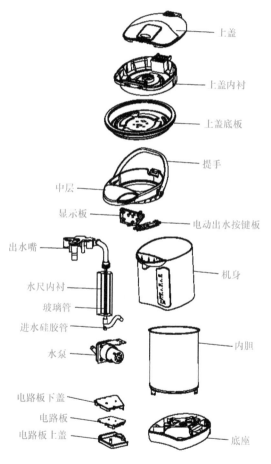

图 7-10　电热水瓶的结构

7.2.2 电热水瓶故障维修（见表7-4）

表7-4 电热水瓶故障维修

故障现象	故障原因	检修处理
按键没反应	1）个别按键或多个按键被顶死或短路 2）显示控制电路板进水 3）显示控制电路板出现异常	1）检查或者更换按键 2）将电路板进行晾干处理 3）维修或者更换显示控制电路板
不能够电动给水	1）处于空烧锁定状态 2）处于童锁状态 3）缺水或管路被水垢堵塞 4）电动给水开关损坏 5）电动机（电泵）不良	1）注水后，按压再沸腾键一次 2）解除童锁 3）加水或加入适量的白醋到内胆中进行清洗 4）更换电动给水开关 5）维修或者更换电动机（电泵）
不通电	1）电源线组件接头出现接触不良 2）出现干烧，引起机内温度过高；温度熔丝熔断 3）变压器一次、二次侧出现开路或开关电源组件出现无低电压供电 4）机内布线出现松脱或电路板上存在元件虚焊或开路现象	1）检查插头或输入耦合器是否存在接触不良或不导通的异常情况 2）需要检查温度熔丝 3）检查变压器及其输出电压的情况 4）需要将接触不良的线或焊点重新连接到位
电热水瓶出水不畅	1）过滤网的网孔堵塞 2）水开后的一段时间内，产生的气泡进入泵中，有时难以压出热水	1）可以用刷子刷洗过滤网 2）需要打开再关闭上盖后，再使用电泵出水（打开上盖时，注意有蒸汽）
电热水瓶热水中有白色或闪光的悬浮物	矿物质多的水易产生水垢，附在内瓶上或浮于水中	用柠檬酸清洗干净

（续）

故障现象	故障原因	检修处理
电热水瓶热水中有异味	1）自来水中含有较多的消毒用氯，可产生氯的气味 2）刚开始使用时，会产生塑料的异味，随着使用，异味将会消失	1）按下除氯再沸腾键 2）检查塑料质量
电热水瓶水烧不开	1）插头没有插紧或脱落 2）电热水瓶存在故障	1）插好插头 2）维修电热水瓶
干烧	1）温度传感器电路出现开路或短路或阻值变化过大 2）在刚使用时加了热水到瓶内 3）显示控制电路板受潮，引起短路	1）检查温度传感器阻值是否 >200kΩ 或 <5kΩ，并检查连接线是否出现接触不良 2）再按"再沸腾"键或重新通电 3）进行相应维修和更换
个别指示灯不亮	1）指示灯损坏 2）显示板进水，造成个别指示灯短路	1）更换相应的指示灯 2）检查或更换指示灯，以及将显示控制电路板晾干处理
机内漏水	1）加水时过多而溢出或加水时整体浸入水中 2）操作面板或面贴破裂，加水时有水浸入 3）连接水管刮破或没有安装、紧固到位 4）瓶内胆与中层塑料结合处的硅胶圈老化，出现密封不良 5）内胆的焊缝处，出现密封不良	1）减少加水量 2）更换操作面板或面贴 3）更换连接水管，并紧固到位 4）更换硅胶圈 5）更换相应型号的内胆
不出水	1）壶盖没盖好 2）壶盖大圈老化 3）气囊组老化 4）密封件松脱	1）重新将壶盖盖到位 2）更换壶盖大圈 3）更换气囊组 4）重新组装密封件到位

（续）

故障现象	故障原因	检修处理
水中有异味	1）水中异味很重时，需要考虑热水器相关外部环境 2）水中有轻微异味	1）检查水源、管道等外部环境 2）可能是食品级的 PP 塑胶与食品级的硅胶的异味，则需要多用几次，味道才能够消失
指示灯亮，但不煮水	1）出现空烧后，机内保护没有解除 2）在柠檬酸洗完时的状态 3）继电器没有闭合 4）主加热器损坏 5）发热器连接线出现松动	1）注水后，按压"再沸腾"键一次 2）拔掉插头，清洁后，重新注水加热 3）检查继电器 4）更换主加热器 5）检查线路
指示灯全亮	1）"再沸腾"键出现顶死或出现短路 2）柠檬酸清洗完成时的状态 3）时钟晶振不良，芯片控制出现异常	1）调整或更换"再沸腾"键 2）重新通电 3）更换时钟晶振、显示灯板组件等
煮不开水或水开但开关不跳	1）在加热过程中加入了少量冷水 2）温度传感器异常 3）机内进水引起整机工作不正常 4）工作电压太低	1）按"再沸腾"键，加热到沸腾状态 2）更换温度传感器 3）拔掉电源，拆机后进行晾干，再通电确认 4）检查电压情况
自动出水	1）加水过多 2）水泵电机控制电路出现短路 3）壶盖内部蒸汽排气管道口变小，导致自动气压出水	1）减少水量 2）检查水泵电机驱动电路 3）需要清除堵塞物

7.2.3　维修帮

1. 美的电热水瓶 PF006-50G 等维修参考（见图 7-11）

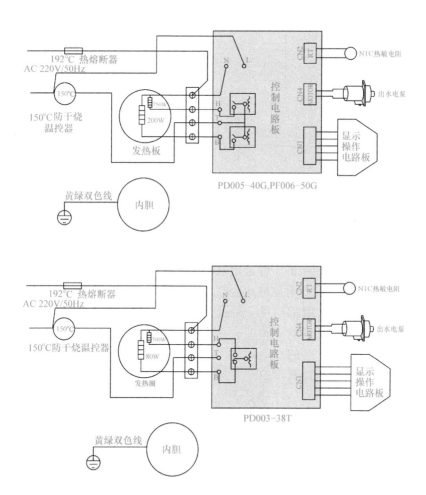

图 7-11　美的电热水瓶 PF006-50G 等维修参考

2. 美的电热水瓶 PD002-30T 维修参考（见图 7-12）

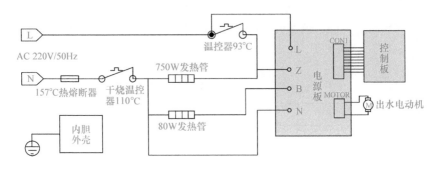

图 7-12　美的电热水瓶 PD002-30T 维修参考

7.3　台灯

7.3.1　台灯的结构

台灯是用来照明的一种家用电器。它的主要特点是把灯光集中在一小块区域内。台灯有立柱式台灯、夹子式台灯、触控式台灯、普通台灯。一般台灯用的灯泡是白炽灯或节能灯泡。目前，新兴的使用比较普遍的有 LED 台灯。

台灯主要由开关、导线、灯头等组成，如图 7-13 所示。不同的台灯具体结构有所差异。

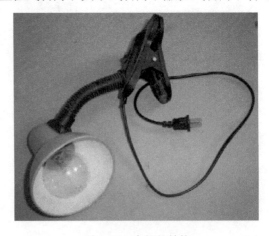

图 7-13　台灯的结构

7.3.2　台灯的部件检测

一些部件的检测方法如下：

1）灯管——如果灯管后端发黑，则说明灯管可能有异常了。

2）电源线——可以用万用表来检测，正常情况下，同根导线是导通的；不同的导线间是不导通的。

3）开关——可以用万用表来检测，正常情况下，开关闭合，则相应开关端子间电阻为 0；开关断开，则相应开关端子间电阻为无穷大。

7.3.3　台灯故障维修（见表 7-5）

表 7-5　台灯的故障维修

故障现象	故障原因与维修措施
灯不亮	1）灯管损坏，需要更换新灯管 2）线路及开关异常，需要检查线路与更换开关 3）灯头与灯座接触不良、电源开关损坏，应紧固灯头和灯座或更换电源开关
灯管灯丝开路	1）如果灯管没有严重发黑，则可以在断丝灯脚两端并联 $0.047\mu F/400V$ 的涤纶电容后应急使用 2）线路异常，可能是由有关电阻开路或变值引起的
灯管烧坏	1）首先拍一下灯头或更换一根灯管看能否使用，如果不能使用，则需要更换相同规格的灯管 2）线路异常，常见的由谐振电容击穿（短路）或耐压降低（软击穿）等原因引起的
灯光闪烁	1）开关接触不良，需要更换开关 2）线路异常，需要检查元件
灯难以点亮	线路异常，可能是由电容容量不足、电容不匹配、电容装反、电源部分存在短路、扼流圈异常、振荡变压器断裂、双向触发二极管异常等原因引起的

(续)

故障现象	故障原因与维修措施
调光不正常	1）接通电源后灯炮能够发亮，但是调不到最亮，说明触发电路异常，主要是由电位器接触不良、电容严重漏电等引起的 2）灯光调不到最暗，可能是触发电路异常，主要原因有电容变值、微调电阻失调等 3）不能够调光，始终为最亮，则可能是双向晶闸管被击穿、双向二极管短路、电容开路或虚焊等 4）不能调亮，则可能是电位器磨损

7.3.4 维修帮

触摸台灯电路（见图 7-14）

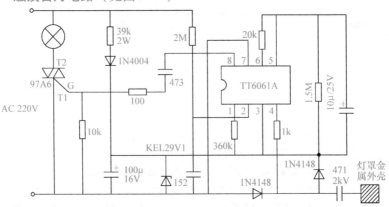

图 7-14 触摸台灯电路

7.4 学修扫码看视频

第8章 电冰箱、电视机

8.1 电冰箱

8.1.1 电冰箱的结构

电冰箱的结构如图8-1所示。

8.1.2 电冰箱制冷循环系统

电冰箱制冷剂，经压缩机压缩，再先经过除露管、冷凝器，后经干燥过滤器到毛细管节流减压，再进入冷藏蒸发器，然后进入冷冻蒸发器，制冷剂再回到冷藏蒸发器，最后回到压缩机，如图8-2所示。

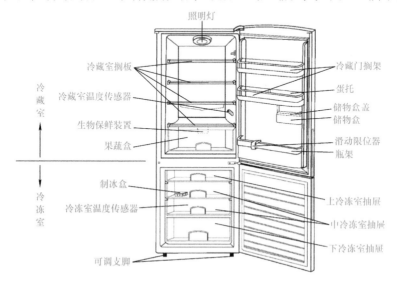

图 8-1 电冰箱的结构

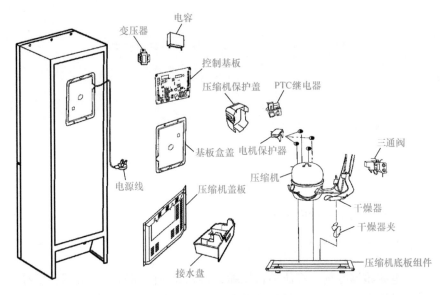

图 8-1　电冰箱的结构（续）

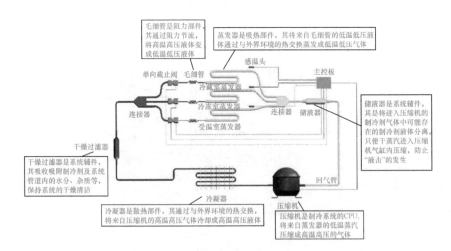

图 8-2　制冷循环系统原理图

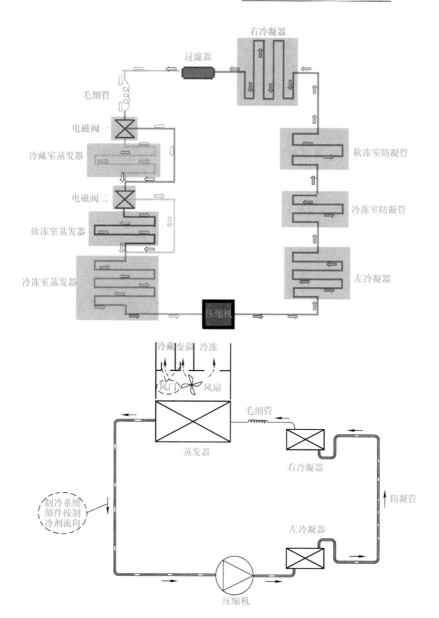

图 8-2　制冷循环系统原理图（续）

8.1.3 电冰箱制冷循环过程（见表8-1）

表8-1　电冰箱制冷循环的四个过程

循环过程名称	压缩	冷凝	节流	蒸发
所用组件	压缩机	冷凝器	毛细管	蒸发器
作用	提高制冷剂气体压力，造成液体条件	将制冷剂冷凝，放出热量，进行液化	改变制冷剂流量，降低制冷剂液体压力与温度	利用制冷剂蒸发吸热，产生冷作用
制冷状态	气态	气态—液态	液态	液态—气态
温度	低温—高温	高温—常温	常温—低温	低温—高温
压力	增加	高压	降低	低压

8.1.4 电冰箱循环方式的比较

单循环系统就是整个冷藏、冷冻一条管路，如图8-3所示。如果调节冷藏，冷冻则随着变化。如果调节冷冻，冷藏也会随之变化。

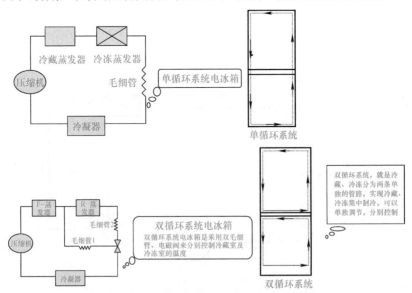

图8-3　电冰箱循环方式的比较

多循环系统，是冷藏、冷冻、变温室分别是独立的制冷管路，每条管路都可实现随意控制，单独调节

多循环系统

图 8-3 电冰箱循环方式的比较（续）

8.1.5 电冰箱压缩机的检测

电冰箱压缩机的检测如图 8-4 所示。

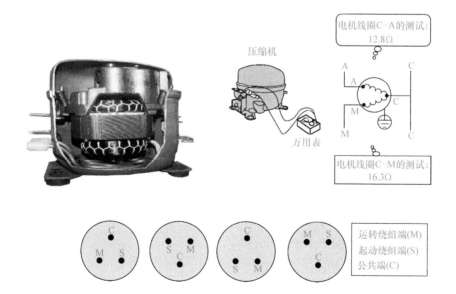

图 8-4 电冰箱压缩机的检测

压缩机温升和绝缘性能检测：测量电源线与压缩机外壳的绝缘电阻。开机后用手背触及压缩机外壳，应无漏电感；当压缩机连续运转4h后，其温升不应超过120℃。

8.1.6 电冰箱压缩机的适用机型（见表8-2）

表8-2 电冰箱压缩机的适用机型

机型	压缩机型号
海尔 BCD-175TD CA 电冰箱	EDW91A
海尔 BCD-195TD CA 电冰箱	LU76CY
海尔 BCD-205TD CA 电冰箱	NU1112Y
松下 NR-B25M1 电冰箱	DG100E87RAW5

8.1.7 电冰箱压缩机的选配

电冰箱压缩机的选配：根据电冰箱热负荷的计算进行合适冷量的压缩机选配，要使电冰箱的耗电量尽量小，要尽量选配效率高的压缩机。

压缩机与电冰箱合理匹配，需要满足以下的条件：

1) 耗电量最小。

2) 开机次数每小时不超过3~6次。

3) 停机时间不少于5min。

4) 运转率为30%~70%。

在满足上述条件的情况下，一般选择制冷量较小的压缩机，因为其开机次数少，并且能够延长压缩机的使用寿命。

8.1.8 电冰箱起动器、保护器的拆装（见图 8-5）

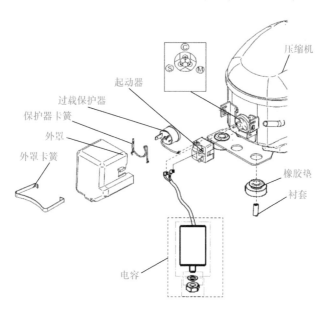

图 8-5 电冰箱起动器、保护器的拆装

8.1.9 电冰箱各管路连接时的插接长度（见表 8-3）

表 8-3 电冰箱各管路连接时的插接长度

项目	数据
干燥过滤器与冷凝器	10mm
干燥过滤器与毛细管	15mm
蒸发器与毛细管	30mm
管路与管路	10mm

8.1.10 制冷剂的分类

制冷剂是指在制冷系统中实现制冷循环的工作介质。在压缩式制冷循环中，利用制冷剂的相变传递热量：制冷剂在蒸发过程吸热，在冷凝过程放热。制冷剂的应用见表 8-4。

表 8-4 制冷剂的应用

类型	举例
无机化合物	H_2O、NH_3、CO_2 等
饱和碳氢化合物的卤素衍生物（俗称氟利昂）	R12、R22、R134a 等
饱和碳氢化合物	丙烷 C_3H_8、异丁烷等
不饱和碳氢化合物	乙烯 C_2H_4、丙烯 C_3H_6 等
共沸混合制冷剂	R502 等
非共沸混合制冷剂	R401 等

R12、R134a、R600a 的物理、热力学性能比较见表 8-5。

表 8-5 R12、R134a、R600a 的物理、热力学性能比较

项目	R12	R134a	R600a
饱和压力（−23.3℃）/MPa	0.1326	0.1153	0.048
饱和压力（54.5℃）/MPa	1.346	1.469	0.527
标准沸点（100kPa）/℃	−29.8	−26.1	−11.8
分子量	120.91	102.03	58.12
分子式	CF_2Cl_2	CH_2FCF_3	C_4H_{10}
临界温度/℃	112.04	101.1	135
临界压力/MPa	4.12	4.07	3.65
容积冷量（−25℃）/(kJ/m³)	1237	1185	626

8.1.11 管道的焊接（见图 8-6）

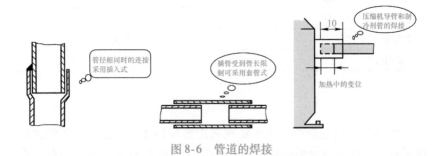

图 8-6 管道的焊接

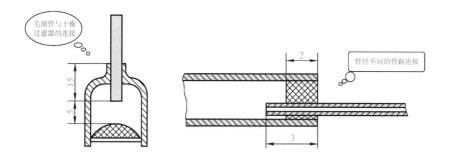

图 8-6 管道的焊接（续）

8.1.12 压缩机润滑油的充注（见图 8-7）

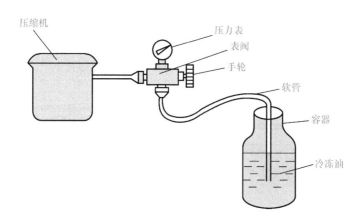

图 8-7 压缩机润滑油的充注

8.1.13 电冰箱其他部件（见表8-6）

表8-6 电冰箱其他部件

名称	解　说
PTC电冰箱起动器	1）PTC电冰箱启动器有1脚、2脚、3脚、4脚之分 2）PTC电冰箱起动器常见型号有4.7R、12R、15R、22R、33R等类型 PTC电冰箱启动器 17Ω-220
保护继电器	1）保护继电器正常触点接触电阻大约为0Ω。如果测得为无穷大，则说明触点可能脱落 2）保护继电器热元件正常电阻为0.6～1.2Ω。如果测得为无穷大，则说明可能接触不良
传感器	1）电冰箱传感器有方头、圆头之分 2）电冰箱传感器有带插口、不带插口之分 3）维修代换时，需要确定类型，以及传感器全长尺寸
磁性门封	磁性门封几种结构如下： 磁条　气室　翻边

（续）

名称	解　说
干燥过滤器	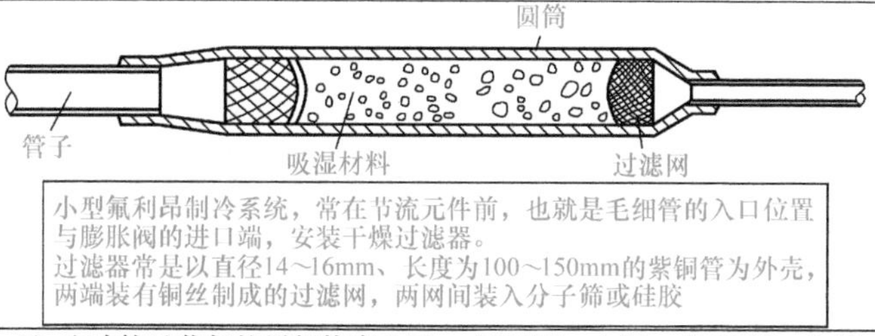 圆筒　管子　吸湿材料　过滤网 小型氟利昂制冷系统，常在节流元件前，也就是毛细管的入口位置与膨胀阀的进口端，安装干燥过滤器。 过滤器常是以直径14～16mm、长度为100～150mm的紫铜管为外壳，两端装有铜丝制成的过滤网，两网间装入分子筛或硅胶
过载保护器	1）电冰箱过载保护器规格有 1/2hp（375W）、1/3hp（250W）、1/4hp（180W）、1/5hp（150W）、1/6hp（125W）、1/8hp（93W）等 2）碟形过载保护器规格有 1/3hp、1/5hp、1/6hp 等，A 款插脚宽度为 6.3mm、B 款插脚宽度为4.8mm、C 款插脚宽度为 6.3mm 款、D 款插脚宽度为 6.3mm 3）维修代换时，过载保护器外形与型号相同的，才能够代换
冷凝器	冷凝器实物如下图所示 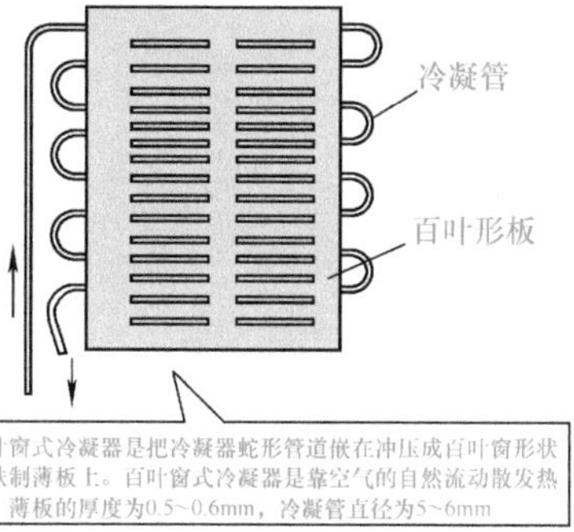 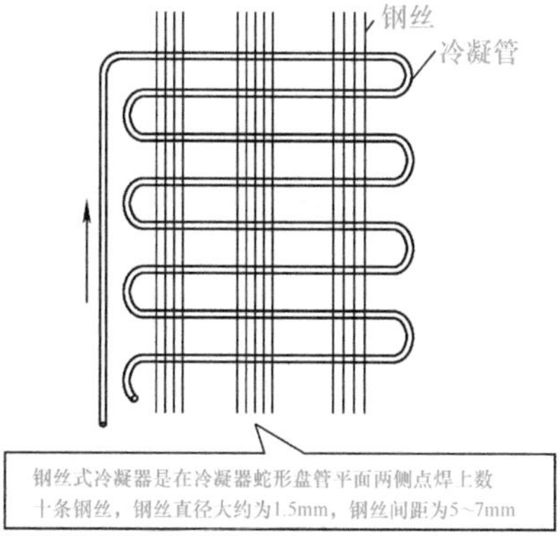 冷凝管　百叶形板 百叶窗式冷凝器是把冷凝器蛇形管道嵌在冲压成百叶窗形状的铁制薄板上。百叶窗式冷凝器是靠空气的自然流动散发热量。薄板的厚度为0.5～0.6mm，冷凝管直径为5～6mm 钢丝　冷凝管 钢丝式冷凝器是在冷凝器蛇形盘管平面两侧点焊上数十条钢丝，钢丝直径大约为1.5mm，钢丝间距为5～7mm

（续）

名称	解　说
冷凝器	 隔热层 箱内壳　冷凝管 箱体外壳 内藏式冷凝器是将冷凝管贴附在薄铜板的内侧，薄铜板的外侧作为箱体的表面或侧壁，由此向外散热 右侧板冷凝器 左侧板冷凝器
毛细管	毛细管是一根细而长的紫铜管，铜管具有导热性能良好等特点
起动电容	电冰箱起动电容规格有 2.5μF/450V、3μF/450V、4μF/450V、5μF/450V 等 28mm 56mm

（续）

名称	解　说
起动继电器	起动继电器电流线圈的正常电阻为 $1\sim2\Omega$。如果测得为无穷大，则说明其可能出现开路故障
温控器	1）温控器外形尺寸一样，一般可以代换 2）电冰箱温控器探头线长有 60cm、54cm 几种 3）电冰箱温控器有两边螺丝式、中间螺丝式等
蒸发器	 铝合金复合板式蒸发器是由两薄板模合而成，其间吹胀形成管道，其多用于直冷式家用电冰箱的冷冻室 光管盘管式蒸发器是用 $\phi8\sim12$mm铝管、紫铜管或不锈钢管，根据需要的形状、管长盘制而成，以及加以固定，其可以用于家用冰柜、直冷式家用电冰箱的冷藏室 进口铜接头　出口铜接头 铝合金复合板式蒸发器　$L50\times50\times5$　$\phi38\times3.5$　$110\sim180$　光管盘管式蒸发器
蒸发器（蒸发板）	1）常见规格有 1150mm×470mm、970mm×450mm、920mm×400mm、93mm×40mm、97mm×45mm、110mm×45mm、120mm×45mm、120mm×50mm、110mm×50mm、120mm×40mm 等 2）蒸发器有铜蒸发板、镀锌铁管蒸发板之分
重锤式起动器	1）重锤式起动器的功率：3/8hp（280W）、1/3hp（250W）、1/2hp（375W）、1/6hp（125W）、1/5hp（150W）、1/4hp（180W）等 2）重锤式起动器有单插片与三插片之分。维修代换时，需要确定好功率、插片形式等。 重锤式起动器

常用电磁阀的类型见表8-7。

表8-7　常用电磁阀的类型

电磁阀类型	电磁阀状态
二位三通电磁阀	进口→A 出口或 进口→B 出口
双稳态二位三通脉冲电磁阀	进口→A 出口或 进口→B 出口

```
进口 ──[ 电磁阀 ]── A出口
              ── B出口
```

8.1.14　电冰箱冰堵、脏堵故障判断（见表8-8）

表8-8　电冰箱冰堵、脏堵故障判断

项目	解说
判断冰堵的方法	1）停机后，温度升高，冰珠融化，使低压压力逐渐升高，直到升到饱和压力，又使制冷剂正常流动，所以制冷系统可恢复正常工作 2）冰堵时，制冷系统的制冷效果与其正常系统的制冷效果并无差异。但是经过一段时间的运行后，系统又会出现冰堵而不能正常工作。如此反复出现好坏交替的现象，则基本可以判断为冰堵故障
判断脏堵的方法	制冷系统出现脏堵故障后，停机后不能恢复。在低压区充注制冷剂蒸气时，一旦停止充注，低压压力就会逐渐下降，直至出现负压。反复充注，均是该种现象

8.1.15　电冰箱故障维修（见表8-9）

表8-9　电冰箱故障维修

故障	可能原因	检修处理
磁性开关不良	冷藏室门开关故障（没有装、接触不良等）	更换磁性开关
环境温度传感器故障	环温传感器采集故障	更换显控板

（续）

故障	可能原因	检修处理
接地电阻不合格	压缩机接地线螺钉松动	检查压缩机接地情况，紧固螺钉
冷藏门自锁挡块异响	自锁挡块固定螺钉松动	重新紧固固定螺钉
冷藏室温度传感器故障	润滑不足	挡块部位涂抹凡士林
	接触不良	检查冷藏室传感器接口与主控板对应端子接触等情况。清除异物，保证接触良好
	箱体线束故障	检查主控板接插端口与冷藏室内接插口间是否接通，如果有问题更换插口
	传感器本身故障	从接口处测传感器电阻，常温下为 23.4kΩ ~ 1.07kΩ。如果超出范围，应更换传感器
	主控板零部件故障	替换主控板
冷藏室制冷不良	可能是冷藏室风门卡转或者漏装，导致风门不能正常控制	检查冷藏室风门状态
连接电源后，整机无电	接插件松动	根据实物配线图，检查对应连接端子连接情况，若异常，则更换连接端子
	主控板故障	检测主控板电源输入端，如输入正常，则更换主控板
通信故障	接触不良	检查显控板接口、冷藏室门上铰链盖内端子、主控板对应端子接触情况。清除异物，保证接触良好
	显控板故障	更换显控板
	主控板零部件故障	更换主控板

（续）

故障	可能原因	检修处理
压缩机不启动	端子接插不良	检查输入电压、输出电压、压缩机接线端子、热保护器连接是否正常，若异常，则更换相应器件
	主控板故障	通过示波器检测主控板信号输出端，如果无输出信号，则更换主控板
	压缩机故障	更换压缩机
整机不制冷	冷媒泄漏	更换工艺管，检漏，并重新充注冷媒
	高压端焊点焊堵	通过焊点外观判断故障点，如果不能够判断，则按照逆序依次切断焊点进行排查，并且维修
	冷冻室风扇没有运行	接好端子，更换风扇

8.1.16 维修帮

1. 海尔电冰箱 BCD-588WS 故障代码（见表 8-10）

表 8-10 海尔电冰箱 BCD-588WS 故障代码

故障代码	故障代码含义
E1	冷冻风机故障
E2	冷藏风机故障
Ed	化霜传感器故障
F1	冷藏传感器故障
F2	冷冻传感器故障
F3	环温传感器故障
F6	制冰机传感器故障

2. 海尔电冰箱 BCD-175TD CA、BCD-195TD CA 维修参考（见图 8-8）

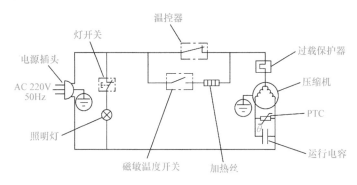

图 8-8　海尔电冰箱 BCD-175TD CA、BCD-195TD CA 维修参考

3. 美的电冰箱故障代码（见表 8-11）

表 8-11　美的电冰箱故障代码

故障代码	故障代码含义	重点检查	适用电冰箱型号
DR	开门报警		美的 248W/E
dS	副蒸发器传感器故障		美的 212He、212Hse、192He、192Hse
E1	冷藏室感温头短路或开路故障	检查相应接插件、传感器回路	美的 186A/E、216A/E、258B/E、208/E、248W/E、195/E、205/E、262/E
E2	冷冻室感温头短路或开路故障	检查相应接插件、传感器回路	美的 248W/E
	微冻室传感器短路或开路故障	检查相应接插件、传感器回路	美的 258B/E、208/E
E3	冷冻室感温头短路或开路故障	检查相应接插件、传感器回路	美的 186A/E、216A/E、258B/E、208/E、195/E、205/E、262/E
	冷冻室化霜传感器短路或开路故障	检查相应接插件、传感器回路	美的 248W/E

(续)

故障代码	故障代码含义	重点检查	适用电冰箱型号
E4	环温传感器短路或开路故障	检查相应接插件、传感器回路	美的 208/E、195/E、205/E
E4	E2 PROM 出现读写故障		美的 248W/E
E5	冷冻室超温报警		美的 248W/E
E5	E2 PROM 出现读写故障		美的 186A/E、216A/E、258B/E、208/E、262/E
E6	环温传感器短路或开路故障	检查相应接插件、传感器回路	美的 248W/E
E6	冷冻室温度持续过高故障	检查制冷剂是否泄漏	美的 186A/E、216A/E、195/E、 205/E、 262/E、265/E
E7	通信故障	检查接插件线是否接错或断路	美的 258B/E、195/E、205/E
eS	外部传感器故障		美的 212He、212Hse、192He、192Hse
fS	冷冻室传感器故障		美的 212He、212Hse、192He、192Hse
H	感温头温度过高或感温头温度偏移		美的 186A/E、219A/E、258B/E、208/E
L	感温头温度过低或感温头温度偏移		美的 186A/E、218A/E、258B/E、208/E
rS	冷藏室传感器故障		美的 212He、212Hse、192He、192Hse

4. 美的电冰箱 BCD-432WGPZM、BCD-428WTPZM（E）故障代码（见表 8-12）

表 8-12 美的电冰箱 BCD-432WGPZM、BCD-428WTPZM（E）故障代码

故障代码	故障代码含义
E1	冷藏室温度传感器故障
E2	冷冻室温度传感器故障
E4	冷藏室化霜传感器故障
E5	冷冻室化霜传感器故障

（续）

故障代码	故障代码含义
E6	通信故障
E7	环温故障
EH	湿度传感器故障

5. 美的电冰箱 BCD-519WSGPZM（Q）故障代码（见表 8-13）

表 8-13　美的电冰箱 BCD-519WSGPZM（Q）故障代码

故障代码	故障代码含义	故障代码	故障代码含义
E1	冷藏室温度传感器故障	E6	通信故障
E2	冷冻室温度传感器故障	E7	环温故障
E3	变温室传感器故障	E8	变温室化霜传感器故障
E4	冷藏室化霜传感器故障	EH	湿度传感器故障
E5	冷冻室化霜传感器故障		

6. 云米电冰箱 BCD-520WMSD 维修参考（见图 8-9）

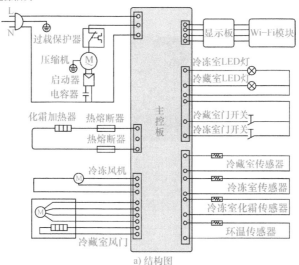

a) 结构图

图 8-9　云米电冰箱 BCD-520WMSD 维修参考

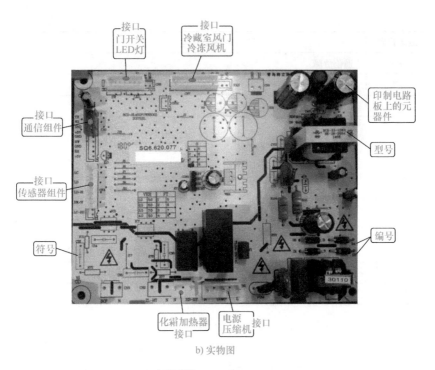

接口
门开关
LED灯

接口
冷藏室风门
冷冻风机

印制电路
板上的元
器件

接口
通信组件

型号

接口
传感器组件

符号

编号

化霜加热器
接口

电源
压缩机
接口

b) 实物图

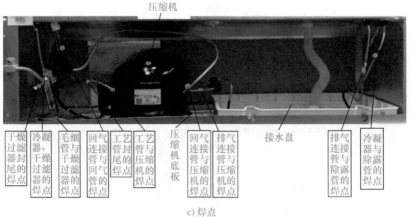

压缩机

干燥过滤器封尾的焊点

冷凝器、干燥过滤器的焊点

毛细管与干燥过滤器的焊点

回气连接管回气管的焊点

工艺管封尾的焊点

工艺管与压缩机的焊点

压缩机底板

回气连接管与压缩机的焊点

排气连接管与压缩机的焊点

接水盘

排气连接管与除露管的焊点

冷凝器与除露管的焊点

c) 焊点

图 8-9　云米电冰箱 BCD-520WMSD 维修参考（续）

7. 云米电冰箱 BCD-520WMSD 故障代码（见表 8-14）

表 8-14　云米电冰箱 BCD-520WMSD 故障代码

故障代码	故障原因	故障检修
2E	冷冻风机故障	检查电脑板到风机线路情况、检查风机情况、检查插件接牢情况等
CE	通信故障	检查主板中（红色端子）到显示板中连接线路情况
DA	冷藏室/冷冻室门关闭不严故障	检查冷藏左右门、冷冻门与变温门体关闭情况
F1	冷藏室传感器故障	检查冷藏传感器各插件接牢情况，检测感温头阻值情况
F4	冷冻室传感器故障	检查传感器插件接牢情况，检测感温头阻值
F5	冷冻室化霜传感器故障	检查传感器插件接牢情况，检测感温头阻值
F6	环温传感器故障	检查传感器插件接牢情况，检测感温头阻值

8. 松下电冰箱 NR-ED51CTA-W 维修参考（见图 8-10）

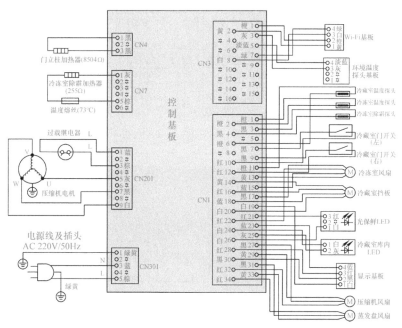

图 8-10　松下电冰箱 NR-ED51CTA-W 维修参考

9. 松下电冰箱 NR-F607HX-X5、NR-F607HX-W5 维修参考 (见图 8-11)(见书后插页)

10. 松下电冰箱 NR-B25M1 维修参考 (见图 8-12)

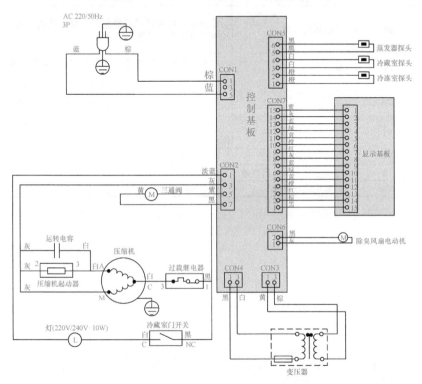

图 8-12 松下电冰箱 NR-B25M1 维修参考

8.2 电视机

8.2.1 液晶电视机结构与原理

液晶电视机主要由稳压电路、射频电路、视频处理电路、功率放大电路、模拟视频电路、系统控制电路、键控电路等组成。这些电路往往分布在相应的板块上，常见的板块有 TV 板、遥控接收板、K 板、主板。液晶电视机板块（组件）间的类型见表8-15。

表 8-15　液晶电视机板块（组件）间的类型

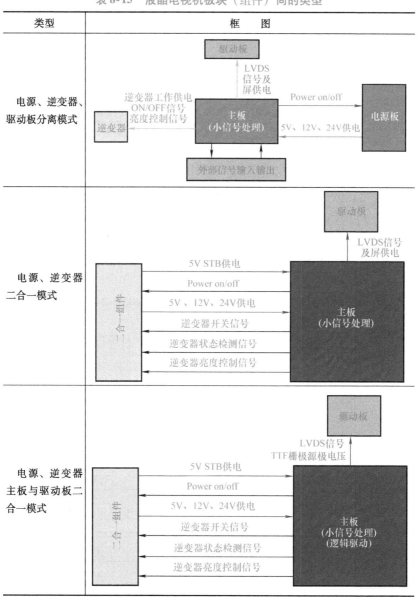

类型	框图
电源、逆变器、驱动板分离模式	
电源、逆变器二合一模式	
电源、逆变器主板与驱动板二合一模式	

8.2.2 液晶电视机一些板块的功能（见表 8-16）

表 8-16 液晶电视机一些板块的功能

名称	功能描述
AV 板组件	1）AV 板主要是接收 RF 信号、AV 的输入输出 2）各种信号源的伴音切换与处理 3）伴音功率放大 4）有的还具有 24V 到 5V 和 12V 的 DC-DC 变换功能
K 板组件	K 板组件一般有一些功能按键。用户可以通过该组件实现对液晶电视机的操作。有的 K 板上还有指示灯、红外接收头
TV 板组件	1）TV 板上主要有主/子 2 个调谐器、AV/S 端子、高清信号端子和一些外围处理电路等 2）主调谐器主要是将 RF 信号解调为 IF 信号 3）子调谐器主要产生 CVBS 信号，所有信号通过转接后送到主板进行相应处理
YPBPR 组件	YPBPR 组件主要是接收 YPBPR、YCBCR 的图像与伴音信号，还接收 DVI 的伴音信号
电源板	内置电源板组件一般是将 AC 220V 转换成多路所需要的直流电。一些电源板与电源板逻辑关系的类型如下图： 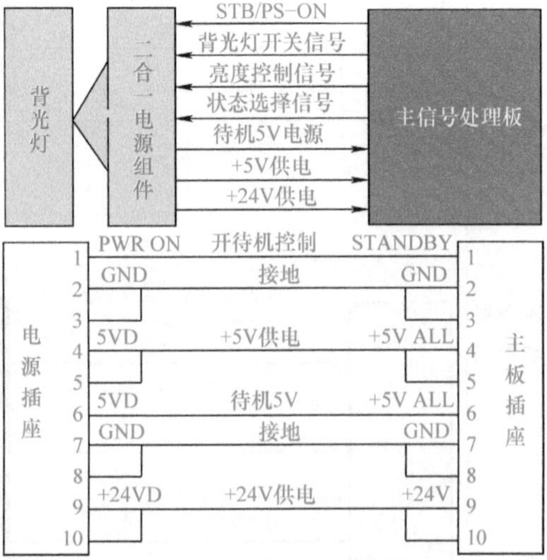

（续）

名称	功能描述
电源板	电源插座: 1 +24VD +24V供电 +24V 1；2 GND 接地 GND 2；3 +24VD +24V供电 +24V 3；4 GND 接地 GND 4；5；6；7 VSEL 状态选择性 SEL 7；8 GND 接地 GND 8；9 BLON 背光灯开关 BLON 9；10 GND 接地 GND 10；11 I PWM 亮度控制 I PWM 11；12 E PWM 亮度控制 E PWM 12 主板插座 背光灯 ← 二合一电源组件 ← 背光灯开关信号、亮度控制信号（主信号处理板）；二合一电源组件 → +5V供电、+12V供电（主信号处理板） 背光灯 ← 二合一电源组件 ← STB/PS-ON、背光灯开关信号、亮度控制信号、状态选择信号、待机5V电源、+5V供电、+24V供电（主信号处理板） 背光灯 ← 二合一电源组件 ← STB/PS-ON、背光灯开关信号、亮度控制信号、状态选择信号、待机5V电源、+5V供电、+24V供电（主信号处理板） 有的机型没有内置电源模块，其供电来自电源适配器
屏组件	有的屏组件内置逆变器，逆变器将直流变成高压的交流信号，点亮背灯。液晶屏主要是将来自主板经处理后的图像信号进行显示
遥控接收板组件	遥控接收板组件一般由工作指示灯、遥控接收头等组成。用户可以通过该组件，或者使用遥控器实现对液晶电视机的操作

（续）

名称	功能描述
液晶电视机的端口	一些液晶电视机的端口如下：
主板组件	1）主板组件是液晶电视机中信号处理的核心部分 2）其在系统控制电路的作用下承担着将外接输入信号转换为统一的液晶显示屏所能识别的数字信号的任务 3）TV 板输入的 TV 与 AV 信号在主板中进行音视频解码后输出的 RGB 基色信号经过模/数转换，输出 RGB 数字信号，通过格式变换等处理后产生 LVDS（低压差分信号）再加到屏上显示。另外，经过 VGA、DVI 端子输入的信号直接进入控制器进行处理、格式变换、上屏显示等功能

8.2.3 液晶电视机一些电路工作流程（见表 8-17）

表 8-17 液晶电视机一些电路工作流程

名称	解　说
TCON 电路	TCON 电路主要工作原理是将输入的 LVDS 进行处理，分解为驱动液晶屏的 RSDS（降低摆幅差分信号）驱动信号。其中，32 寸电视机 TCON 电路与 26 寸电视机 TCON 电路主要差异在于，32 寸电视机 TCON 芯片增加了过驱动电路（用以提高响应速度）与 GAMMA 校正电路（用以提高色彩表现力）

（续）

名称	解　说
供电系统	1）一般电源板共有几路电压输出，常见的有 +24V、+12V、+5V、+5VS。一般 +24V 是供 LCD 的逆变器用；+12V 供功放使用；+5V 通过 DO 变成 3.3V、2.5V、1.8V，供 IC 用；+5VS 一般为 MCU、红外接收器、EEPROM 等供电 2）另外，一般 5V 将分成几路，以便分别为其他 IC 与元器件等供电，以及专为 MCU、红外接收器、EEPROM 供电。也就是在待机时不会被切断的供电与待机时会被切断的供电是分路分开的
伴音流程	1）TV 伴音：射频信号经过主调谐器解调后输出伴音中频 SIF 信号，伴音中频 SIF 信号输入到控制器中进行解调与音效处理，输出的音频信号加到功放中进行功率放大，最后送到扬声器发出声音 2）AV 伴音：经过 AV 输入的音频信号直接经控制器处理和功率放大后推动扬声器发出声音 3）PC、DVI、YPBPR 的伴音经过选通后经控制器处理和功率放大后推动扬声器发出声音
图像信号流程	1）AV/S 与经过主调谐器解调后的 IF 信号通过 TV 板转接送入到视频解码电路进行解码后，输出的模拟视频信号送到模/数转换器进行 A/D 变换，然后输出的数字 R、G、B 信号经过格式变换，将不同的输入格式变成统一的上屏信号格式 2）PC 与 HDTV（YPBPR）、DVI 信号经过二选一后直接送到控制器进行处理，形成统一的上屏信号 3）经过子调谐器解调后的信号直接送到子画面视频解码器进行视频解码与 A/D 变换，然后输出的数字 R、G、B 信号经过格式变换，将不同的输入格式变成统一的上屏信号格式

8.2.4　液晶电视机故障维修（见表 8-18）

表 8-18　液晶电视机故障维修

故障现象	故障原因及处理
PC 显卡在 DVI 下无图像显示	1）某些 DVI 显卡在开机时如果得不到数据，将不会有输出。因此，PC 启动前，应将 DVI 线与液晶电视机可靠连接，以便 DVI 在开机时从 DDC 准确得到数据 2）使用中如果突然将 DVI 线拔掉，也会停止 DVI 输出

（续）

故障现象	故障原因及处理
PC 下图像有拉宽的现象、有重影现象	1）判断显示格式是否设置正确 2）有重影现象，则按自动键，让其进行自动校正，以到达最佳显示效果
TV 下无图像、无声音、无雪花点，但 AV 正常	一般需要检查高频头与其外围是否工作正常
黑屏（开机声音正常，背灯管不亮）	可能是逆变器工作异常或不具备工作条件
黑屏（开机声音正常，背灯亮）	1）如果逆变器工作正常，则故障可能在主板或屏驱动板。 2）需要检查屏供电是否正常、屏驱动板上供电电感是否正常、供电电路是否正常、信号输入是否正常、驱动板是否正常等
黑屏（开机声音正常，背灯亮）	一般是上屏的 LVDS 异常
黑屏或白屏	需要检查信号处理部分、TCON 部分、连接信号处理部分、LVDS、E2PROM 等
花屏	1）屏参数据变化。 2）屏幕已经损坏
开机屏亮一下后，出现无图无声，灯管不亮	可能是电源板带负载能力差
冷开机图像拉白条、图像扭曲	一般是高频头异常引起的，需要更换高频头
屏参错误，出现开机黑屏现象	一般可以通过软件升级或盲调屏参的方法来解决
搜台少	需要检查高频组件 33V 调谐电压是否正常。如果不正常，则需要检查主板上自举升压电路
无伴音或声音异常	一般是伴音音效处理损坏
液晶电视机不受控	可能是液晶电视机出现了死机现象，可以断电重启，故障即可排除

（续）

故障现象	故障原因及处理
液晶电视机开机，屏幕亮一下或几分钟后保护，每次开机都是如此	1）逆变器损坏 2）屏内灯管工作异常
液晶电视机开机，屏幕亮一下或几分钟后保护，有时开机能长时间正常工作	1）主板与屏幕的逆变器间连接线插头接触不良 2）屏幕逆变器输出到灯管线插头接触不良
有声音无图像，开机也不出现 LOGO，背光亮	可能是上屏的连接线没接好
有时出现花屏	一般是上屏线屏驱动板一侧插头松动
只有 PC 与 DVI 有图像，其他的均无图像、无声音	需要检查 AV 板的 I^2C 总线是否正常、检查变换总线电平的晶体管是否损坏或虚焊等

8.3　学修扫码看视频

第9章 洗衣机、吸尘器、扫地机器人

9.1 洗衣机

9.1.1 洗衣机的结构

洗衣机是利用电能产生机械作用来洗涤衣物的一种清洁电器。典型的洗衣机外形与结构如图9-1所示。

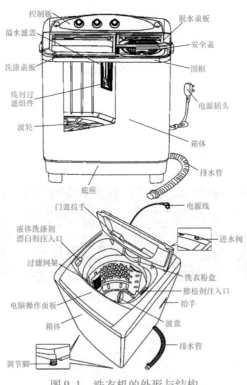

图9-1 洗衣机的外形与结构

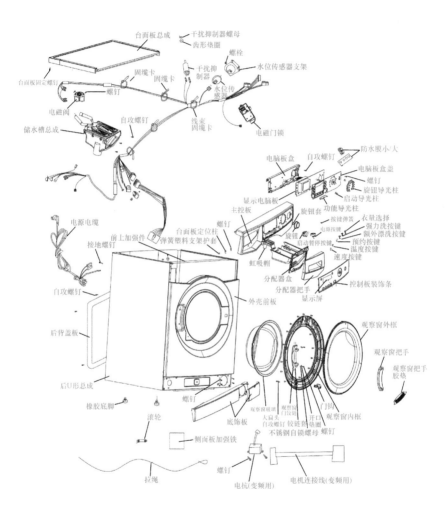

图 9-1　洗衣机的外形与结构（续）

9.1.2　洗衣机内外筒总成结构（见图9-2）

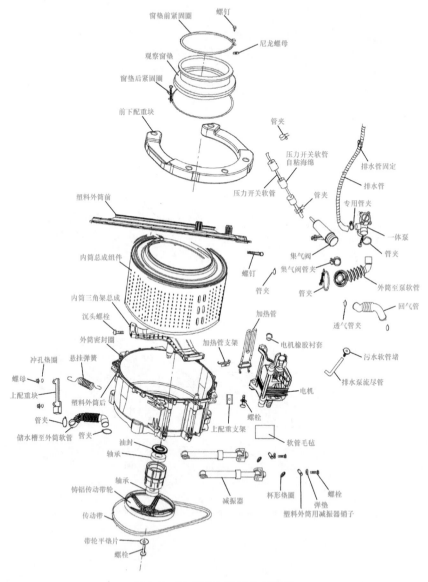

图9-2　洗衣机内外筒总成结构

9.1.3　普通双桶洗衣机

普通双桶洗衣机结构如图 9-3 所示。普通双桶洗衣机波轮轴组件主要起传递动力与密封的作用。

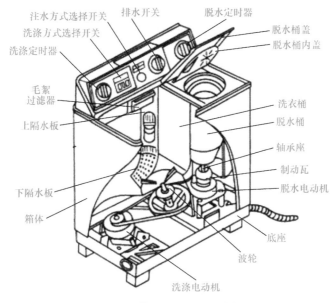

图 9-3　普通双桶洗衣机结构

9.1.4　双桶洗衣机的控制系统

双桶洗衣机控制系统主要包括洗涤定时器、洗涤方式选择开关（琴键开关）、电动机、电容器等，如图 9-4 所示。

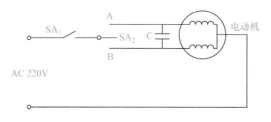

图 9-4　双桶洗衣机的控制系统

9.1.5 全自动洗衣机的部件（见表9-1）

表9-1 全自动洗衣机的部件

名称	解　说
排水电机	全自动洗衣机排水电机检测如下： 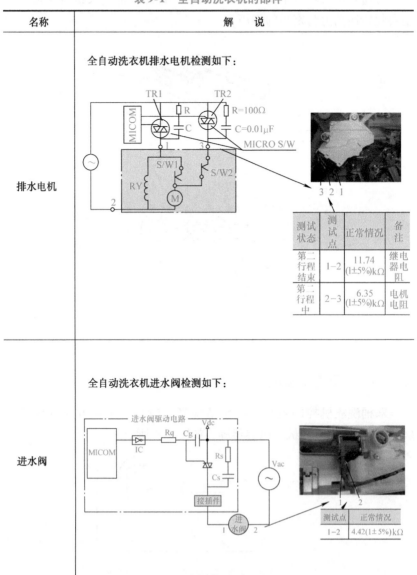
进水阀	全自动洗衣机进水阀检测如下：

（排水电机部分）

测试状态	测试点	正常情况	备注
第二行程结束	1—2	11.74 (1±5%)kΩ	继电器电阻
第二行程中	2—3	6.35 (1±5%)kΩ	电机电阻

（进水阀部分）

测试点	正常情况
1—2	4.42(1±5%)kΩ

（续）

名称	解　说
球形压力水位开关	全自动洗衣机球形压力水位开关检测如下： 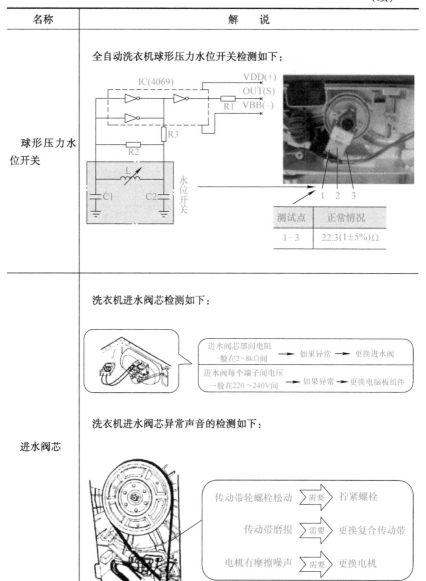
进水阀芯	洗衣机进水阀芯检测如下： 洗衣机进水阀芯异常声音的检测如下：

9.1.6 全自动波轮洗衣机故障维修（见表9-2）

表9-2 全自动波轮洗衣机故障维修

故障现象	故障点	故障原因	维修处理
不能进水	进水管路异常	过滤网被堵塞	用毛刷清理过滤网
		进水阀故障	修理或更换进水阀
		进水阀电磁线圈无电压	检查进水阀
	进水阀异常	进水阀中心孔被堵塞	清理中心孔
		电磁线圈烧毁	维修、更换进水阀
		电磁线圈断路	维修、更换进水阀
		动铁心被杂物卡死	维修、更换进水阀
进水不止	水位传感器及其导线异常	水位传感器与电脑板间的导线或其连接处断路或接触不良	维修、更换导线或其连接处
		开关水位控制弹簧预压缩量太大	旋松调节螺钉减少现压缩量
		水位传感器腰鼓弹簧脱落	装好腰鼓弹簧
		水位传感器集气室因零件破裂或装配不良而漏气	维修、更换水位传感器
		开关盖上的接气嘴被堵塞	打通接气嘴
	回气管路系统异常	盛水桶底侧集气室上的导气接嘴有堵塞、破裂或漏气漏水现象	消除堵塞物、维修或更换盛水桶
		导气用空气软管有堵塞、扭结、折叠、或者破裂、漏气、漏水现象	维修、更换空气软管
开机后指示灯不亮	电源插座电压异常	断路器与电源插座间的导线短路、断路或接触不良等	维修、更换导线或其连接位置
	电源插座电压异常	电源插座内部短路、断路或接触不良等	维修、更换电源插座
	电脑板电源输入端电压异常	电脑板等故障	维修、更换电脑板

（续）

故障现象	故障点	故障原因	维修处理
洗涤时电机有异声转不动	三角带过紧	三角带短，不符合规定尺寸	更换合格的三角带
		电机与离合器间中心距大	需要重新调整中心距
	离合器异常	洗涤轴弯曲变形或配合过紧	需要修理或更换离合器
		方丝离合簧断开	需要修理或更换离合器
		齿轮传动架或齿轮破裂变形	需要修理或更换离合器
脱水时，脱水桶起动缓慢或转速下降	电机转动力矩异常	电动机转动力矩小	需要更换电机
脱水桶制动时间过长	离合器异常	棘爪拨叉顶住制动杆，使制动带不能将制动轮抱紧	需要维修或更换棘爪拨叉
	安全开关异常	盖板杆变形	需要修理盖板杆
		盖板杆安装位置不正确	需要重新正确安装
	电脑板异常	电脑板损坏，电机不断电	需要维修或更换电脑板
	离合器异常	制动弹簧太软或弹性下降	需要更换制动弹簧
	脱水桶异常	脱水桶不平衡	需要排除脱水不平衡原因
脱水异常报警	脱水桶晃动	脱水桶紧固松动	需要更换螺母或将其紧固
		平衡圈破裂或漏液	需要更换平衡圈或补液
		吊杆安装不到位或者脱落	需要重新装好吊杆
洗涤时，电机旋转，波轮不转动	电机带轮松脱	电机带轮滑丝	需要修理或更换电机带轮
	三角带打滑或脱落	电机轴弯曲变形	需要修理或更换电机
		离合器带轮变形	需要修理或更换带轮

（续）

故障现象	故障点	故障原因	维修处理
洗衣机动作混乱	连接导线异常	电脑板输出端与电气执行元件间的导线相互接错	重新正确连接
洗衣机过热或发出异味	传动件过热有异味	轴承部位表面粗糙、配合过紧、润滑不良、传热不好	需要抛光表面、适当配合，增加润滑
		两带轮槽对称面不在同一平面内	需要调整带轮的轴向位置
	电机过热有异味	电容器过大或过小	需要更换电容器
		三角带过紧或传动阻力大	需要调节带轮距离和轴向位置
	电容器异常	电容器质量不好、电容器内部短路	需要更换电容器
	电脑板发热或烧毁	电脑板内有短路或接触不良	需要修理或更换电脑板
洗衣机结束后，不能自动鸣响和断电	电脑板电源开关输出端电压异常	电脑板故障	维修、更换电脑板
	鸣响异常	电脑板故障	维修、更换电脑板
	电脑板电源开关输出端电压异常	电源开关故障	维修、更换电源开关
		电脑板与电源开关间的导线或其连接处有短路、断路或接触不良	维修、更换连接处
洗衣机漏电	绝缘电阻异常	连接导线受潮或破损	需要烘干或更换导线
		电机受潮或绕组接地	需要烘干或修理或更换电机
		电容器漏电或接地	需要更换电容器
		牵引器受潮或绕组接地	需要修理或更换牵引器
		进水阀绕组接地	需要修理或更换进水阀

9.1.7　双桶洗衣机故障维修（见表 9-3）

表 9-3　双桶洗衣机故障维修

故障现象	故障原因
排水异常	1）未将排水管放下 2）排水管末端被密封在下水道中 3）排水管没有高于地面 15cm 以上 4）延长排水管长于 3m 或直径过细 5）排水管堵塞
脱水时有异常响声、振动剧烈	1）洗衣机摆放不平稳 2）脱水桶内衣物分布不均匀 3）有洗涤物或随机发泡碎片落入脱水桶外侧
脱水异常	1）盖板没关上 2）脱水时间没有选择好
无法洗涤	1）停电或电源熔丝熔断 2）电压太低 3）没选择好洗涤时间 4）电机传动带过松
洗涤中有异常响声	有硬币或其他异物掉入洗涤桶中

9.1.8　维修帮

1. LG 洗衣机 XQB70-16SG、XQB70-17SG 维修参考（见图 9-5）

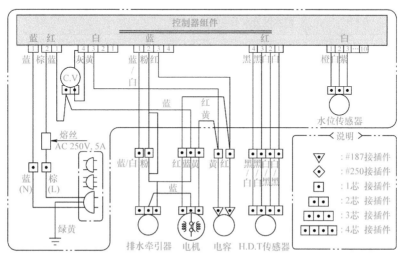

图 9-5　LG 洗衣机 XQB70-16SG、XQB70-17SG 维修参考

2. 海尔洗衣机 XQGM30-BX796U1、EGM30717MAX1U1 故障代码（见表9-4）

表9-4　海尔洗衣机 XQGM30-BX796U1、EGM30717MAX1U1 故障代码

故障代码显示	故障代码含义
Fo	安全开关故障
E1	排水故障
E2	门锁锁门异常或未关好门
F3	温度传感器故障
E4	进水故障
F4	加热管故障
F7	电机停转报警
E8	超出报警水位
FA	水位传感器故障
FCX(x=0,1,2)	显示板总线通信故障
Unb	脱水时分布不均匀
LoCr	不允许开门
CL	童锁功能有效
FH	无线通信模块故障

3. 海尔滚筒干衣机 EHG100FMATE7WU1 故障代码（见表9-5）

表9-5　海尔滚筒干衣机 EHG100FMATE7WU1 故障代码

故障代码显示	故障代码含义
F2	排水泵或水位开关故障
F32	NTC2 断路或短路故障
F33	NTC3 断路或短路故障

（续）

故障代码显示	故障代码含义
F34	NTC4 断路或短路故障
FC2	电脑板与显示板通信线断开故障
FC0	电脑板、显示板通信线与接地线短路故障
F4	加热异常或制冷剂泄漏故障
FH	物联网配置失败故障

4. 海尔全自动洗衣机 XQB80-Z1808 故障代码（见表9-6）

表 9-6　海尔全自动洗衣机 XQB80-Z1808 故障代码

故障代码	故障代码含义
E1	排水管不排水、排水管堵塞等故障
E2	上盖没盖等故障
E3	衣物放偏、洗衣机倾斜等故障
E4	不进水或进水慢等故障
FR	水位传感器异常等故障
F2	水位过高等故障

5. 海尔洗衣机 H9Y10BD10U1 故障代码（见表9-7）

表 9-7　海尔洗衣机 H9Y10BD10U1 故障代码

故障代码显示	故障代码含义
F2	排水泵、浮子开关故障
F32	冷凝器温度传感器断路或短路故障
F33	压缩机排气口温度传感器断路或短路故障
F34	辅助加热器温度传感器断路或短路故障
F4	加热异常或制冷剂泄漏故障
FC0	总线自身故障

（续）

故障代码显示	故障代码含义
FC1	电机与电脑板通信故障
FC2	电源板与显示板通信故障
FC6	风机模块通信故障
FE	风机温度过高故障
FH	物联网配置失败故障
AUto	代表自动运行模式中

6. 海尔洗衣机 XQG50-12866、XQG50-10866 维修参考（见图 9-6）

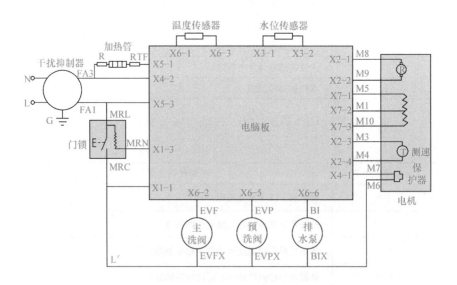

图 9-6　海尔洗衣机 XQG50-12866、XQG50-10866 维修参考

7. 海尔洗衣机 XQG50-B12866、XQG50-B10866 维修参考（见图 9-7）

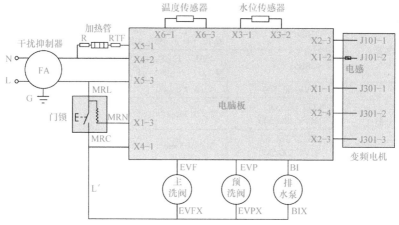

图 9-7　海尔洗衣机 XQG50-B12866、XQG50-B10866 维修参考

8. 海尔洗衣机 XQG50-12866、XQG50-10866 故障代码（见表 9-8）

表 9-8　海尔洗衣机 XQG50-12866、XQG50-10866 故障代码

故障代码	故障代码含义	故障代码	故障代码含义
Err1	门锁故障	Err7	电机停转故障（变频和非变频）
Err2	排水故障	Err8	水位溢出故障
Err3	温度传感器故障	Er10	水位传感器故障
Err4	加热管故障	EUAr	电脑板与变频板通信故障
Err5	进水故障	UNB	不平衡故障
Err6	电机故障（仅非变频）		

9. 美菱洗衣机 XQB60-9852 维修参考（见表 9-9）

表 9-9　美菱洗衣机 XQB60-9852 维修参考

元器件	型号/规格	技术数据
插头	SSD-3-1A	250V/6A
	HH-3Y	250V/10A
	JD3-6A	250V/6A
电机	XDT-150	220V、150W，冷态电阻红 28Ω、黄 28Ω
	YXQ-150NJ	220V、150W，冷态电阻红 24Ω、黄 24Ω

（续）

元器件	型号/规格	技术数据
电机热保护器	KW 系列	220V/ 6A/85～145℃
	KSD	250V/70～140℃
电容	CBB65A-1	450V、12μF；电容标称容量 12μF，电容实际容量 12（1±5%）μF
	CBB65	450V、12μF；电容标称容量 12μF，电容实际容量 12（1±5%）μF
电源线	RVV300/500	3×0.75mm²
	227 IEC 53 RVV 300/500	3×0.75mm²
	60227 IEC 53 RVV 300/500	3×0.75mm²
管状熔断器	F5AL、F5A	5A/250V
进水阀	F 系列	220V/50Hz
	FCD3-4	220V/50Hz
牵引器	XPQ-6A（手搓）	220V/50Hz
	QC22-14（手搓）	220～240V、50/60Hz、6W

10. 美菱洗衣机 XQB60-9852 维修参考（见图9-8）

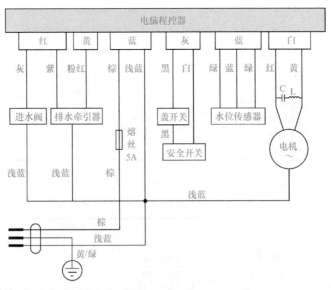

图 9-8 美菱洗衣机 XQB60-9852 维修参考

11. 美的洗衣机 MB70-5007UD（G）维修参考（见图 9-9）

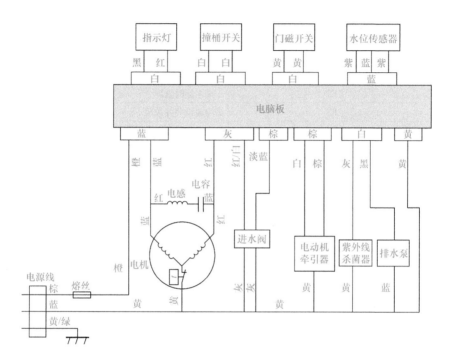

图 9-9　美的洗衣机 MB70-5007UD（G）维修参考

12. 美的洗衣机 MB70-5007UD（G）故障代码（见表 9-10）

表 9-10　美的洗衣机 MB70-5007UD（G）故障代码

故障代码	故障代码含义	故障代码	故障代码含义
C1 ~ C8	通信故障	F0	电源开关故障
E1	进水故障	F2	EEPROM 记忆失败
E2	水没有排完	F5	称重回路故障
E3	门盖没关好	F8	水位传感器故障
E4	洗涤物偏在一边	HU	电网电压过高故障

13. 美的洗衣机 MB100-1210DH-H02T 故障代码（见表 9-11）

表 9-11　美的洗衣机 MB100-1210DH-H02T 故障代码

故障代码	故障代码含义
CL	童锁门开报警
E1	进水超时故障
E2	排水超时故障
E3	门盖没关好故障
E4	洗涤物偏在一边故障

说明：美的部分机型 E1-E4 报警解除需按启动键。

14. 美的洗衣机 MD80-11WDX、MD100-1433WDXG 故障代码（见表 9-12）

表 9-12　美的洗衣机 MD80-11WDX、MD100-1433WDXG 故障代码

故障代码	故障代码含义
E10	进水超时故障
E12	洗衣机溢水故障
E21	排水超时故障
E30	门未合上故障
EXX	其他故障

15. 美的洗衣机 HB80-A1H 维修参考（见图 9-10）

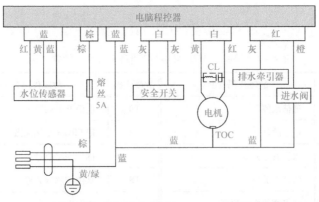

图 9-10　美的洗衣机 HB80-A1H 维修参考

16. 美的洗衣机 HB30-A1H 维修参考（见图9-11）

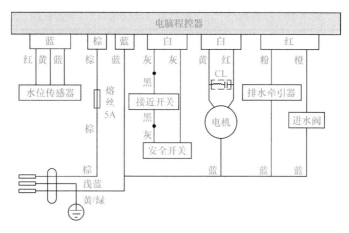

图9-11　美的洗衣机 HB30-A1H 维修参考

17. 美的洗衣机 MB90S61DQCG 故障代码（见表9-13）

表9-13　美的洗衣机 MB90S61DQCG 故障代码

故障代码	故障代码含义
C0 ~ C8	其他故障
CL	童锁门开报警
E1	进水超时故障
E2	排水超时故障
E3	门盖没关好故障
E4	洗涤物偏在一边
F1 ~ F8	其他异常

18. 小天鹅洗衣机 BVL1D100G6 维修参考（见表9-14）

表9-14　小天鹅洗衣机 BVL1D100G6 维修参考

故障现象	故障原因
加热故障	NTC 损坏、加热管老化
漏水	进水管或排水管连接不牢、房屋排水管道堵塞等
指示灯或显示屏不亮	断电、电脑板故障、线束连接故障等

19. 小天鹅洗衣机 TBM100-7188WIDCLG 故障代码 （见表 9-15）

表 9-15 小天鹅洗衣机 TBM100-7188WIDCLG 故障代码

故障代码显示	故障代码含义
E1	进水超时
E2	排水超时
E3	门盖没关好
E4	洗涤物偏在一边
CL	童锁门开报警
Fd	门锁没锁上
C0-C8	其他异常故障
F1-F8	其他异常故障

20. 小天鹅洗衣机 TB65-easy60W、TB75-easy60W 故障代码 （见表 9-16）

表 9-16 小天鹅洗衣机 TB65-easy60W、TB75-easy60W 故障代码

故障代码	故障代码含义
E1	进水故障
E2	排水故障
E3	开盖故障
E4	不平衡故障
F8	水位传感器故障

9.2 吸尘器

9.2.1 吸尘器的结构

吸尘器是用来吸收尘埃清洁卫生的一种电器。

典型的吸尘器结构如图 9-12 所示。吸尘器工作过程简单分为：起尘、吸尘、滤尘、排气等。

吸尘器分类依据多，例如按灰尘分离的方式来分、按款式来分、提供电源的方式来分等。

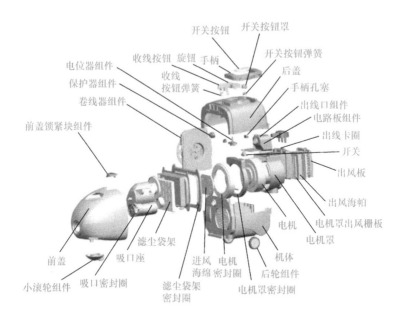

图 9-12 吸尘器的结构

9.2.2 桶式吸尘器的结构（见图9-13）

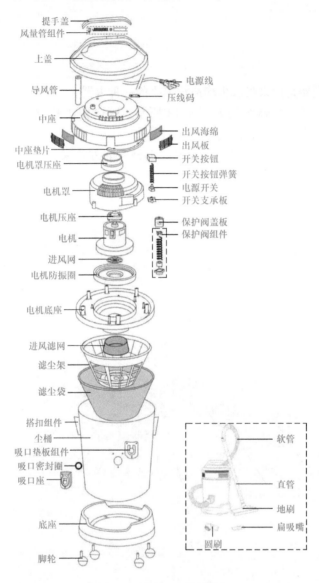

图9-13 桶式吸尘器的结构

9.2.3 吸尘器的工作原理

吸尘器的工作原理如下：利用电动机带动叶轮高速旋转，使集尘室内形成局部真空。当集尘室内外压差加大到一定程度后，灰尘便随气流一起被吸入尘袋内，再经过滤，将灰尘分离存留于尘袋内，以及排出过滤后的洁净空气。吸尘器中只有一个负载件，即电机。吸尘器电路的作用就是控制电机的转速。吸尘器的工作原理如图 9-14 所示。

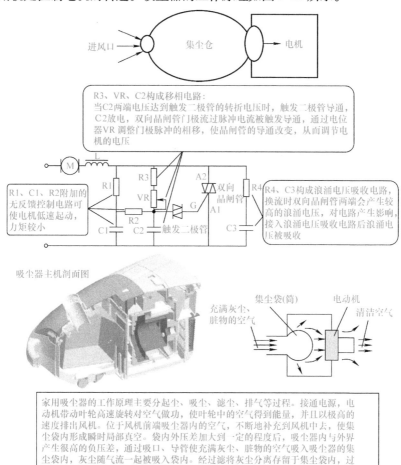

图 9-14 吸尘器的工作原理

9.2.4　吸尘器的系统、部件

吸尘器基本结构由起尘系统、吸尘通道、集尘器、电机器、排气通道、滤尘系统等部分组成，见表9-17。

表9-17　吸尘器的系统、部件

名称	解　说
电动机	1）吸尘器使用的电动机一般为单相串励电动机，转速高达20000～25000 r/min ，功率有250～2000W等规格 2）微型吸尘器电动机多采用3V或6V的直流永磁电动机 3）吸尘器电动机的作用：使风机叶轮高速旋转，产生负压吸力，使得集尘器内形成局部真空 4）吸尘器电动机由电枢、定子、换向片、电刷等组成
电机室	1）电机室一般用来产生负压，为吸尘提供吸力 2）电机室一般是由电机及其支承架、密封圈、外壳等组成 3）一般的卧式机，集尘器和电机室通常是做成一体的，称为主机。吸尘通道的零件称为附件
风机	1）风机一般由叶轮、外壳等部件组成 2）风机一般和电动机组装在一起，电动机和风机同轴，电动机带动风机高速旋转
灰尘指示器	1）灰尘指示器主要是用来显示集尘器内集尘量多少的装置 2）灰尘指示器一般由弯管、透明管、弹簧、指示头等组成
集尘器	1）集尘器主要是吸尘器内用来存储尘埃的容器 2）集尘器的种类：抽屉式集尘器、袋式集尘器、利用吸尘器的壳体兼作集尘器等

（续）

名称	解 说
滤尘系统	1）滤尘系统也称为滤尘器、过滤网等 2）滤尘系统主要是过滤空气
排气通道	1）排气通道的作用主要是将过滤干净的空气排出吸尘器本体 2）排气通道一般位于电动机后面，与电机室做成一体
外壳	1）外壳的作用有支承、安装、围护、装饰等 2）外壳一般用工程塑料注塑成型，由前、后两部分组合而成
吸尘部	1）吸尘部的作用是过滤吸入的空气，并且将灰尘、垃圾留在集尘器中 2）吸尘部一般由滤尘袋、集尘器等组成
吸尘器的附件	吸尘器的常用附件分为连接附件、工作吸头
吸尘通道	1）吸尘通道一般是由加长管、调风手柄、软管、软管接头等组成 2）吸尘通道的作用为连接起尘系统与集尘器
消声器装置	1）吸尘器的噪声应控制在 75dB 以下 2）吸尘器产生噪声主要有气流、机械、电磁等因素 3）吸尘器机壳的内壁、出风口、电机的外圈，设置有多孔纤维状聚氨酯泡沫塑料、玻璃棉等吸声材料。电机后端、风机的前端安装有橡胶防振圈，均是考虑消声的作用
自动盘线机	1）自动盘线机主要有盘线筒支架、盘线筒、摩擦轮、发条、制动机构等组成 2）自动盘线机的作用是将电源线收藏在机壳内

9.2.5 吸尘器故障维修（见表 9-18）

表 9-18 吸尘器故障维修

故障现象	故障原因	检修排除
不能充电	1）电池寿命已到 2）电池损坏	更换新的电池

（续）

故障现象	故障原因	检修排除
尘满指示器动作不良	1）吸尘通道堵住 2）浮标卡住 3）弹簧坏掉引起的	1）清理吸尘通道 2）应维修、更换尘满指示器 3）应维修或更换尘满指示器
电机不能调速	调速控制板坏	更换新的调速控制板
顶盖盖不上	1）滤尘袋没有安装到位 2）顶盖异常	1）应装好滤尘袋 2）应更换顶盖
卷线器出现收线不良或自动收线	1）电源线收线时绞在一起 2）收线开关按钮卡住 3）卷线器异常	1）应重新收线几次 2）应检查收线开关按钮 3）应维修或更换卷线器
吸尘器不能启动运行	1）插头没有插好 2）吸尘器电源开关没有打开 3）内部接线松脱 4）电机烧坏 5）电子调速软管未接上	1）应重新插好插头 2）应重新按下电源开关 3）应重新接好内部接线 4）应维修或更换新的电机 5）应将电子调速软管接上
吸尘器不能启动运转，没有"嗡嗡"声	1）熔丝熔断 2）电源线内部线头松脱 3）自动盘线机内的弹簧触片同金属圆环接触不良 4）电源开关损坏 5）电机损坏	1）更换同规格熔丝 2）把电源线线头重新焊在金属圆环上 3）、4）拆开维修或更换电源开关 5）更换电机
吸尘器不能启动运转，有"嗡嗡"声	1）电枢铁心与定子铁心间有杂物 2）电枢与定子的同心度差，造成电枢铁心与定子铁心相摩擦	1）卸下电动机，清除杂物 2）卸下电动机，可以用软布垫好，看准位置后用锤子敲打机壳，以校正同心度
吸力变小	1）各吸尘通道堵住 2）集尘袋透气不良 3）进出风过滤片堵住 4）电机异常	1）应清理吸尘通道 2）应清理集尘袋 3）应清理过滤片 4）应修理更换新的电机

9.2.6　维修帮

1. 美的吸尘器 **QB80D** 维修参考（见图 9-15）

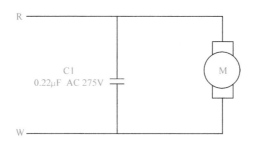

图 9-15　美的吸尘器 QB80D 维修参考

2. 美的吸尘器 **QW12T-05F** 维修参考（见图 9-16）

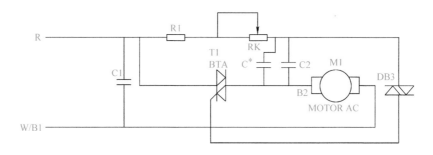

图 9-16　美的吸尘器 QW12T-05F 维修参考

9.3　扫地机器人

9.3.1　扫地机器人的结构

扫地机器人的结构如图 9-17 所示。

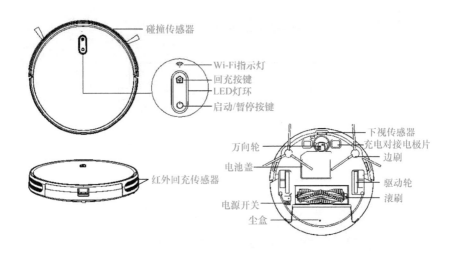

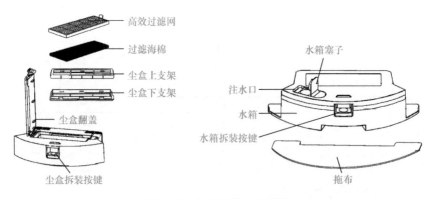

图 9-17　扫地机器人的结构

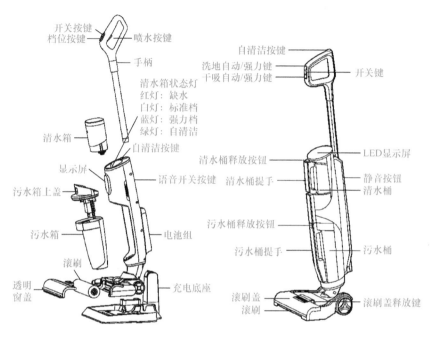

图 9-17　扫地机器人的结构（续）

9.3.2　扫地机器人故障维修（见表 9-19）

表 9-19　扫地机器人故障维修

故障现象	故障原因
出风口漏水	漏放浮子
机器不能充电	充电座插头没插好
	机器没有完全放入到充电座中
	充电头与充电座接触不良
滚刷缠绕标志闪烁	滚刷被毛发等缠绕，滚刷未安装好
机器使用时电量突然变化	电池包异常
吸力电机有异响	吸嘴或污水管道堵塞

（续）

故障现象	故障原因
滚刷不转动	滚刷被缠绕
	清水箱缺水
喷嘴不喷水	清水箱缺水
	清水箱没安装到位
	按键为干吸/干擦模式
污水箱标志闪烁	污水箱满或管道堵塞
清水箱标志闪烁	清水箱缺水

9.3.3　维修帮

1. 海尔洗地机 D3-Pro 故障代码（见表 9-20）

表 9-20　海尔洗地机 D3-Pro 故障代码

故障代码	故障代码含义
E1	电池断线故障
E2	充电电池电压过低故障
E3	充电电池压差太大故障
E4	电池组温控故障
E5	放电高温故障
E6	充电高温故障
E7	充电低温故障
F1	充电过电流故障
F2	短路故障
F3	放电过电流故障
F4	地刷放电过电流故障
F6	未安装污水箱

2. 九阳扫地机器人 SD-R01 故障提示（见表9-21）

表9-21 九阳扫地机器人 SD-R01 故障提示

	提示音	故障含义
红灯闪烁 +	1 声	陀螺仪故障
	2 声	碰撞传感器故障
	3 声	下视传感器故障
	4 声	电量过低或充电故障

	提示音	故障含义
红灯常亮 +	1 声	驱动轮故障
	2 声	边刷故障
	3 声	风机故障
	4 声	滚刷故障

9.4 学修扫码看视频

第 10 章   空调器、取暖器、浴霸

10.1   空调器

10.1.1   空调器的结构

空调器是对密闭空间、房间或区域里空气的温度、湿度、洁净度、空气流动速度等参数进行调节与控制等处理，以满足一定要求的装置。

壁挂式空调器的结构如图 10-1 所示。

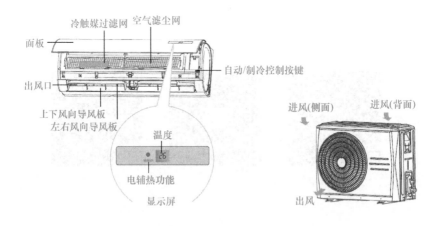

图 10-1   壁挂式空调器的结构

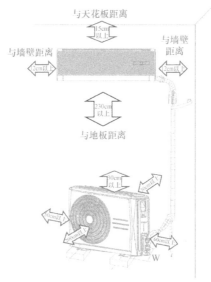

图 10-1　壁挂式空调器的结构（续）

立柜式空调器的结构如图 10-2 所示。

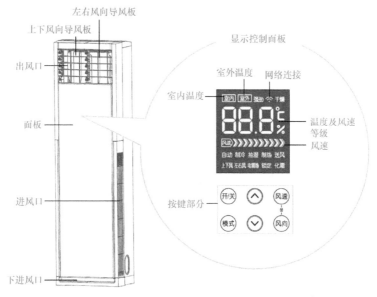

图 10-2　立柜式空调器的结构

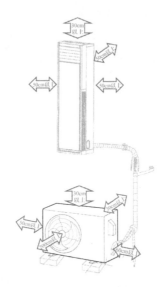

图 10-2 立柜式空调器的结构（续）

天花机（天花板嵌入式室内机）的结构如图 10-3 所示。

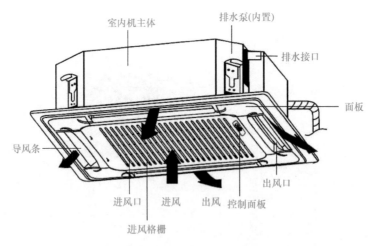

图 10-3 天花机的结构

10.1.2 空调器的系统

空调器一般包括制冷系统、通风系统、电气控制系统等部分。家用空调器制冷循环示意如图 10-4 所示。

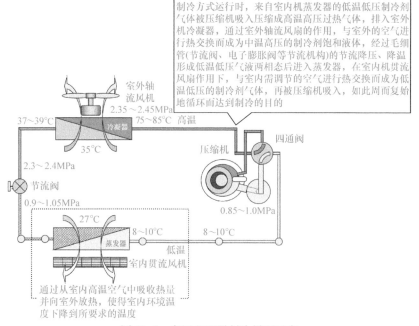

制冷方式运行时，来自室内机蒸发器的低温低压制冷剂气体被压缩机吸入压缩成高温高压过热气体，排入室外机冷凝器，通过室外轴流风扇的作用，与室外的空气进行热交换而成为中温高压的制冷剂饱和液体，经过毛细管(节流阀、电子膨胀阀等节流机构)的节流降压、降温形成低温低压气液两相态后进入蒸发器，在室内机贯流风扇作用下，与室内需调节的空气进行热交换而成为低温低压的制冷剂气体，再被压缩机吸入，如此周而复始地循环而达到制冷的目的

室外轴流风机
2.35～2.45MPa
37～39℃ 75～85℃ 高温
冷凝器
35℃
压缩机
四通阀
2.3～2.4MPa
节流阀
0.9～1.05MPa
0.85～1.0MPa
27℃
8～10℃ 8～10℃
蒸发器
低温
室内贯流风机
通过从室内高温空气中吸收热量并向室外放热，使得室内环境温度下降到所要求的温度

图 10-4 家用空调器制冷循环示意

家用空调器制热循环示意如图 10-5 所示。

10.1.3 变频空调器电控原理

变频空调器能力变化的基本原理：通过调节压缩机转速，改变单位时间内的冷媒循环量，来实现空调制冷量制热量的调节，从而达到适应负荷变化的目的。变频空调器电控原理如图 10-6 所示。

定速压缩机通电即可运转，变频压缩机是靠室外电控程序驱动运转。不同型号的压缩机其电机参数不同，对应的驱动程序不同。

更换压缩机与室外电控系统时，必须更换同型号压缩机或与之匹

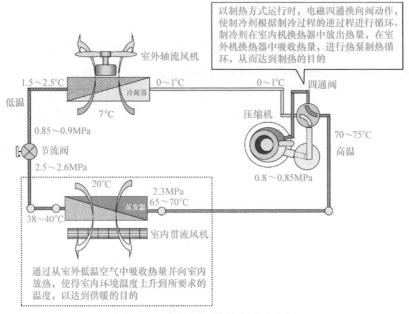

以制热方式运行时，电磁四通换向阀动作，使制冷剂根据制冷过程的逆过程进行循环。制冷剂在室内机换热器中放出热量，在室外机换热器中吸收热量，进行热泵制热循环，从而达到制热的目的

室外轴流风机

1.5～2.5℃
低温
冷凝器
0～1℃
0～1℃
四通阀
7℃
0.85～0.9MPa
节流阀
2.5～2.6MPa
压缩机
70～75℃
高温
0.8～0.85MPa
20℃
2.3MPa
65～70℃
蒸发器
38～40℃
室内贯流风机

通过从室外低温空气中吸收热量并向室内放热，使得室内环境温度上升到所要求的温度，以达到供暖的目的

图 10-5 家用空调器制热循环示意

配的电控系统，压缩机才能正常工作。

室内外电控系统有一定的匹配性，检修时注意其兼容问题。

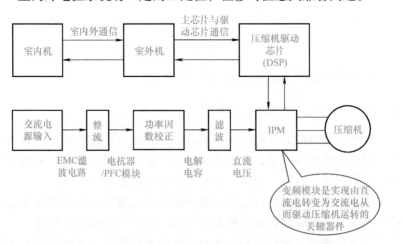

图 10-6 变频空调器电控原理

变频空调器的电控系统主要由室内主控板、室外主控板、压缩机等组成。其内外机通过相线、零线、地线、通信线相连，如图 10-7 所示。

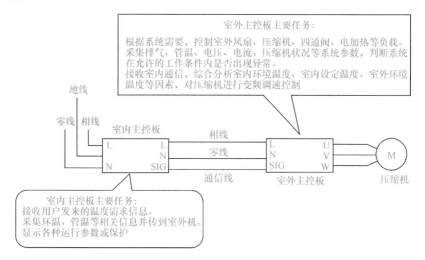

图 10-7　变频空调器的电控系统

10.1.4　空调器的部件

分体式空调器的零配件如图 10-8 所示。

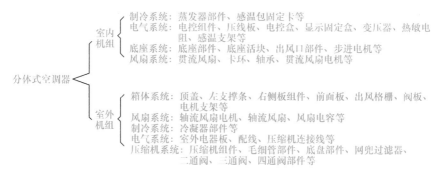

图 10-8　分体式空调器的零配件

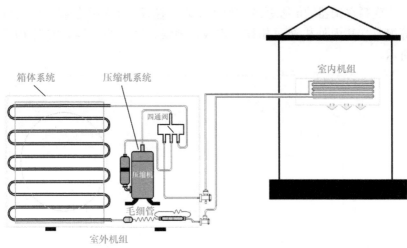

图 10-8　分体式空调器的零配件（续）

电控系统常分为强电、弱电两部分。220V 交流市电作电源，工作在高电压、强电流条件下的电路、部件，均属于强电。以 5 ~ 12V 直流电压供电的电路、部件，一般是电子元器件工作在低电压、小电流状态的，均属于弱电。

状态监测传感器、电脑芯片控制电路等属于弱电控制。电机、开关、加热器、交流接触器等属于强电控制。

影响室内风量、噪声的零部件：电机、风轮、面框、百叶、蜗壳、面板、导风板、底盘、蒸发器、电辅热、出风框、过滤网、健康滤网等。

产生异音的零部件：蒸发器、塑封电机、面框、面板、球形轴承、蜗壳、底盘、贯流风轮、电辅热、出风框、导风板等。

空调器的部件见表 10-1。

表 10-1　空调器的部件

名称	解　　说
PTC 电加热器	1）PTC 电加热器是由若干单片 PTC 陶瓷并联组合后与波纹铝条经高温胶结组成 2）PTC 电加热器是具有正温度系数的半导体功能陶瓷发热器件

（续）

名称	解　说
单向阀	1）单向阀又叫作止回阀 2）单向阀可以使制冷剂只能向某一方向自由流动，制冷剂只能根据滚动方向箭头流动，从另一方向流动将被阻止 3）单向阀主要用于热泵型空调器，与辅助毛细管并联应用 4）单向阀主要故障有堵塞、关闭不严、泄漏等
导风叶片	1）为了使房间温度分布更加均匀或实现定向送风，空调器在室内机出风口设置了导风叶片 2）导风叶片根据导风方向，分为左右导风叶片、上下导风叶片 3）导风叶片根据运转方式，分为手动导风叶片、自动导风叶片
电加热管	1）电加热管是将电阻发热丝装在特制的金属管内，就形成了电加热管 2）电加热管用于各种空调器的辅助电加热，帮助冷暖型空调器低温起动，补偿热泵制热功率
二通阀	二通阀又叫作高压阀、液阀 二通阀其实就是两个方向相通的"开关"
风机风道	风机风道作用是强制使得空气流过换热器，加速热交换的进行
风扇	1）窗式空调器、立柜式空调器蒸发器的换热主要采用离心风扇 2）分体壁挂式空调器主要采用贯流风扇 3）空调器冷凝器一般是采用轴流风扇吹风换热

（续）

名称	解　　说
过滤网	1）通常装在室内机进风口，室内空气通过过滤网，滤去灰尘后，再进入蒸发器进行热交换 2）过滤网通常分为空气过滤网、清洁过滤网等
换气电机	1）换气电机通常装在分体式空调器里，相当于窗式空调器的换新风作用 2）换气电机是一个由不同直流电压驱动的电机
继电器	1）继电器是用来频繁地交替接通或断开交流电路及小容量（与交流接触器相比）电路的控制器件 2）继电器根据用途，分为交流继电器、直流继电器等 3）继电器根据体积，分为大型继电器、中型继电器、小型继电器等 4）继电器的检测判断如下：
节流部件	1）节流部件的作用：因其孔径小，冷媒流经时受到其摩擦的阻力，达到降温降压的作用 2）节流装置有毛细管、电子膨胀阀、热力膨胀阀等 3）毛细管以内径、长度、形状来控制冷媒流量 4）电子膨胀阀是通过改变开度调节流量 5）电子膨胀阀、毛细管、节流阀等用于控制调节冷媒等 6）R410A 低压阀与 R22 低压阀在充注口的区别：R410A 的充注口较大，为 1/2in①；R22 的充注口较小，为 7/16in 7）因节流部件都是小孔径，容易受到焊接时产生的氧化皮、水分等影响产生脏堵、冰堵等现象

（续）

名称	解　　说
空气过滤网	1）空气过滤网是由各种纤维材料制成的细密的网格形状器件 2）室内空气首先通过空气过滤网，滤去灰尘后，再进入蒸发器进行热交换
冷媒	1）制冷剂又叫作雪种、冷媒等 2）冷媒的作用：将热量从室内带到室外排出，制热时相反 3）冷媒也就是在制冷装置中进行制冷循环的工作物质、空调器中热量传递转移的媒介 4）空调器常用的制冷剂有 R22、R410A 等
毛细管	1）房间空调器中的毛细管，一般是由紫铜管制成的 2）毛细管的大小一般为直径 0.6~4mm，每种规格空调器毛细管的大小通常确定性能匹配的流量 3）常见毛细管大小常用规格（外径乘内径）：$\phi 2.2 \times 0.9$、$\phi 2.5 \times 1.1$、$\phi 2.5 \times 1.3$、$\phi 2.5 \times 1.5$、$\phi 3.2 \times 1.7$、$\phi 3.2 \times 1.9$、$\phi 3.6 \times 2.1$、$\phi 3.6 \times 2.4$、$\phi 4 \times 2.7$、$\phi 4 \times 3$、$\phi 5 \times 3.5$ 等 4）毛细管的长度一般为 600~2000mm，每一种规格空调器毛细管的长度通常确定性能匹配的压差
热交换器（冷凝器）	1）制冷时：室外侧热交换器 2）制热时：室内侧热交换器 3）种类：铜管翅片冷凝器、平行流冷凝器等 4）冷凝器常见故障：漏、堵塞，存附着大量的灰尘或油污，制冷系统内油质氧化变质等
热交换器（蒸发器）	1）吸出室内热量 2）制冷时：室内侧热交换器 3）制热时：室外侧热交换器 4）蒸发器铜管材料使用的紫铜管有光管、螺管等类型 5）铝合金翅片种类有平翅片、波纹翅片、冲缝翅片等类型 6）铝合金翅片主要材料有亲水铝箔等类型 7）蒸发器的种类有一折式、二折式、三折式、四折式等类型 8）蒸发器常见故障：漏、堵塞，存附着大量的灰尘或油污，制冷系统内油质氧化变质等

（续）

名称	解　说
三通阀	三通阀又叫作低压阀、气阀 三通阀也就是三个方向都是相通的
室内电控系统	室内电控是控制室内电机、采集室内参数反馈给室外电控系统
室外电控系统	室外电控是控制室外压缩机、电机、电子膨胀阀等与室内机的通信
四通阀	1）四通阀的作用：在同一台空调器中实现制冷与制热的模式切换 2）四通阀的组成：电磁线圈、主阀、先导阀等
压缩机	1）循环制冷剂，也就是系统中制冷剂的流动或循环，是靠压缩机的运转来实现的 2）常用的压缩机有活塞式、转子式、涡旋式、螺杆式、离心式等。家用空调器中常用的压缩机有转子式、涡旋式、活塞式 3）根据制冷工质分：R410A 压缩机、R407C 压缩机、R22 压缩机等 4）根据转速分：定速式（定频式）压缩机、变频式压缩机等 5）根据电源规格分：220V/50Hz、220V/60Hz、110V/50Hz、380V/50Hz 等 6）压缩机绕组故障原因：绕组短路（绕组线圈电阻为零）、绕组开路（绕组线圈电阻为无穷大）、匝间短路（绕组线圈电阻阻值小于正常阻值）、对地短路（接线端与地间绝缘电阻小于2MΩ） 7）压缩机抱轴故障原因：缺少冷冻油、系统中有水分、生锈使零部件卡住、机械杂物（安装或焊接等因素使杂物进入系统）、转子和定子受外力后相碰卡住等
压缩机电加热带	1）如果压缩机处于较长期停止状态，与润滑油亲和性很强的制冷剂就会大量溶入润滑油中，在该种状态下开启压缩机，容易造成压缩机难以启动，甚至损坏压缩机。为此，增设了压缩机电加热带 2）压缩机电加热带一般安装在压缩机底部环绕一圈或几圈

（续）

名称	解　　说
压缩机过载保护器	1）压缩机过载保护器分为内置式过载保护器、外置式过载保护器等 2）内置式过载保护器一般装在压缩机内部，能够直接感受绕组温度。但是，内置式过载保护器如果坏了，则一般情况下是不能维修的 3）外置式过载保护器是一种常态闭路装置，当压缩机过载或在启动电流过大时，保护器立即跳脱、切断电源达到安全的目的

① 1in≈2.54cm。

10.1.5　空调器初步检查——摸、听检查法（见表 10-2）

表 10-2　空调器初步检查——摸、听检查法

项目	解　　说
摸	1）压缩机正常运行 20～30min 后，摸一摸排气管、吸气管、压缩机、蒸发器出风口、冷凝器等部位，感受一下温度，然后凭手感判断制冷效果的好坏 2）压缩机温度：一般为 90～100℃ 3）出风口温度：手摸出风口应感觉出风有点凉意。手停留的时间长，则应感到有些冷 4）高压排气管温度：手摸应感到比较热。夏天手摸时应会烫手 5）冷凝器的表面温度：空调器开机运转后，冷凝器很快会热起来。热得越快，则说明制冷越快。正常使用情况下，冷凝器的温度可达大约80℃。冷凝管壁温度一般为 45～55℃。 6）蒸发器的表面温度：工作正常的空调器蒸发器各处的温度应相同，其表面是发凉的，一般大约为15℃。裸露在外的铜管弯头处，应有凝露水 7）低压回气管表面温度：正常情况下，排气管热、吸气管冷。手摸低压回气管表面，应感到凉。如果环境温度较低，低压回气管表面还会有凝露水。如果回气管不结露，以及高压排气管比较烫，压缩机外壳也热，则可能是制冷剂不足引起的。如果压缩机回气管上全部结露，并且结到压缩机外壳的一半或全部，则可能是制冷剂过多引起的 8）干燥过滤器表面温度：正常情况下，手摸干燥过滤器表面应感觉略比环境温度高。如果感觉凉或凝露，则说明干燥过滤器存在微堵现象

（续）

项目	解　说
听	1）正常声音：仔细倾听整机运转的声音。空调器运转时，会发出一定的声音，如果听到一些不正常的声音，则说明该空调器异常 2）听压缩机运转时的声音： 　"嗡嗡"声——说明该压缩机电动机不能正常启动，应关掉电源查原因 　"嘶嘶"声——是压缩机内高压减振管断裂后发出的高压气流声 　"咯咯"声——是压缩机内部金属的碰撞声 　"哨哨"声——是压缩机内吊簧脱落或断裂后的撞击声 3）开启式压缩机运转时的声音：一般会发出轻微均匀的"嚓嚓"或阀片轻微的"嘀嘀"的敲击声。如果出现： 　"通通"声——是压缩机液击声，也就是有大量的制冷剂吸入压缩机飞轮键槽，引起松动的撞击声 　"啪啪"声——是传动带损坏后的拍击声 4）听离心风扇、轴流风扇的运转声，应是平衡而均匀的声音 　若出现"噬噬"声——停机时，听到"噬噬"声，则说明该系统基本没有堵塞 　"吱吱"声——是风机缺油的声音 　"嚓嚓"声——是风机离心风扇与泡沫外壳发出的声音

10.1.6　冷媒温度与压力参考对照

空调器冷媒充注（追加冷媒）时，观察静态压力，如果低于对照表值，则说明系统冷媒少于30%，此时严禁开机维修，必须全部放掉系统冷媒再进入下一步操作。

R22、R410A、R32冷媒温度与压力参考对照见表10-3。

表10-3　R22、R410A、R32冷媒温度与压力参考对照

环境温度/℃	R22 静态压力/MPa	R410A 静态压力/MPa	R32 静态压力/MPa
45	1.05	1.50	1.60
40	1.00	1.45	1.55
35	0.95	1.40	1.45
30	0.90	1.35	1.40

（续）

环境温度/℃	R22 静态压力/MPa	R410A 静态压力/MPa	R32 静态压力/MPa
25	0.75	1.25	1.35
20	0.65	1.15	1.15
15	0.50	0.95	0.95
10	0.40	0.80	0.80
5	0.30	0.65	0.65
0	0.25	0.55	0.55
-5	0.20	0.40	0.40
-10	0.15	0.30	0.30

注：1. 室内、外环境温度有差异时，取较低温度值来判断（为准）。

　　2. 需要考虑具体机型是否存在差异。

10.1.7　空调器故障维修（见表 10-4）

表 10-4　空调器故障维修

故障现象	故障原因
防冻结保护	1）管温感温包阻值偏大异常 2）冷媒泄漏 3）室内机回风不良 4）蒸发器、过滤网脏 5）内风机转速低
防高温保护	1）内风机转速偏低 2）室内机管温感温包异常 3）室内机的散热环境差
高压保护	1）内机过滤网脏 2）高压开关故障或者接线松脱 3）室内外换热器脏 4）室内外电机转速偏低 5）大/小阀门未完全打开

（续）

故障现象	故障原因
过载保护	1) 过载开关接线异常 2) 过载保护电路异常 3) 压缩机异常 4) 冷媒泄漏、膨胀阀堵塞等系统异常
滑动门/旋转壳体故障	1) 控制器异常 2) 步进电机异常 3) 光电开关板异常 4) 轻触开关异常 5) 滑动门板/旋转壳体卡住 6) 滑动门板/旋转壳体安装不到位
空调器频繁开停	1) 电源电压不正常 2) 制冷剂不足 3) 室外机散热不良 4) 信号线接触不良 5) 压缩机故障 6) 制冷剂过量
漏电	1) 电器元件受潮，处于临界绝缘状态 2) 电线脱落碰壳 3) 电源接线接错 4) 感应带电 5) 接地不良 6) 空调金属外壳、铜管与相线接触带电 7) 内部接线端子绝缘击穿 8) 内部某电器元件漏电 9) 无接地线
模块保护	1) 压缩机线接反 2) 电器盒与压缩机不匹配 3) 电压异常 4) 高负荷下的正常保护 5) 室外机控制器异常 6) 压缩机异常

（续）

故障现象	故障原因
能够制冷不能制热	1）单向阀堵塞 2）电压过低导致四通阀不能正常吸合 3）四通阀异常 4）跳线帽型号错误 5）室外机控制器对四通阀（制热工作）没有输出
能够制热不能制冷	1）室外机控制器、四通阀、继电器异常 2）四通阀异常
频繁停机	1）电压异常 2）房间负荷与机型能力不匹配 3）冷凝器散热不佳 4）室外温度太高 5）制冷剂过量
上电无任何反应	1）熔丝管异常 2）变压器异常 3）电源异常 4）室内机接线异常 5）主板主控芯片异常
室内风机堵转	1）风口被堵 2）风机电容异常 3）电机异常
室内机漏水	1）排水管接头部分不严或脱落 2）排水管折扁或压扁 3）排水管走向不对 4）室内机安装不水平 5）未考虑室外侧管道的排水整形
跳闸	空调器运行电流、泄漏电流过大，超过断路器保护限值等

（续）

故障现象	故障原因
通信故障	1) 电源干扰 2) 内外机不匹配 3) 室外机电器盒故障 4) 室内外机连接线异常 5) 室内机主板异常
外风机不转	1) 电机异常 2) 风机接线异常 3) 外风机电容异常 4) 室外机电器盒异常
系统异常	1) 感温包异常 2) 冷凝器存在脏堵 3) 风机异常
压缩机失步	1) 控制板采样电路异常 2) 压缩机异常 3) 系统压力不平衡
制冷/制热不良	1) 冷媒纯度不足、系统中有空气 2) 设置不合理 3) 室内密封性不够 4) 室内外空气循环量不足 5) 室内外连接管热绝缘不良 6) 室内有加热装置 7) 室外/内温度过高 8) 四通阀与压缩机串气 9) 系统堵塞 10) 系统冷媒泄漏 11) 制冷/热负荷不合适

10.1.8 连接管路（见图 10-9）

固定

输入输出管━━━ ━━━连接管

铜管外径/mm	拧紧力矩/(N·m)
$\phi 6.35$ 或 $\phi 6$	15～20
$\phi 9.52$ 或 $\phi 9$	30～35
$\phi 12.7$ 或 $\phi 12$	50～55
$\phi 16$	65～75

接管时先接低压管，后接高压管。卸下管螺母和管接头处的塑料保护套，将喇叭口对准对应管接头锥面，将管螺母拧到管接头底部，用两把扳手固定拧紧。重新拧松半圈管螺母，再拧紧。拧紧后用锁扣锁紧接头

图 10-9 连接管路

10.1.9 维修帮

1. 格力某型号变频空调器故障代码（见表 10-5）

表 10-5 格力某型号变频空调器故障代码

故障代码	故障代码含义	故障代码	故障代码含义
C1	故障电弧保护	E8	系统防高温故障
C2	漏电故障	E9	防冷风保护
C3	接错线保护	Ed	系统防高温保护/防过热保护
C5	跳线帽故障保护	EE	存储芯片故障/记忆芯片故障
d0	风机调速板通信故障	ee	显示板与记忆芯片故障
E1	压缩机高压保护	EF	外风机过载保护
E2	蒸发器防冻结保护	EP	壳顶高温故障
E3	压缩机低压保护	F0	收氟模式/系统缺氟或堵塞保护
E4	压缩机排气高温保护		
E5	压缩机过电流保护	F1	室内环境感温包开路、短路故障
E6	通信故障		
e6	内机显示板与主板通信故障	F2	室内蒸发器感温包开路、短路故障
E7	逆断相故障		

（续）

故障代码	故障代码含义	故障代码	故障代码含义
F3	室外环境感温包故障/室外环境感温包开、短路/室外环境传感器故障	Ld	欠相故障
		LE	压缩机堵转故障
		LF	压缩机超速保护/超频保护
F4	室外冷凝器感温包开路、短路故障	LP	内外机不匹配
		no	定变频显示板用错
F5	室外排气感温包开路、短路故障	oE	外环境温度异常
		P0	驱动模块复位
F7	制冷回油	P5	驱动板检测压缩机过电流故障
FC	滑动门故障	P6	驱动板与主控板通信故障
Fd	回气感温包故障	P7	IPM、PFC 模块温度传感器故障
FE	过载感温包故障	P8	散热片或 IPM、PFC 模块温度过高故障
FP	二氧化碳检测故障		
FU	壳顶感温包故障保护	PA	交流电流保护（输入侧）
H3	压缩机热过载保护	PH	直流输入电压过高故障
H4	系统故障	PL	直流输入电压过低故障
H5	模块保护	PP	交流输入电压低于或者高于正常电压
H6	无室内机电机反馈		
H7	同步失败故障		
H8	水满保护	PU	大电解电容充电回路故障
H9	电加热管故障	rF	射频模块故障
HE	压缩机退磁保护	U1	压缩机相电流检测电路故障
HF	WiFi 故障保护	U2	压缩机断相故障
J6	内机主板通信故障	U4	压缩机反转故障
JF	内机主板通信故障	U7	四通阀换向故障
L1	湿度传感器故障	U8	PG 电机（内风机）过零检测电路故障
L2	水箱水位开关故障		
L9	功率过高故障		
Lc	启动失败	U9	室外机过零检测电路故障

2. TCL 空调器 KF（R）-34GW/E5 故障代码（见表10-6）

表 10-6　TCL 空调器 KF（R）-34GW/E5 故障代码

故障代码	故障代码含义	故障代码	故障代码含义
E1	室温热敏电阻短路或开路故障	E4	控制器连续 16s 未接到转速反馈信号
E2	室内管温热敏电阻短路或开路故障		
E3	室外管温热敏电阻短路或开路故障	E7	压缩机保护

3. TCL 空调器 KFR-51LW/E1 故障代码（见表10-7）

表 10-7　TCL 空调器 KFR-51LW/E1 故障代码

故障代码	故障代码含义	故障代码	故障代码含义
E01	显示板与室内外机通信故障	E08	排气温度过高故障
E02	室内板与室外板间故障	E09	室内、外机型号不配套
E03	室外板三相故障	E10	室温热敏电阻故障
E04	压力过高故障	E11	室内管温热敏电阻故障
E05	压力过低	E12	室外管温热敏电阻故障
E06	压缩机电流过大故障	E13	室外排气传感器故障
E07	制冷或制热不良故障		

4. 格兰仕变频空调器 XLT01-267P 维修参考（见图10-10）

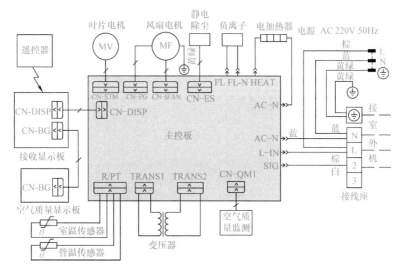

图 10-10　格兰仕变频空调器 XLT01-267P 维修参考

5. 格兰仕变频空调器 XLT02-132 维修参考（见图 10-11）

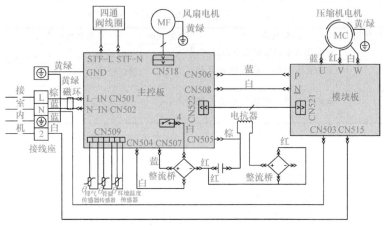

图 10-11　格兰仕变频空调器 XLT02-132 维修参考

10.2　取暖器

10.2.1　取暖器的部件（见表 10-8）

表 10-8　取暖器的部件

名称	解　说
取暖器加热灯管	1）分为带线、无线等种类 2）长度常见规格有 18cm、20cm、21cm、22cm、25cm、26cm、16.5cm、29cm、19.5cm、31.5 cm 等 3）电压与功率有 220V/400W、220V/300W 等几种
取暖器调温开关	常见规格有椭圆形 1000W、长方形 1200W、长方形带开关款 1200W 等，尺寸见下图

10.2.2 取暖器的连线特点（见图 10-12）

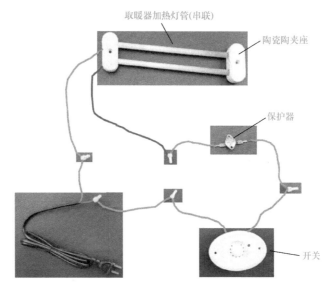

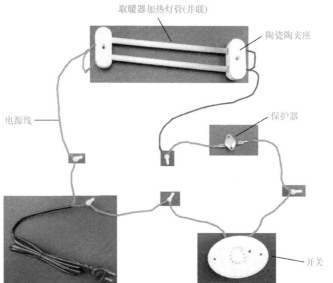

图 10-12 取暖器的连线特点

10.2.3 维修帮

1. 美的踢脚线电暖器 BG-ND1A 维修参考（见图 10-13）

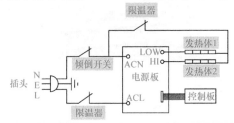

故障代码	故障代码含义
E1	温度传感器短路故障
E2	温度传感器开路故障
FF	高温报警故障，环境温度超过50℃

图 10-13　美的踢脚线电暖器 BG-ND1A 维修参考

2. 美的多功能电暖桌 NZY-SRG1 维修参考（见图 10-14）

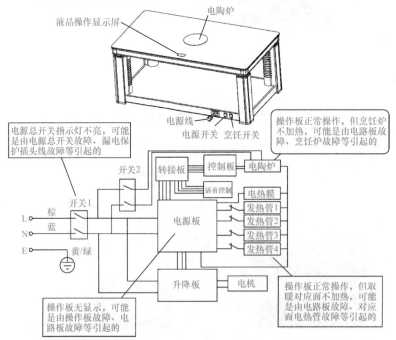

图 10-14　美的多功能电暖桌 NZY-SRG1 维修参考

3. 美的取暖器 NY2513-17EW 维修参考（见图 10-15）

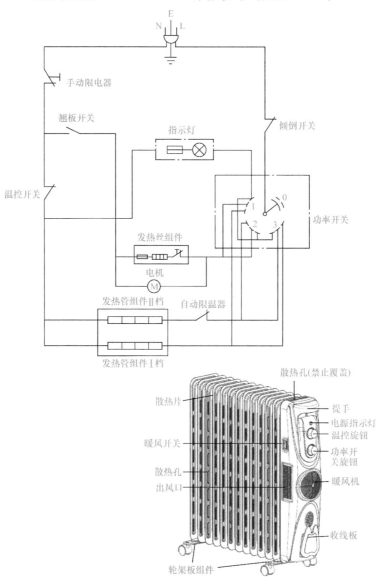

图 10-15　美的取暖器 NY2513-17EW 维修参考

10.3 浴霸

10.3.1 浴霸的结构

浴霸是一种新型浴室取暖器，同时还可以具有照明、换气等功能。因此，浴霸也叫作浴室多功能取暖器，如图 10-16 所示。

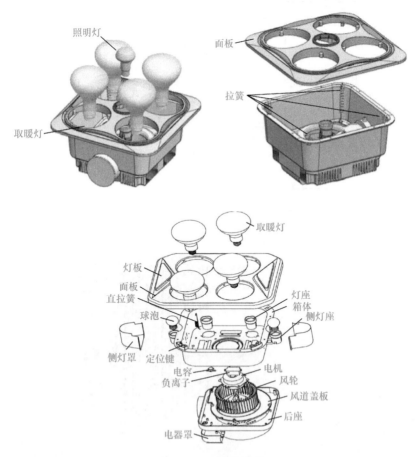

图 10-16 浴霸的结构

浴霸的分类如下：

1）根据安装方式——可以分为嵌入式、壁挂式、明装式等。

2）根据加热方式——可以分为灯暖式、风暖式、灯/风暖组合式等。

3）根据面板材质——可以分为全塑结构、全钢结构、塑钢结合等。

4）根据功能——可以分为二合一、三合一、四合一（即附加负离子）等。

5）根据控制方式——可以分为线控、遥控。

6）根据取暖方式——可以分为辐射式（即灯暖式）、对流式（即风暖式）、复合式（即灯/风暖组合式）等。

7）根据加热形式——可以分为取暖灯泡、PTC 陶瓷发热体、碳纤维加热管、红外线发热管等。

10.3.2　浴霸的部件

1. 面罩

一般的浴霸面罩材料采用全铝合金面板，具有防静电、永不褪色、环保无毒、耐高温、阻燃等特点。面罩形式多样，维修代换需要根据具体产品来确定。

面罩的外形如图 10-17 所示。

2. 铁箱体

四灯型浴霸用箱体一般采用进口冷轧薄板，经拉伸冲压成形，然后经表面喷塑处理得到，其具有防水、电热隔离等特点，其外形如图 10-18 所示。

图 10-17　面罩的外形

3. 照明灯

一些浴霸中的照明灯又叫作反射灯，主要规格为 R63 、E27 型。浴霸中的照明灯与取暖灯不同，该灯一般为软质透明玻壳/磨砂玻壳。

节能灯的亮度、寿命比一般的白炽灯优越。浴霸中的节能照明灯可以采用功率从 3W 到 40W 不等。

4. 红外线取暖灯泡

取暖灯泡也叫作红外线石英辐射灯，其是采用硬质防爆玻璃制成，光暖辐射取暖范围大、升温迅速、效果好，无需预热，瞬间可升温到 23 ~ 25℃。

红外线取暖灯泡规格及性能指标见表 10-9。

图 10-18　铁箱体外形

表 10-9　红外线取暖灯泡规格及性能指标

名称	解　说
关键尺寸	1）玻壳顶部厚度在 0.6 ~ 1.0mm 2）镀铝层处玻壳厚度不得小于 0.4mm 3）底部厚度在 0.6 ~ 1.0mm 4）最大直径 125 ± 0.5mm 5）透光面高度 30 ± 1mm 6）总体高度：A 型为 183 ± 2mm ；B 型为 174 ± 2mm；C 型为 165 ± 2mm
扭矩	取暖灯泡的初始扭矩为 3N·m
玻壳与灯头的同轴度	灯头与玻壳的最大直径处的同轴度偏离值不大于 5mm
表面温度特性	取暖灯泡在额定电压下点亮 20min 后，玻壳透光表面温度必须在 210 ~ 260℃间
色温	1）一等品取暖灯泡色温为（2350 ± 50）K 2）二等品取暖灯泡为（2600 ± 50）K
防爆性	红外线取暖灯泡采用了硬质防爆玻璃，它高强度的连接方式，也防止了灯头与玻璃壳脱落的危险。取暖灯泡还采用了新型的内部负压技术，即使灯泡破碎也只会缩为一团，不会危及消费者的人身安全

（续）

名称	解　说
外观质量	1）灯泡不得有影响使用性能的装配缺陷 2）灯泡内不得有异物 3）灯芯要端正 4）隔热片安装要平直，无松动 5）玻壳要洁净，呈无色或微黄色，无明显条纹、剪痕，透光内表面无花斑、水迹、明显麻点、尖顶、偏顶、楞子及变形缺陷 6）不得有易压破的气泡 7）镀铝层光亮反射面不允许过薄、漏光、有麻点 8）灯泡颈部镀铝不应高于隔热片高度 9）镀铝层不允许出现面积大于 3mm² 的花斑 10）灯泡的外形结构如下图所示： 反射层 石英泡壳 镀铬 铜螺口

5. 全联体瓷座灯头

有的联体瓷座灯头采用双螺旋纹灯头，全联体瓷座具有安全、可靠等特点。全联体瓷座灯头外形如图 10-19 所示。

6. 电机

浴霸中的电机主要是换气电机，其外形如图 10-20 所示。换气电机的特点与维修方法与换气扇等类似功能的电器一样。

图 10-19　全联体瓷座灯头外形

a)

b)

图 10-20 换气电机外形

7. 发热体

PTC 波纹状加热器，采用 PTC 陶瓷发热元件与波纹铝条经高温胶粘组成。该类型 PTC 加热器是一种自动恒温、省电的电加热器，其突出的特点在于安全性能上，即遇风机故障停转时，PTC 加热器得不到充分散热，其功率会自动下降。此时加热器的表面温度维持在居里温度左右，从而不致产生加热器表面发红等现象。

PTC 波纹状加热器外形如图 10-21 所示。

8. 电容

一些浴霸采用 CBB61 等类型的电容，其最低使用温度为 -40℃，最高运行温度为 105℃。电容如图 10-22 所示。

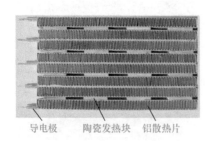
导电极　陶瓷发热块　铝散热片

图 10-21　PTC 波纹状加热器外形

图 10-22　电容

9. 90℃恒温控制系统

当浴霸机体内的温度达到90℃时，浴霸的恒温控制系统将自动接通换气扇电路，打开换气功能。当箱体内的温度低于90℃时，因超过90℃而自动开启的换气扇将自动关闭。

90℃恒温控制系统中的核心元件是温控器，其外形如图 10-23 所示。

10. 内部布线

一些浴霸内部布线采用硅橡胶线或硅橡胶编织线，这两种电线均以镀铜丝为导体，外包硅橡胶耐高温绝缘材料，最高工作温度可达200℃，不易老化。内部布线如图 10-24 所示。

图 10-23　温控器外形

图 10-24　内部布线

硅橡胶编织线与普通国标电线的比较如下：

1）相同处：同一规格的线径通电截面积是一致的。

2）差异处：耐温性能方面，普通国标电线的铜丝外部的塑料耐温为100℃，硅橡胶编织线外部耐温可达到180℃；绝缘性能方面，普通国标电线采用的塑料其绝缘性能远远低于硅橡胶编织线的绝缘性能。

10.3.3 浴霸电路（见图10-25）

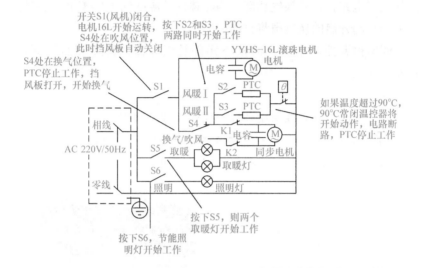

图 10-25　浴霸电路

10.3.4 浴霸故障维修（见表10-10）

表 10-10　浴霸故障维修

故障现象	故障原因	处理方法
吹风时有噪声或振动偏大	电机工作一段时间后出现损坏	更换电机
	风轮内有异物	更换风轮或者清除异物
灯泡不亮，其他功能正常	灯泡没有旋紧	旋紧灯泡
	灯丝断	更换灯泡
	泡壳内有发黑现象	更换灯泡
风暖效果不佳或无风暖效果	开关接触不良或损坏	更换开关
	PTC发热体损坏或线路断开	更换PTC发热体或者线路
	电压不足或没有开吹风功能	打开吹风功能或调节电源电压到额定电压

（续）

故障现象	故障原因	处理方法
换气功能不动作	控制线没有接通	接通控制线
	开关功能键损坏	更换开关功能键
	电容损坏	更换电容
	电机损坏	更换电机
	风轮没有被卡死，电机"嗡嗡"响	电机的主、副绕组接线互换
	风轮被卡死，电机"嗡嗡"响	排除卡死障碍
	带温控器的产品，因过热而保护断开	待机体内温度恢复正常后即可运转
换气时，噪声大	风道不畅通	确保风道畅通
	风轮跳动大	更换风轮
	电机转轴间隙大，跳动大	更换电机
	风轮有被刮擦声	排除接触障碍
	电机固定螺钉松动	拧紧螺钉
开机时灯内冒白烟	灯泡有漏气	断开电源，更换灯泡
排气量小	风道不畅通	确保风道畅通
	电压偏低	待电压恢复正常即可
	线接反，电机反转	调整接线
取暖灯不亮	电源没有接通	接通电源
	取暖灯接触不良或损坏	调整照明灯或更换取暖灯
	开关接触不良或损坏	更换开关
	线路断开或损坏	更换线路
实际功能同开关面板上标识功能不一致	引出线接错	按线路图正确接线
无吹风功能	开关接触不良或损坏	更换开关
	电机异常或损坏	更换电机
	线路断开或损坏	更换线路
整机不启动	电源没有接通	接通电源
	电源进线没有接好	检查电源线接线

10.3.5 维修帮

1. 奔腾浴霸电路（见图 10-26）

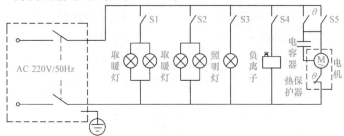

图 10-26 奔腾浴霸电路

2. 樱花多功能浴霸 SCB-755 电气图（见图 10-27）

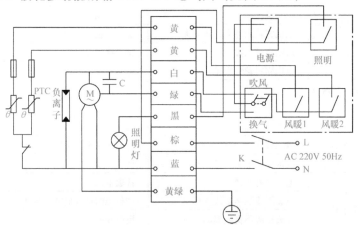

图 10-27 樱花多功能浴霸 SCB-755 电气图

10.4 学修扫码看视频

第 11 章 手机、计算机

11.1 手机

11.1.1 手机的基础知识

智能手机突出的特点就是具有智能功能，而智能功能表现在具有
独立的操作系统和独立的运行空间，见表 11-1。

表 11-1 手机的基础知识

名称	解　　说
iOS	iOS（iPhone OS）之于 iPhone（硬件平台），相当于 Windows XP 之于家用 PC iOS 与 Mac OS X 操作系统均是以 Darwin 为基础的，同属于类 UNIX 商业操作系统。iOS 最初是为 iPhone 设计的，后来苹果产品 iPod touch、iPad 等均采用了该操作系统
Android	Android 中文名为安卓。谷歌已经开放安卓的源代码，所以亚洲部分手机生产商研发推出了基于安卓智能操作系统的第三方智能操作系统。世界所有手机生产商都可任意采用
DOA	DOA 是 Dead on Arrival 的缩写。DOA 有关规定为在移动电话整机购买之日一定时日内（例如 7 日），如果移动电话主机出现非人为损坏的性能故障，消费者可以凭保修卡、购机发票到厂商指定授权维修机构进行检测，检测故障确认后消费者凭厂商指定授权维修机构出具的检测工单、购机发票等享有免费换机、退机、保修等相关服务
DAP	DAP 是 Dead after Purchase 的缩写。DAP 有关规定为在移动电话主机购买之日起一定时日内（例如 15 日），如果移动电话主机出现非人为损坏的性能故障，消费者可以凭保修卡、购机发票到厂商指定授权维修机构进行检测，检测故障确认后消费者可以凭厂商指定授权维修机构出具的检测工单、购机发票等享有免费换机、保修等服务

（续）

名称	解　说
1G	1G 手机就是第一代（1G）蜂窝无线通信支持的模拟手机
2G	2G 是在 1G 的基础上转型的第二代（2G）移动通信技术，支持数字服务，在功能方面进行了重大升级。2G 主要应用是话音
3G	第三代（3G）支持多媒体、加大了传输的数据量并提高了传输速度，可满足大量应用需求，包括电子邮件、网络浏览
4G	4G 指第四代蜂窝无线通信标准。第四代（4G）进一步提升了无线功能，提高了带宽，专门增加了多路复用（MIMO）数据流。4G 还增加了许多新功能，如流视频。4G 主要标准是长期演进（LTE）和 WiMAX（也称802.16m）。LTE 旨在支持目前采用 UMTS/3GPP 系统的组织合理扩展，适用于采用成对频谱分配的组织。WiMAX 主要支持采用非成对频谱分配的组织
5G	5G NR 支持16CC 载波聚合，并且5G NR 定义了子载波间隔，不同的子载波间隔对应不同的频率范围 　　5G NR 频段可以分为 FDD、TDD、SUL、SDL，其中 SUL、SDL 为辅助频段，分别代表上行、下行。LTE 频段号标识常以 B 或者 Band 开头，而5G NR 频段号标识常以字母 n 开头。例如 LTE 频段号 28 的标识为 B28（或者 Band 28），而 5G NR 频段号 28 的标识为 n28
网络制式	要想手机能够使用，必须先与手机网络服务供应商签订协议，以及取得一张 SIM 卡。不同网络服务供应商，具有不同的手机网络制式与频段 　　手机网络制式就是移动运营商的网络类型。不同运营商支持的网络类型不一样。目前，我国有三大移动（手机）运营商，分别是移动、联通、电信。三大移动（手机）运营商网络制式如下： 　　移动网络制式为——GSM（2G 网络）、TD-SCDMA（3G 网络）、TD-LTE（4G 网络） 　　联通网络制式为——GSM（2G 网络）、WCDMA（3G 网络）、TD-LTE/FDD-LTE（4G 网络） 　　电信网络制式为——CDMA（2G 网络）、CDMA2000（3G 网络）、TD-LTE/FDD-LTE（4G 网络）

（续）

名称	解　说
手机的 IMSI	手机的 IMSI 就是手机的国际移动用户识别码（International Mobile Subscriber Identification Number）。手机的 IMSI 是区别移动用户的标志，储存在 SIM 卡中。因此，IMSI 相同的 SIM 或 USIM 卡，可能是非法制造出来的
手机的 MSISDN	手机的 MSISDN 中将国家码 CC 去除就是用户的手机号，也就是指主叫用户为呼叫 PLMN（即公共陆地移动网）中的一个移动用户所需拨的号码
手机的 IMEI	手机的 IMEI 就是国际移动设备识别码的缩写，其俗称手机串号、手机串码 IMEI 存储在手机的 EEPROM（俗称码片）里
手机的 S/N	手机的 S/N 就是手机的序列号、认证码、注册申请码、系列号等。手机的 S/N 一般指的是软件注册码信息，常以字母加数字且附带二维码或者条码出现

11.1.2　智能手机的结构

不同智能手机的外观结构有所差异，但是基本的结构差不多。例如一些智能手机结构如图 11-1 所示。

图 11-1　智能手机的结构

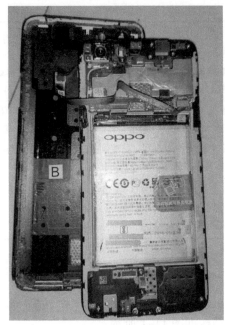

图 11-1　智能手机的结构（续）

11.1.3　智能手机的按键与组件（见表 11-2）

表 11-2　智能手机常见按键与组件及其功能

名称	功　　能
USB 接口	主要用于连接数据线，从而实现连接充电器、计算机等设备
菜单键	许多智能手机在待机状态下，按下该键可开启功能选项
触摸屏	使用手机触摸屏可以更轻松地选择项目、执行功能。为避免刮擦触摸屏，使用时不要用尖锐工具接触触摸屏，并且禁止触摸屏接触到水。另外，静电放电会导致触摸屏发生故障
电源键	许多智能手机在任何状态下短按一下该键，都可以给屏幕上锁（某些界面除外），并且此时屏幕会关闭，但是仍允许接受呼叫。另外，有的智能手机在关机状态下长按该键，可以开机。开机状态下长按该键，可以选择关机或进行其他操作。有的智能手机通话状态下，按一下该键，可以使屏幕进入睡眠状态

（续）

名称	功 能
耳机插孔	耳机插孔主要用于连接耳机
返回键	许多智能手机按下该键，返回上一级菜单或上一步操作
光敏 & 红外组件	光敏组件自动检测环境光的强度，根据环境光调整屏幕的亮度 打电话时，红外组件会自动检测人体与智能手机的距离。如果人体离智能手机很近，智能手机会把屏幕关闭，避免误触到某些功能。耳机通话、免提通话状态下，智能手机红外功能无效 为了保证光敏、红外功能的正常使用，使用时需要时刻保持该窗口的清洁。为智能手机时贴保护膜时，不要遮住该窗口
麦克风（传声器）	麦克风主要用于通话时传送声音
前置/后置摄像头	前置/后置摄像头主要用于拍照/录像
闪光灯	闪光灯主要用于闪光灯拍照/录像时补充光线，以及作为手电筒光源
听筒	听筒主要用于通话时接听声音
扬声器	扬声器主要用于播放声音
音量键	音量键可以调节音量
主屏键	许多智能手机从其他任何主屏幕按一下该键，可以快速返回到首页主屏幕。另外，有的智能手机当某个应用程序正在运行时按下该键，可以使应用程序在后台运行。有的智能手机待机状态下长按该键，可以进入近期任务与快捷开关界面

11.1.4 手机的基本架构要素（见表 11-3）

表 11-3 手机的基本架构要素

名称	解 说
RF 部分	RF（射频）部分的主要功能是 RF 接收、RF 发射。RF 部分性能好坏直接影响着手机信号的好坏、手机是否掉线、手机辐射问题、手机干扰问题、手机接收拨打电话问题等好的 RF 模块可以根据信号的强弱自动调制辐射水平，自动调整发射功率。目前，手机 RF 部分一般采用 RF 模块或者包含了 RF 的综合处理模块为核心组成，采用分立元件结构的基本不应用了

(续)

名称	解　说
BB 部分	BB 也就是基带，基带是对 RF（射频）模块接收/发送的信号进行处理，也就是负责数据处理与存储，具体的功能就是合成即将发射的基带信号，或对接收到的基带信号进行解码。因此，基带与通信协议（调制方式、编码方式、其他协议）有密切的关系。手机的 GSM、WC-DMA、TD-SCDMA、CDMA2000、EVDO、EDGE 等的差异，就体现在手机中的基带的差异 基带是手机的核心，全球只有极少数厂家拥有该技术。因此，不同的手机可能会采用同一种基带 基带主要组件有 DSP、微控制器、内存等单元，主要功能有基带编码/解码、声音编码、语音编码等。目前主流架构为 DSP + ARM 基带分为独立基带、内置射频收发器（小信号部分）的基带、内置射频前端的基带、独立数字基带、独立模拟基带、内置射频部分的数字基带、内置电源管理的模拟基带等 早期的基带芯片一般没有音频编码解码功能，也没有视频信息的处理功能。目前的基带芯片具备音频、视频、电源管理等多项功能 为保证电路的稳定性、抗干扰性及个性化设计的要求，手机的信号功率放大电路一般没有集成在基带中，一般还是采用单独的芯片来完成该项功能，这也就是 iPhone 手机一般均具有基带与功率放大电路两个单独的集成电路，而没有采用合在一起的单独模块的原因
AP 部分	AP 也就是应用程序处理器，亦是 CPU 模块。目前，AP 模块一般采用的都是 ARM 内核的处理器。衡量 AP 模块的主要指标有架构、指令集、主频、CPU、内存、总线带宽等
外设	外设包括摄像头、屏幕、键盘、GPS 定位模块、Wi-Fi 模块、蓝牙模块、重力感应模块、收音机模块等。不同的手机外设配备情况不同

11.1.5　手机基带各部分的特点

目前，手机基带一般由 CPU、信道编码器、数字信号处理器、调制解调器、接口模块等组成，各部分的特点见表11-4。

表 11-4 手机基带各部分的特点

名称	解　说
CPU	CPU 对整个手机进行控制与管理，包括定时控制、数字系统控制、射频控制、省电控制、人机接口控制及完成终端所有的软件功能等
调制解调器	调制解调器主要完成系统所要求的高斯最小移频键控（GMSK）调制/解调方式
接口部分	接口部分包括模拟接口、辅助接口、数字接口、三个子模块： 1）模拟接口——包括语音输入/输出接口、射频控制接口 2）辅助接口——电池电量、电池温度等模拟量的采集 3）数字接口——包括系统接口、SIM 卡接口、测试接口、EEPROM 接口、存储器接口
数字信号处理器	数字信号处理器主要完成采用 Viterbi 算法的信道均衡与基于规则脉冲激励—长期预测技术（RPE-LPC）的语音编码/解码
信道编码器	信道编码器主要完成业务信息与控制信息的信道编码、加密等功能，其中信道编码包括卷积编码、FIRE 码、奇偶校验码、交织、突发脉冲格式化等

11.1.6　手机开机的条件

手机开机的五大条件为：逻辑供电要正常、系统时钟要正常、复位电路要正常、软件程序要正常、开机维持信号要正常。

上述五个条件中，前面四个条件都是满足 CPU 工作的条件，最后一个条件是满足电源持续工作的条件。如果其中任何一个条件不正常，都会导致手机不能正常开机。

11.1.7　蓝牙

蓝牙模块的种类见表 11-5。

表 11-5　蓝牙模块的种类

依据	种　类
应用角度	手机蓝牙模块、蓝牙耳机模块、蓝牙语音模块、蓝牙串口模块、蓝牙电力模块、蓝牙 HID 模块等
技术角度	蓝牙数据模块、蓝牙语音模块、蓝牙远程控制模块
芯片	ROM 版模块、EXT 模块、Flash 模块
功率角度	Class 1 蓝牙模块、标准通信距离为 100m 的蓝牙、标准通信距离为 10m 的蓝牙

　　蓝牙模块的外围接口种类很多，不同的蓝牙模块配置不同，主要有 UART 串口、USB 接口、双向数字 PIO、数/模转换输出 DAC、模拟输入 ADC、模拟音频接口 AUDIO、数字音频接口 PCM、编程口 SPI，另外还有电源、复位、天线等，蓝牙模块的一些外围接口特点见表 11-6。

表 11-6　蓝牙模块的一些外围接口特点

接口	解　说
SPI	SPI 是蓝牙模块对用户开放的编程口，主要目的是方便蓝牙固件升级与参数调整，SPI 与 PC 的并行接口相连
UART 串行接口	串行接口是蓝牙模块最常用的外围接口之一，用于数据传输或蓝牙模块的指令控制。蓝牙模块的串行接口一般为 TTL 电平（3.3V），一般提供 4 个引脚：UART_TXD、UART_RXD 、UART_CTS 、UART_RTS，可以与 CPU 的 UART 引脚直接相连。CTS、RTS 不用时，有的可以悬空，有的不同
USB 接口	蓝牙模块的 USB 接口一般是标准的 USB 接口，可与标准的 USB 口直接相连，数据线引脚为 USB_DN 、USB_DP，可以传输数据、PCM 语音、PIO 控制信号等。在 USB 的主从角色中，蓝牙模块只能作为从端，USB 不用时可悬空
双向数字 IO 接口	双向数字 IO 接口主要用于控制信号的输入与输出，如开关、按键、LED 指示、外围驱动等

（续）

接口	解　说
音频接口	具备音频（AUDIO）接口的模块内置了音频编解码器，能够提供 MIC 输入、SPEAK 输出接口，MIC 输入有差分输入和单端输入方式两种。 具备数字音频 PCM 接口的模块需外接音频编解码器，有 PCM_IN、PCM_OUT、CLK 时钟、SYH 同步 4 条接口线

11.1.8 手机故障查找与排除方法（见表 11-7）

表 11-7 手机故障查找与排除方法

名称	解　说
按压法	时好时坏、摔过不能开机、信号时有时无、自动死机等故障，可以通过对 IC 逐一进行按压试机。如果故障排除，则说明该元件存在虚焊。 注意：按压时，用力要均匀，用力不能够过大
电流法	用稳压电源对手机加电，观察手机的工作电流反应，从而大概确定故障部位。例如开机大电流短路，一般是电源 IC 或逻辑电路（CPU）损坏、排线短路、相关的小阻容元件损坏
电压法	测量电路的正常工作电压来判断手机供电电路是否正常工作
短路法	通过短接怀疑的元件来判定故障。该方法一般针对天线、天线开关、滤波器等元器件的损坏
分割法	通过断开某一个或多个支路，以便缩小故障范围的一种检修方法
改制法	由于没有相同的元器件代换损坏的元器件，通过改制解决故障的一种检修方法
加焊法、重装法	摔过的手机及进水后引起不能开机、时好时坏、自动死机等故障的手机，一般可以采用加焊或重装方法来检修
假天线法	信号弱、无信号手机，可以沿着手机接收信号的走向，分段在信号的输入或输出端焊一根假天线来大概判断故障点位置
借电法	已经检测到手机某一个功能电路没有供电，一时又找不到故障点，则可以在没有影响手机其他功能正常使用的情况下，从手机其他相同电压的输出端飞线到相应位置的一种应急排除故障检修方法

（续）

名称	解　说
清洗法	对具有进水、受潮、按键难按、按键失灵、显示充电状态、自动进入耳机状态、通话有杂音等故障的手机，一般可以用天那水清洗，然后吹干处理。但是，需要注意，清洗显示屏、振铃器、振动器、听筒、送话器、按键导电膜、机壳镜面等元件时不能与天那水接触，以免损坏这些元件
软件法	对于因软件资料错乱、丢失引起不能开机、开机定屏等故障及解除手机各种密码锁可以通过重写软件方法来进行处理
替换法	对怀疑、无法测试、无法确定损坏的元件可以采用元件替换法来检修手机
温测法	电池损耗过快、手机漏电等故障可以通过触摸发热元件来判定故障范围
阻值法	通过测量元件、线路对地阻值的方法来判定元件、线路间是否开路、断线、虚焊或短路等的一种检修方法

11.1.9　手机故障维修（见表11-8）

表 11-8　手机的故障维修

故障现象	故障原因
暗屏下接不到电话	通信模块故障
白屏	1）屏幕故障；2）显示屏损坏；3）显示 IC 损坏；4）主字库损坏；5）软件故障
不充电	1）通信模块故障；2）CPU 主板故障；3）尾插接口损坏或尾插排线断开；4）电池老化，连接处焊接脱落；5）充电 IC 损坏；6）主板电源烧坏
不读卡	1）卡座损坏，接触不好；2）读卡 IC 异常；3）通信字库异常
不开机	1）通信模块故障；2）CPU 主板故障
连接不上计算机	CPU 主板故障
触摸不灵，显示屏异常	1）显示屏损坏；2）触摸 IC 损坏；3）触摸 IC 驱动管损坏

（续）

故障现象	故障原因
触摸屏部分失灵	屏幕故障
触摸屏全部失灵	屏幕故障
待机时间短	电池故障
电池显示不正常	电池故障
花屏	屏幕故障
屏裂	屏幕故障
屏幕漏液	屏幕故障
不上电不亮	电池故障
刷机 1011、23 错误	通信模块故障
刷机 160X 报错	CPU 主板故障
刷机刷不过	CPU 主板故障
刷机死循环	CPU 主板故障
通话时有电流声	通信模块故障
通话无声	通信模块故障
通话中自动无声	通信模块故障
无 Wi-Fi	通信模块故障
无蓝牙	通信模块故障
无送话	1）尾插损坏；2）送话 IC 损坏
无听筒	1）听筒损坏；2）感应线损坏；3）听筒 IC 损坏
无信号	通信模块故障
信号弱	通信模块故障
信号问题	1）天线损坏，引起无信号或信号弱；2）信号中频损坏，引起无信号；3）功放损坏，引起无信号；4）卡座损坏，接触不好；5）通信空白；6）字库错误；7）Wi-Fi IC 损坏，引起无 Wi-Fi 无信号
有信号打不出	1）信号中频损坏；2）功放损坏；3）通信字库空白
自动开关机	1）尾插异常；2）音频线异常；3）主板异常

11.2 计算机

11.2.1 台式计算机的结构

台式计算机主要由主板、CPU、显卡、内存、硬盘、显示器等所组成，结构如图 11-2 所示。

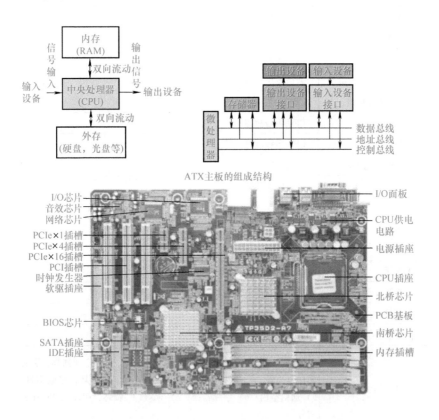

图 11-2 台式计算机结构

11. 2. 2 台式计算机部件的特点 （见表 11-9）

表 11-9 台式计算机部件的特点

名称	解说
BIOS 芯片	BIOS 芯片主要负责主板通电后各部件的自检、设置、保存，一切正常后才能启动操作系统。其记录了计算机的最基本信息，是软件与硬件打交道的最基础的桥梁
COM 串行接口	计算机上的 COM 口通常是 9 针，也有 25 针的接口。通常用于连接鼠标（串口）及通信设备（如连接外置式 MODEM）等
CPU（中央处理器）	CPU 主要负责计算机的运算与控制等。CPU 是整个系统最高的执行单元，因此，很多用户都以 CPU 为标准来判断计算机的档次
CPU 插座	CPU 插座就是主板上安装处理器的地方
CPU 风扇	CPU 风扇主要起到为 CPU 降温的作用。一般情况下，一开机 CPU 的温度就很高，因此，CPU 的风扇很重要
DVI 接口	DVI 接口主要连接 LCD 等数字显示设备
GPU	GPU 英文全称为 Graphic Processing Unit，中文为图形处理器。GPU 是相对于 CPU 的一个概念，GPU 是显卡的大脑，其决定了该显卡的档次与大部分性能，同时也是 2D 显卡与 3D 显卡的区别依据。2D 显示芯片在处理 3D 图像与特效时主要是软件加速。3D 显示芯片是将 3D 图像与特效处理功能集中在显示芯片内，是硬件加速
HDMI	HDMI 为高清晰度多媒体接口
PS/2 接口	PS/2 接口连接鼠标和键盘
RJ-45 网络接口	8 芯线 RJ-45 接口是计算机联网的接口
S 端子	S 端子简称 S-Video，全称为 Separate Video，是视频信号专用输出接口
USB 接口	USB 是一个外部总线标准，用于规范计算机与外部设备的连接与通信
VGA 接口	VGA 接口是显示设备视频信号传输连接接口

（续）

名称	解　说
计算机电源	计算机电源为计算机提供电源供应。劣质的电源不仅影响计算机的正常使用，也会对主板、显卡等其他配件造成损害，以及产生电磁辐射，对人身健康构成威胁
计算机机箱	计算机机箱主要用于安装电源、硬盘、内存、主板、CPU、光驱、声卡、网卡、显卡等。计算机机箱有标准箱式、普通机箱、家庭影院计算机机箱、立式机箱、卧式机箱、塑料机箱、钢板机箱等
电视卡	电视卡可以实现用计算机看电视的功能
各类 I/O 接口	各类 I/O 接口包括硬盘、键盘、鼠标、打印机、USB、COM1/COM2 等接口
光盘驱动器	光盘驱动器主要用于光盘的驱动
内存条	内存是计算机的一个临时存储器，其只负责计算机数据的中转，但不能永久保存数据。内存的容量与处理速度直接决定了计算机数据传输的快慢
同轴音频接口	同轴音频接口主要实现音频信号的连接
图形显示卡	图形显示卡简称为显卡，其主要作用是提供对图像数据的快速处理
音箱系统	音箱系统包括单声道、立体声、准立体声、四声道环绕、5.1 声道等
硬盘	硬盘是一个大容量的存储器，主要是与主机通信，存储数据
主板	主板与 CPU 是计算机中最关键的部件。所有的板卡均是通过主板才能够发挥作用
主板芯片组	芯片组是主板上的重要部件，主板的功能主要取决于芯片组。芯片组负责管理 CPU、内存、各种总线扩展与外设的支持 主板的芯片组有南桥芯片、北桥芯片。南桥芯片负责 I/O 总线之间的通信，一般位于主板上离 CPU 插槽较远的下方，PCI 插槽的附近。相对于北桥芯片来言，其数据处理量不算大，因此，南桥芯片一般都没有覆盖散热片。南桥芯片不与处理器直接相连，而是通过一定的方式与北桥芯片相连。北桥芯片是主板芯片组中起主导作用的最重要的组成部分，也称为主桥（Host Bridge）。一般而言，芯片组的名称是以北桥芯片的名称来命名的。北桥芯片主要负责与 CPU 的联系并控制内存、AGP 数据在北桥内部传输，提供对 CPU 的类型与主频、系统的前端总线频率、内存的类型与最大容量、AGP 插槽、ECC 纠错等支持，整合型芯片组的北桥芯片还集成了显示核心。北桥芯片位于主板上离 CPU 最近的地方，这样考虑到北桥芯片与处理器间的通信缩短传输距离以提高通信性能。北桥芯片的数据处理量非常大，发热量也大，因此，北桥芯片一般覆盖着散热片或者配合风扇用来加强芯片的散热
总线扩展槽	总线扩展槽根据功能可以分为内存插槽、PCI/ISA 扩展槽、AGP、PCI、PCIE 显卡插槽等

11.2.3　台式计算机故障维修（见表 11-10）

表 11-10　台式计算机故障维修

故障现象	故障原因
USB 接口键盘无法使用	1）键盘或键盘接口损坏 2）BIOS 设置键盘选项不当
安装网卡驱动后，开机速度明显比以前慢了	网卡没有设置 IP 地址，操作系统会自动搜索一个 IP 地址分配给它，该过程拖慢计算机的启动时间。可以通过手动指定网卡的 IP 地址来解决
计算机出现死机	1）长时间工作导致 CPU、电源、显示器散热不畅造成计算机死机 2）计算机移动后，受到振动，内部器件松动造成计算机死机 3）灰尘多引起的死机故障 4）主板主频与 CPU 主频不匹配 5）软件不兼容 6）内存条松动、虚焊，内存芯片质量问题，容量不够等 7）硬盘老化、使用不当造成坏道、坏扇区时引起的死机 8）CPU 超频 9）声卡或显卡的设置错误 10）感染病毒 11）CMOS 设置不当 12）系统文件误删除，初始化文件遭破坏
计算机关机失败	1）系统文件中自动关机程序有缺陷 2）有病毒 3）有缺陷的应用程序或者系统任务 4）关闭系统时设置使用的声音文件被破坏 5）外设与驱动程序兼容性不好
计算机黑屏	1）外部电源功率不足 2）主板没有供电 3）显卡、内存条接触不良或损坏 4）CPU 接触不良、CPU 被超频使用或者误超频使用 5）计算机感染病毒、BIOS 被破坏

（续）

故障现象	故障原因
计算机突然无法启动，总是启动一半又自动重启	1）计算机感染病毒 2）CPU 过热 3）电源损坏 4）市电电压不稳 5）硬盘损坏 6）配置错误
计算机自动重启	1）有病毒 2）系统文件损坏 3）定时软件或计划任务软件起作用 4）机箱电源功率不足 5）内存热稳定性不良、芯片损坏或者设置错误 6）CPU 温度过高，散热不好，缓存损坏 7）AGP 显卡或 PCI 卡异常 8）并口、串口或 USB 接口故障 9）光驱内部电路或芯片损坏 10）机箱前面板 RESET 开关问题 11）主板导致自动重启 12）市电电压不稳 13）强磁干扰 14）交流供电线路接错 15）插排或电源插座的质量差

11.2.4 笔记本计算机

计算机的工作过程其实就是执行指令的过程，计算机要能正常工作必须具备相应的软件与硬件支持，计算机软硬件间的联系需要遵循一定的传输协议。计算机系统的基本组成如图 11-3 所示。

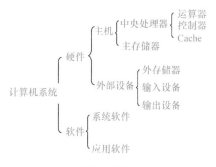

图 11-3　计算机系统的基本组成

笔记本计算机的架构如图 11-4 所示，音频接口框图如图 11-5 所示，笔记本计算机电源部分框图如图 11-6 所示。

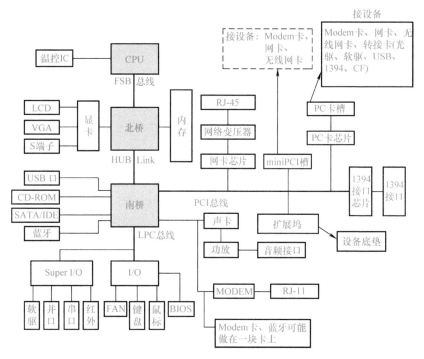

图 11-4　笔记本计算机的架构

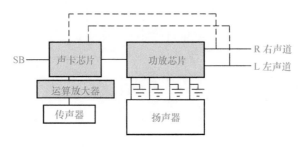

图 11-5　音频接口框图

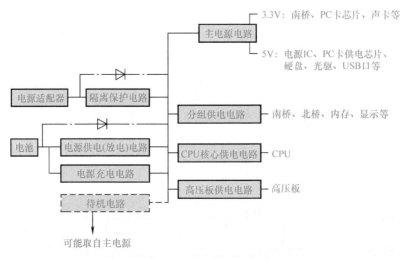

图 11-6　笔记本计算机电源部分框图

笔记本计算机常见的电压如下：

1）显卡供电常见的电压：1.8V、2.5V、3.3V、1.5V 等。

2）南桥供电常见的电压：3.3V、1.5V、1.8V、1.05V 等。

3）北桥供电常见的电压：3.3V、2.5V、1.5V、1.8V、1.2V、1.05V 等。

4）笔记本计算机电池上最低门限电压常见的有 10.8V、11.1V、14.4V、14.8V 等，其中：

① 东芝笔记本计算机常见的电压有：15V（多数）、19V（少

数）等。

②　IBM 笔记本计算机常见的电压有：16V、20V 等。

③　SONY、富士通笔记本计算机常见的电压有：16V、19V 等。

④　HP、康柏笔记本计算机常见的电压有：18.5V 等。

⑤　DELL 笔记本计算机常见的电压有：19.5V、20V 等。

⑥　宏基、联想笔记本计算机常见的电压有：19V 等。

⑦　M-PC（移动 PC）笔记本计算机常见的电压有：12V、19V 等。

11.2.5　笔记本计算机的部件（见表 11-11）

表 11-11　笔记本计算机的部件

名称	解　　说
AC 适配器	AC Adapter 即 AC 适配器，用来将外部交流电的电压转化成笔记本计算机工作所需的额定电压 笔记本计算机适配器更换原则：电压相同，电流可比原来稍大。如果是二芯线插头更换成三芯线，检测脚不接，会导致电池不充电。因此，接口也需要一样。笔记本计算机适配器的接口图例如下图：
BIOS	BIOS 就是 Basic Input/Output System，其为基本输入/输出系统的缩写。BIOS 是在计算机开机后，微处理器启动计算机使用的一种设置硬件的计算机程序 笔记本计算机主板 BIOS 基本采用 Flash ROM（快闪 ROM），其也是一种可快速读写的 EEPROM。BIOS 与 CMOS 的区别与联系： 1）区别。BIOS 里面装有系统的重要信息与设置系统参数的 BIOS Setup 设置程序。CMOS 为互补金属氧化物半导体，其是主板上的一块可读写的 RAM 芯片，用来保存当前系统的硬件配置与用户对参数的设定。CMOS 内容可通过设置程序进行读写。CMOS 芯片电源由主板上的纽扣电池供电 2）联系。BIOS 中的系统设置程序是完成 CMOS 参数设置的手段。CMOS RAM 既是 BIOS 设定系统参数的存放场所，又是 BIOS 设定系统参数的结果

（续）

名称	解　说
CMOS	CMOS 为互补金属氧化物半导体，是一种大规模应用于集成电路芯片制造的原料。笔记本计算机的 CMOS 是主板上的一块可读写 RAM 芯片，用来保存 BIOS 的硬件配置与用户对某些参数的设定。BIOS 设置有时也叫作 CMOS 设置
CPU	CPU 又叫中央处理器，其主要功能是进行运算。CPU 内部结构可以分为控制单元、算术逻辑单元、存储单元等几个部分。CPU 主要的性能指标有：主频（即 CPU 内部核心工作的时钟频率）、外频（即 CPU 的外部时钟频率）、倍频数、内部缓存（用于暂时存储 CPU 运算时的最近的部分指令与数据）、地址总线宽度（地址总线宽度决定了 CPU 可以访问的物理地址空间）等 CPU 接口类型有引脚式、卡式、触点式、针脚式等，CPU 接口类型不同，插孔数、体积、形状都不同 。CPU 核心供电电路工作条件：供电、控制信号、电压识别引脚有无电平变化等
DDR SDRAM	DDR SDRAM 就是 Dual Data Rate SDRAM。其在系统时钟触发沿的上、下沿都能进行数据传输，因此，也被称为双速 SDRAM
Direct　Memory Access（DMA）	Direct Memory Access（DMA）意思为存储器直接访问。其是指一种高速的数据传输操作，允许在外部设备与存储器间直接读写数据，既不通过 CPU，也不需要 CPU 干预
Flash ROM	Flash ROM 意思为闪速存储器，其本质上属于 EEPROM（电可擦除只读存储器）
LCD	LCD 为 Liquid Crystal Display 的缩写，为液晶平面显示器、液晶显示器。其工作原理就是利用液晶的物理特性实现显示。常见的液晶显示器，根据物理结构可以分为扭曲向列型（Twisted Nematic，TN）、超扭曲向列型（Super TN，STN）、双层超扭曲向列型（Dual STN，DSTN）、薄膜晶体管型（Thin Film Transistor，TFT）等。笔记本计算机显示器目前绝大部分为 TFT-LCD（Thin-Film Transistor Liquid-Crystal Display，薄膜晶体管液晶显示器） LCD 有以下一些分辨率： 1）VGA：英文全称是 Video Graphics Array，最大支持像素为 640 × 480，在一些小的便携设备中使用 2）SVGA：英文全称是 Super Video Graphics Array，最大支持 800 × 600 像素，屏幕大小为 12.1 英寸

（续）

名称	解　说
LCD	3）EGA：英文全称是 Extended Graphics Array，是现在最常见的笔记本屏幕，最大支持 1024×768 像素，屏幕大小有 10.4 英寸、11.3 英寸、12.1 英寸、13.3 英寸、14.1 英寸。其升级版本为 SXGA（即 Super XGA），最大支持 1400×1050 像素 4）XGA：英文全称是 Extended Graphics Array，分辨率 1024×768，屏幕大小为 10.4 英寸、12.1 英寸、14.1 英寸等 5）UVGA：英文全称是 Ultra Video Graphics Array，其主要应用在 15 英寸的笔记本上，最大支持 1600×1200 像素 6）WXGA：英文全称是 Wide Extended Graphics Array，按 16：10 比例加宽了笔记本屏幕，支持 1280×800、1680×1050 两种像素 LCD 的结构主要包括背光系统、显示系统等。背光系统为液晶屏正常显示提供均匀的背光 液晶显示一般由芯片控制行列驱动芯片，再由行列驱动芯片控制液晶分子发生偏转来显示图像
触摸屏	触摸屏是为了操作方便，用触摸屏代替鼠标、键盘。触摸屏是根据手指触摸的图标或菜单位置来定位选择信息输入。触摸屏一般由触摸检测部件、触摸屏控制器等组成
灯管	灯管主要是提供光源
电池	电池有单节电池、整块电池之分
调制解调器	调制解调器主要是将计算机中的数字信号转换成可以在电话线上传送的模拟信号，或者反过来将电话线上传送的模拟信号转换成可以由计算机处理的数字信号
高压板上变压器	高压板上变压器外观检查：变压器绕线颜色加深、变黑，说明该变压器已经损坏。高压板上变压器检测图例如下图： 高压板上变压器 一次绕组 $R_{一次}=0$　二次绕组 $R_{二次}=$ 有阻值 如果测阻值 $R_{次}=$ 无穷大 说明该变压器损坏了
键盘	键盘是计算机中使用的输入设备，其一般由按键、导电塑胶、编码器、接口电路等组成

（续）

名称	解　说
晶振	计算机中常见的晶振如下： 14.318MHz——时钟 IC/视频解码芯片 24.576MHz——声卡/1394 接口芯片 25.00MHz ——网卡 27.00MHz——显卡 32.768kHz 、8.00MHz 、10.00MHz ——I/O（EC）
扩展坞/扩展底座（Docking）	扩展坞/扩展底座（Docking）是一些轻薄机型的特有装备，可以安装在机器底部，用以扩展出因轻薄机型的小巧而缺失的各类接口而设定的
面壳	面壳笔记本计算机厂商有以下称谓： A 壳指 Top Cover，就是屏背面的壳 B 壳叫 Bezel，也叫屏框、脸 C 壳叫 Palm Rest，也就是掌托，一般不包含开关、屏轴盖 D 壳就是底壳
内存	笔记本计算机内存可以分为 EDO（扩充的数据总线）、SDRAM（同步动态随机存储器）、DDR（双倍数据传输）
高速缓冲存储器	Cache 即为高速缓冲存储器，其是位于 CPU 与主内存间的一种容量较小、但速度很快的存储器。Cache 可以分为一级 Cache（L1 Cache）、二级 Cache（L2 Cache）。其中 L1 Cache 一般集成在 CPU 内部，L2 Cache 早期一般是焊在主板上，目前也集成在 CPU 内部
芯片组	芯片组（Chipset）是构成主板电路的核心。一定意义上说，芯片组决定了主板的级别与档次
硬盘	笔记本计算机使用的硬盘一般是 2.5 英寸，台式计算机一般为 3.5 英寸。硬盘是笔记本计算机最脆弱、最易坏的部件，平时使用中要格外注意防振防摔 硬盘的一些分类： 1）根据尺寸：2.5 英寸、1.8 英寸、微盘。 2）根据转速：4200R、5400R、7200R 硬盘 3）根据接口：IDE、SATA 硬盘 4）根据厚度：厚盘、薄盘

11.2.6 笔记本计算机故障维修（见表 11-12）

表 11-12 笔记本计算机故障维修

故障现象	故障原因
PC 卡槽不能使用	1）PC 卡损坏 2）PC 卡槽空焊、断针、氧化 3）PC 卡芯片异常 4）PC 卡供电芯片异常
USB 口不工作	1）BIOS 设置中 USB 口设置错误 2）USB 设备连接异常 3）USB 端口驱动与 USB 设备的驱动程序错误 4）主板异常
暗斑	液晶屏背光脏
暗屏	灯管、高压板、高压板的供电、控制信号电路异常
白斑	液晶屏导光板异常
白屏	1）屏本身异常 2）屏供电电路中的熔丝或者 MOS 管异常 3）屏线或屏线接口松动或轻微损坏 4）显卡异常
半线、压伤、破裂、亮点、黑点、彩点	可能需要换屏
并口设备不工作	1）BIOS 中并口设置错误 2）连接异常 3）外接设备没有开机 4）打印机模式设置错误 5）主板上的南桥芯片存在冷焊、虚焊等情况 6）主板异常
不加电（电源指示灯不亮）	1）外接适配器与笔记本连接错误 2）电池型号错误、电池没有充满电、电池安装错误 3）DC 板异常 4）主板异常

（续）

故障现象	故障原因
不认硬盘	1）硬盘本身接口异常 2）存在虚焊、损坏等情况 3）没有复位 4）数据线、控制线异常 5）南桥异常
部分显示	屏不匹配
触控板不工作	1）触控板连线异常 2）触控板异常 3）键盘控制芯片存在冷焊、虚焊等现象 4）主板异常
串口设备不工作	1）BIOS 串口设置错误 2）串口设备连接错误 3）串口设备异常 4）主板上的南桥芯片存在冷焊、虚焊现象 5）主板异常
电池不充电	1）充电电源 IC 异常 2）MOS 管异常 3）升压二极管、升压电容异常 4）电源管理 IC 异常 5）充电电路周围元件异常
抖动闪烁	时钟芯片可能存在虚焊
多个 USB 口其中的一个不能使用	供电、接口本身、线路异常等
耳机声音正常，扬声器声音小或无声音	功放、扬声器本身、耳机孔异常等
分屏显示	驱动不对、屏不匹配、码片异常等
风扇不转	风扇本身损坏、卡住、驱动芯片损坏、控制电路 MOS 管损坏、控制信号异常等

（续）

故障现象	故障原因
风扇问题	FAN 线没有插好、FAN 信号不良、主板不良等
风扇转速慢、噪声大	风扇脏、缺油、磨损等
花屏	屏线松动或轻微损坏、接口氧化或虚焊、屏本身异常、屏线接口的滤波电容异常、显卡虚焊或损坏、显存虚焊或损坏等
亮暗不均	液晶屏反射片不平整等
亮线、亮带	行列驱动芯片虚焊或损坏、电极线断开等
偏红、偏红且闪烁、偏红过一会正常	灯管严重老化等
偏色	色差信号异常、显卡异常、屏本身异常等
屏幕发黄	背光异常、灯管轻微老化等
青屏或灰屏	屏线及屏线接口异常、显卡异常等
全无声音	驱动异常、声卡异常、功放异常、南桥异常等
全无时钟	时钟 IC 损坏或者虚焊、晶振异常、谐振电容异常、控制电路异常等
网口不能使用	网口虚焊、网口损坏、网络变压器异常、网卡芯片异常、IP 地址默认器异常、南桥异常等
扬声器"咝咝"响	扬声器与功放间的滤波电容异常、功放周围的滤波电容异常等
一闪即灭，或伴有"滋滋"响	灯管脱焊或搭在了铁框上

11.3　学修扫码看视频

第12章　光波炉、微波炉、电烤箱

12.1　光波炉

12.1.1　光波炉简介

　　光波炉又叫光波微波炉，其实际上是利用一种灯发热，然后利用高效能的反射盘把发出的热能集中（也就像凸透镜一样将热能集中起来）传递到一个能耐高温的微晶玻璃面板上。再通过这个玻璃面板器皿，高速地将热量传递到满载需要加热食物的容器内。光波炉这种传热的热效率为89%～93%，与高热传递的电磁炉热效率差不多。

12.1.2　光波炉故障维修（见表12-1）

表12-1　光波炉故障维修

故障现象	故障原因
不加热	光波管损坏、电源没有引入、电源电路异常等
不通电	进水、开关电源异常、晶闸管异常等
光波炉整机不工作	光波管损坏、电源没有引入、电源电路异常等
开机后立即保护关机	灯架中心的温检电阻无穷大开路及运算放大器、灯板插座、比较电路、灯板插座异常等
有时不能够正常加热，故障发生初期，加热状态时有时无，直到完全不能够加热工作	直流输出滤波电容正极端开路

12.1.3　维修帮

新飞红外光波炉 BS-810 维修参考（见图 12-1）

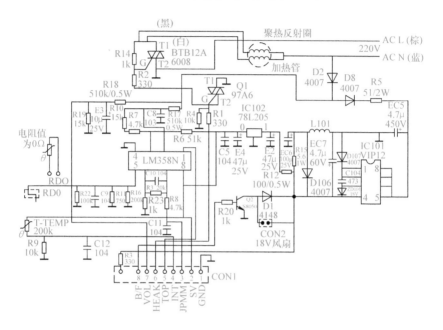

图 12-1　新飞红外光波炉 BS-810 维修参考

12.2　微波炉

12.2.1　微波炉简介

微波炉是利用微波来煮饭烧菜的一种电器。根据控制方式，微波炉分为电脑式微波炉、机械式微波炉。根据功能，微波炉分为带烧烤式微波炉、不带烧烤式微波炉。根据特点，微波炉分为变频微波炉、传统微波炉。典型微波炉的结构如图 12-2 所示。

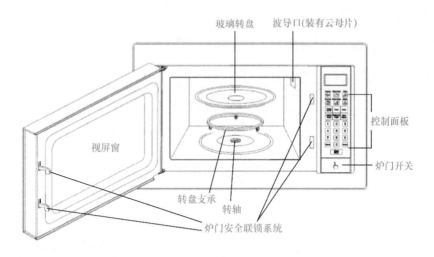

图 12-2　典型微波炉的结构

12.2.2　微波炉的部件（见表12-2）

表 12-2　微波炉的部件

名称	解　说
熔丝管	熔丝 电线接头已拆除 用欧姆表测量熔丝的连续性 正常　∞　不正常　∞ 说明：如果熔丝熔断，在更换熔丝前，需要检查一次侧、二次侧与监控器开关、高压二极管、高压电容，如果熔丝熔断是因开关动作不正常引起的，则需要同时更换熔丝与开关。如果开关正常，则只需要更换熔丝。如果开盖观察熔丝管，管内发黑，则说明存在元件、连线严重短路等现象

(续)

名称	解　说
磁控管	用万用表 R×10 档检测磁控管灯丝电阻，如果检测数值为∞，则说明该磁控管灯丝开路。遇到该种情况，可以把磁控管管座外壳撬开，如果发现管脚端部的灯丝引线脱焊，则将其焊牢，再装好外壳即可 天线 密封垫圈 冷却翅片 磁控管底盘 灯丝端子 用欧姆表R×1档测量灯丝绕阻接头间电阻→正常：低于1Ω 用欧姆表R×1000档测量绕组地盘电阻→正常：无穷大 天线 机架 垫片 磁控管 （电线接头已拆除） 注意：检测磁控管时，务必将磁控管间垫片装于正确位置 绕组线圈接头
电脑控制板	电脑控制板上的元件性能变坏、引脚氧化脱焊、敷铜线条隐断等情况是电脑控制板常见的故障原因
电源变压器	电源变压器好坏的判断：首先断开控制板电源变压器的输入，然后用万用表电阻档测量其一次绕组，如果为开路状态，则说明该电源变压器异常 目前有的控制电源变压器在其输入端串接一个熔断电阻，有时可以拆开变压器一次侧的绝缘胶带层，然后更换熔断电阻，再做好绝缘
定时器	定时器常见的故障为簧片触点烧灼变黑，造成接触不好或者开路。有的定时器冷态时接触基本正常，通过大电流时只能短时接触，之后呈开路状态

（续）

名　称	解　　说
风扇	用R×10档测量电阻 正常：→3～5Ω 不正常：→无穷大 风扇 接线头已拆掉 A B C 用万用表测量微波炉内的风扇线圈两端电阻，有的风扇正常值应为3～5Ω，如果为无穷大，则说明该风扇异常 风扇的好坏判断，也可以采用观察法来进行：如果发现有烧坏的迹象，则说明该风扇异常。如果发现线圈引线脱焊，则需要补焊
蜂鸣器	如果出现蜂鸣器不响，则可能是蜂鸣器坏了。带线圈磁电式蜂鸣器的好坏判断，可以用万用表测量其电阻的方法，如果为无穷大，则说明该带线圈磁电式蜂鸣器已经损坏
高压变压器	电线接头已拆除 高压变压器 灯丝绕组线圈二次线圈接头 一次线圈接头 高压变压器的交流220V输入端的线头与外线插座相连处常出现脱焊、断路、氧化等异常现象 用MF47F指针式万用表检测高压变压器的220V输入的一次电阻，如果检测数值为1.44Ω，则属于正常范围 高压变压器的好坏判断，也可以采用观察法：绝缘用纸变黑处，可能是绝缘漆有焦臭味的地方，说明该高压变压器可能有异常 高压变压器的好坏判断，也可以采用嗅觉法：如果闻到高压变压器散发出焦臭味，则说明该高压变压器可能有异常

（续）

名称	解　说
高压电容	用R×1k档测量接线点到接线点电阻 正常为瞬间显示一定阻值，随后渐趋无穷大　｜　用R×1k档测量接线点到外壳电阻 正常为无穷大 高压电容正常，应具有充放电摆幅，并且摆幅在正常范围内。 有的微波炉使用的高压电容型号为 CH85 0.90μF（1±3%）、耐压为 AC 2100V
高压二极管	用R×10k档测量连续性(正向) 正常：→无穷大 不正常：→连续　｜　用R×10k档测量电阻 正常：→连续 不正常：→无穷大 用 MF47F 指针式万用表 R×10k 档检测，正常情况下，常规的高压二极管正向阻值为 120kΩ ~ 150kΩ，如果为 200kΩ，则说明该高压二极管异常。但是，如果正向阻值为 170kΩ，则一般也视为正常 正常情况下，常规的高压二极管反向阻值为无穷大
搅拌器	搅拌器风叶不转，可能是搅拌器电机损坏，包括电机绕组烧毁、电机定位不当、电机内固定螺钉松动等；也可能是连接搅拌器电机的导线断开、引出线接触不良等原因引起的
接插件	接插件常见的故障是断路、接触不良等。对于接插件接触不良，可以首先将各个接插件拔开，然后用酒精棉签仔细擦拭接插部位，再将接插件重新插好试机即可 从变压器低压侧到高压侧，电容、二极管、微波管的连接插脚的老化松弛，特别是高压熔丝管与管夹氧化松弛、接触不良等是微波炉常见的故障原因

（续）

名称	解　说
连接件	连接件的连接插口是否插紧、是否氧化、插头金属片是否生锈；另一方面由于薄膜电路板使用频繁，按键失去弹性或黏连，导致薄膜电路工作不正常。拆开后盖，仔细检查连接插口，若没有发现排线氧化和生锈的迹象，则估计为面板电路故障所致
门联锁开关	门联锁开关长时间受门钩挤压，内部的触头常会发生错位、弹性形变、氧化等情况。异常的门联锁开关容易在微波炉的开、关门同步转换中，开关内的触头在通、断过程产生时间差。如果该时间差超过了门联锁开关切断相线、零线的极限，相线、零线就会经门联锁开关短路，将低压熔丝管炸掉 有的门联锁开关具有很大的故障隐蔽性：从微波炉上拆下它，再单独检查，然后用手模仿炉门门钩按压、放松开关，并且进行检测，开关内的触头都能闭合与断开。这样一般会认为门联锁开关是好的，将其装在微波炉上，则微波炉依旧会炸熔丝管。遇到该种情况，就是直接用新的好的门联锁开关更换故障门联锁开关
烧烤加热器	
微波炉的绝缘电阻	测试微波炉的绝缘电阻，可以用万用表的电阻档或绝缘电阻表来进行：一根表笔连接微波炉的接地端，另一根表笔连接电源的插头，所测量的绝缘电阻值不得小于 $2M\Omega$。如果小于 $2M\Omega$，则需要立即进行局部检查

（续）

名称	解　说
转盘发动机	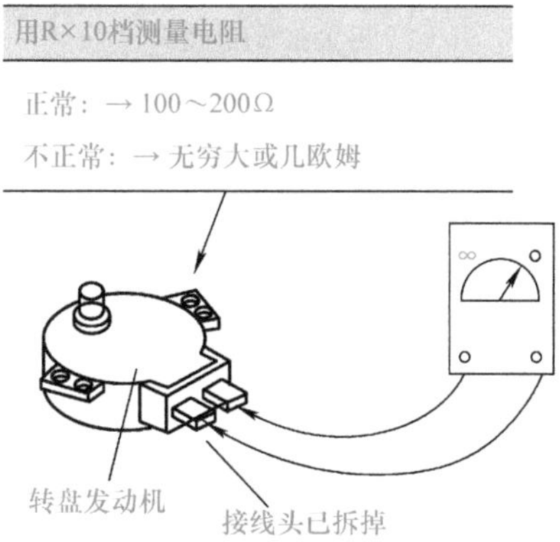

12. 2. 3 微波炉故障维修（见表 12-3）

表 12-3 微波炉故障维修

故障现象	故障原因
不加热	1）停电或熔丝熔断 2）插头、插座与电源线接触不良 3）炉门没有关好 4）开关接触不良 5）继电器断路 6）磁控管损坏 7）变压器烧坏 8）高压电容漏电 9）整流二极管损坏 10）温控器或定时器没有打开 11）开关不良，电源各导线松脱 12）PTC 跳制变形或损坏
电源指示灯不亮，电动机不转	1）电源插头与插座接触不良 2）电动机不正常 3）电动机引线与开关接触不良

（续）

故障现象	故障原因
开关钮松动	1）开关钮轴孔破裂 2）开关钮没有装到位
漏电	1）电器元件连接部分碰壳 2）引线绝缘破坏 3）电机元件受潮或清洁时进水
烹饪期间指示灯突然熄灭	1）炉门已打开 2）热断路器开路 3）停电或超负荷熔丝熔断 4）电源变压器损坏 5）内配线松脱
食物生熟不均匀	1）食物块状过大、过多、过厚 2）同步电机接线松动 3）炉内污垢太多导致反射失效 4）用金属容器装食物
微波炉不工作	1）电源插头没有插好 2）炉门没有关好 3）家电保护器跳闸或烧断 4）儿童保险锁被锁住
无热气	热气出口被堵塞，进风网堵塞
正常工作时有杂音	1）风叶扣松脱 2）引线弹起，导致与风叶接触 3）入风口通风不良

12.2.4 维修帮

1. LG 微波炉 MG5017M、MG5017MS 维修参考（见图 12-3）

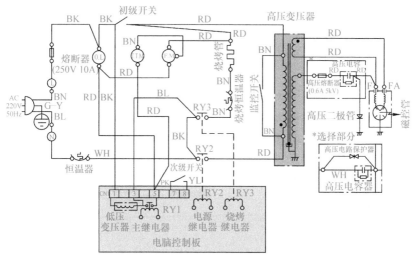

*注：炉门打开时　O.L：炉灯　T.T.M：转盘电机　F.M：风扇电机　BN＝棕色线　RD＝红色线
　　PK＝粉红色线　BL＝蓝色线　YL＝黄色线　WH＝白色线　BK＝黑色线　G-Y＝黄绿色线

图 12-3　LG 微波炉 MG5017M、MG5017MS 维修参考

2. 三洋微波炉 EM-128P 维修参考（见图 12-4）

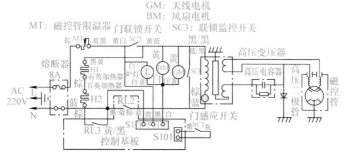

图 12-4　三洋微波炉 EM-128P 维修参考

注：1. 此电路是基本电路，由于设计改进有可能变更。
　　2. 此电路表示的是开门非通电状态。

12.3 电烤箱

12.3.1 电烤箱的结构

电烤箱是利用电热元件所发出的辐射热来烘烤食品的电热器具。典型的电烤箱结构如图12-5所示。电烤箱主要是由箱体、发热器、调温器、炉门、功率选择开关、定时器及一些附件等组成。

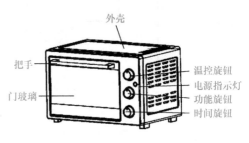

图 12-5 电烤箱的结构

根据所用电热元件，电烤箱可以分为普通型、远红外型。根据有无自净功能，电烤箱可以分为自净型、非自净型。根据款式，电烤箱可以分为立式、卧式。

12.3.2 电烤箱的部件（见表12-4）

表 12-4 电烤箱的部件

名称	解说
电机	罩极电机　　　　　　同步电机 热风功能采用罩极电机，使用寿命更长　　　　旋转功能采用同步电机，转速更稳定

（续）

名称	解　说
调温器	1）调温器主要是由双金属片、动触点、静触片、动触片、静触点、导热支架、转轴等组成 2）转动转轴能在 50～250℃ 范围内调节温度，以及在预定温度上保持恒温
定时器	1）多采用金属外壳的发条式机械定时器，其安装在控制室的下方 2）定时器一般由走时机构、触点开关、控制凸轮、钢铃等组成
发热器	1）发热器一般是由上下加热器（电热管）组成，采用红外线涂成的直条形或 U 形管状电热元件，分别安装在烤室的顶部和底部 2）管状电热元件的安装，一般是采用双重绝缘结构
功率选择开关	1）有的功率选择开关为转轴凸轮式开关，其是由转轴、凸轮支架等组成 2）常见的功率选择开关，常设"上""下""全""空"4 档。功率选择开关处于"上"档，则上加热器发热；处于"下"档，则下加热器发热；处于"全"档，则上下加热器同时发热；处于"空"档，则关断电源，电烤箱完全停止加热
功能开关	1）功能开关在电路中起到重要的组合作用 2）功能开关有十档九功能、八档七功能、五档四功能等类型
加热管	加热管主要用于加热 上电热管 电烤箱的加热元件一般分布在内胆的上部(上电热管)、后部(后电热管)、底部(下电热管)等处，上电热管有两组、单组等类型

（续）

名称	解　说
控制部分	控制部分主要是通过温度传感器探知内胆里面温度去控制电热管的工作状态
控制基板	控制基板主要用于发出控制指令
冷却风机	冷却风机主要用于吹风产生负压降低内腔顶部、烤箱外门玻璃温度
炉门	1）炉门一般是由门框、拉手、钢化玻璃、弓形铰链等组成 2）有的炉门门框是用薄钢板冲压而成，中央嵌镶耐高温的钢化玻璃，可以透过玻璃观察炉内烘制食物的情况 3）有的炉门正面装有塑料拉手，下端两侧各有弓形铰链，能够使炉门自动关闭
内腔灯组	内腔灯组主要用于内胆腔内照明
上内加热管	上内加热管主要用于加热
温度传感器	1）温度传感器主要用于感应、检测反馈控制系统内腔中加热的温度。 2）用万用表欧姆档测温度传感器两端插脚的电阻值（温度传感器阻值随温度变化而变化）
箱体	箱体一般由外壳、烤室（又称内壳）组成
旋转电机	旋转电机主要是与烤叉配合工作
循环风机	循环风机主要用于吹风使内胆腔内温度均匀
主控基板	主控基板主要用于接收控制指令

12.3.3　电烤箱故障维修（见表12-5）

表 12-5　电烤箱故障维修

故障现象	故障原因	检修处理
机器无法加热	负载连接线接触不良	检查负载连接线及端子
	负载连接线故障	检查负载连接线
	加热管故障	检查连接端子和加热管
	控制系统故障	检查控制基板和主控基板上的元器件

（续）

故障现象	故障原因	检修处理
机器无工作（按键无反应、显示屏也不显示）	控制基板接触不良	检查控制基板连线和连接线端子
	控制系统故障	检查控制基板和元器件
冷却风机不工作	冷却风机故障	检查连接端子和风机
	控制系统故障	检查控制基板和主控基板上的元器件
内腔灯不亮	负载连接线接触不良	检查负载连接线和端子
	灯泡（内腔灯组）故障	检查灯泡（内腔灯组）
	控制系统故障	检查控制基板和主控基板上的元器件

12.3.4 维修帮

1. 九阳电烤箱 KX25-V370 维修参考（见图 12-6）

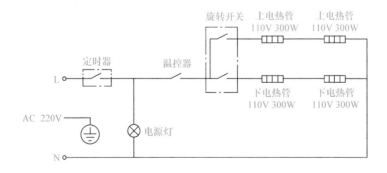

图 12-6 九阳电烤箱 KX25-V370 维修参考

2. 九阳电烤箱 KX-21J910、KX-21J10 维修参考（见图 12-7）

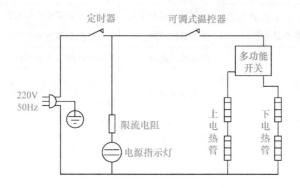

图 12-7 九阳电烤箱 KX-21J910、KX-21J10 维修参考

3. 九阳电烤箱 KX-32J96 维修参考（见图 12-8）

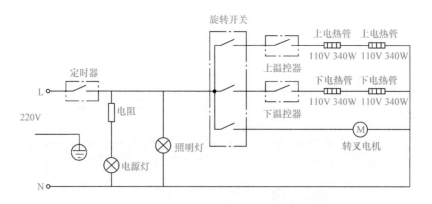

图 12-8 九阳电烤箱 KX-32J96 维修参考

4. 九阳电烤箱 KX-32J93 维修参考（见图 12-9）

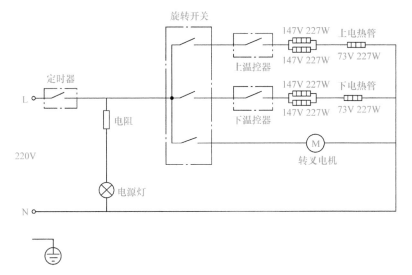

图 12-9　九阳电烤箱 KX-32J93 维修参考

5. 林内电烤箱 56BG 维修参考（见图 12-10）

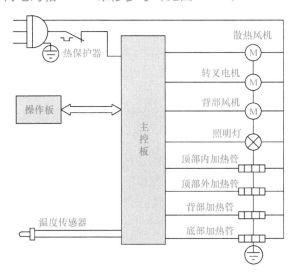

图 12-10　林内电烤箱 56BG 维修参考

6. 林内电蒸箱 30BG 维修参考（见图 12-11）

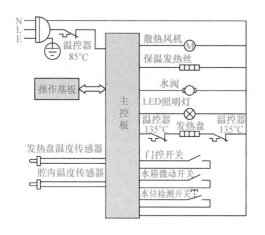

故障代码	故障代码含义
E1	温度传感器短路故障
E2	温度传感器开路故障
E3	门控开关开路故障
E4	发热元件不工作
E5	水箱未放置到位
E6	发热盘干烧保护
E7	数据传输错误故障

图 12-11　林内电蒸箱 30BG 维修参考

7. 林内蒸烤一体机 SKQ48-CG 维修参考（见图 12-12）

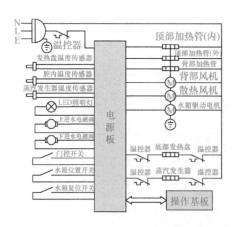

故障代码	故障代码含义
E1	内胆温度传感器超温故障
E2	蒸汽传感器、温度传感器超温故障
E5	温度探头开路故障
E6	温度探头短路故障
E7	操作部分基板信号线连接不良故障

图 12-12　林内蒸烤一体机 SKQ48-CG 维修参考

8. 容声嵌入式烤箱 ZK610、RZK60V 故障代码（见表 12-6）

表 12-6　容声嵌入式烤箱 ZK610、RZK60V 故障代码

故障代码	故障代码含义
E1	腔体上部传感器开路故障
E2	腔体上部传感器短路故障
E3	蒸发盘传感器开路故障
E4	蒸发盘传感器短路故障
E5	腔体下部传感器开路故障
E6	腔体下部传感器短路故障

9. 苏泊尔电烤箱 KQB80-501 维修参考（见图 12-13）

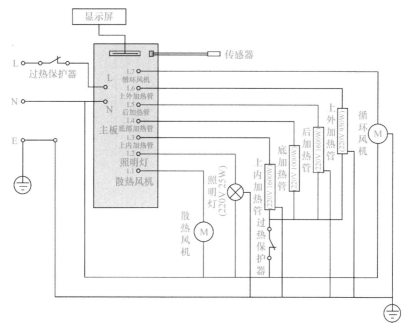

图 12-13　苏泊尔电烤箱 KQB80-501 维修参考

10. 苏泊尔电烤箱 KQB80-601 维修参考（见图 12-14）

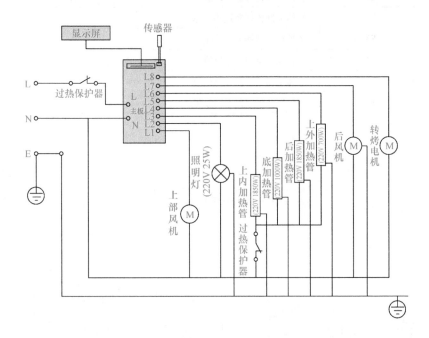

图 12-14　苏泊尔电烤箱 KQB80-601 维修参考

11. 苏泊尔蒸烤一体机 ZKQD60-Q-MY85、ZKQD60-Q-DY65 维修参考（见图 12-15）

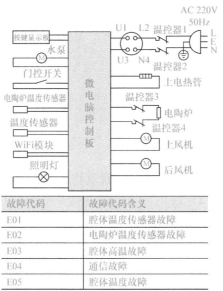

故障代码	故障代码含义
E01	腔体温度传感器故障
E02	电陶炉温度传感器故障
E03	腔体高温故障
E04	通信故障
E05	腔体温度故障

图 12-15 苏泊尔蒸烤一体机 ZKQD60-Q-MY85、ZKQD60-Q-DY65 维修参考

12. 松下蒸烤箱 NU-SC360B、NU-SC86MW 故障代码（见表 12-7）

表 12-7 松下蒸烤箱 NU-SC360B、NU-SC86MW 故障代码

故障代码	故障代码含义
H00	系统故障
U14	水箱中缺水故障
U50	腔体内温度过高故障

12.4 学修扫码看视频

第13章　挂烫机、电烫斗、电热毯

13.1　挂烫机

13.1.1　蒸汽挂烫机的结构

　　蒸汽挂烫机是一种日常生活护理衣物的电器，挂烫机其实属于电熨斗的一种，如图 13-1。

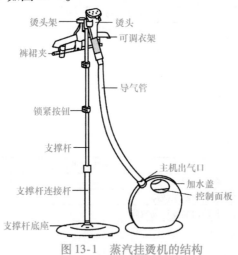

图 13-1　蒸汽挂烫机的结构

13.1.2　蒸汽挂烫机的部件（见表 13-1）

表 13-1　蒸汽挂烫机的部件

名称	解　说
发热体组件、发热锅上盖	有的发热体组件采用超导速烧的技术，即热效应很快。 有的发热体组件使用的是银离子超导涂层，避免了水与铝的直接接触，有效地防止铝铸发热锅因腐蚀产生氧化物而引起的老化裂缝的现象出现

（续）

名称	解　说
水箱组件	水箱主要参数为容量
支撑杆组件	支撑杆的长度要满足需求
衣架组件	360°旋转的衣架，可任意悬挂
电源指示灯显示	接通电源，具有电源指示功能
温度熔丝控制	温度熔丝控制蒸汽发生器在限定的温度间进行工作，从而有效地防止温度过高导致的危险
温控器（热熔断器）	温控器损坏或失效时，由温度熔丝进行保护。蒸汽发生器的温度升到一定温度时，温控器及时切断电源，从而防止发生危险

13.1.3　蒸汽挂烫机故障维修

表 13-2　蒸汽挂烫机故障维修

故障现象	故障原因	维修方法
除烫头处外，其他部位有出气现象	密封件损坏	更换密封件
工作时，有"咕噜"声	导气管处于 U 形状态时，有蒸汽凝结在导气管内	使用时，提起烫头垂直拉直导气管，以及抖动烫头几下
工作时，有"嗡嗡"声	水泵工作的声音	
开机后，挂烫机不工作	没有插好电源插头	需要插好电源插头
	熔丝熔断	更换熔丝
	电路故障	维修电路
开机后能够工作，但没有蒸汽出来	水箱没水或水太少	给水箱加水
	水泵不工作	维修水泵
	内部蒸汽通道弯折或脱开	维修内部蒸汽通道
	发热盘损坏	更换发热盘

（续）

故障现象	故障原因	维修方法
烫头滴水	蒸汽冷凝	使用时，提起烫头垂直拉直导气管，以及抖动烫头几下
	发热盘损坏	更换发热盘
	挂烫机放置在较高的台面上	需要将挂烫机放置在地面上

13.2 电熨斗

13.2.1 电熨斗的结构

电熨斗是利用电热效应熨烫衣物，使之平整的一种电器。普通型电熨斗是依靠一块云母电热芯在通电后产生热量，并将其传递给底板，以使底板发热，从而利用底板直接熨烫衣物。其电热芯一般是用云母作电热丝缠绕在支架上，上下两面也是用云母片盖住电热丝，其起绝缘作用。电熨斗的结构如图 13-2 所示。

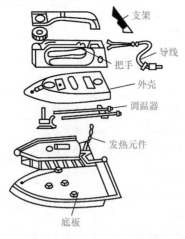

图 13-2 电熨斗的结构

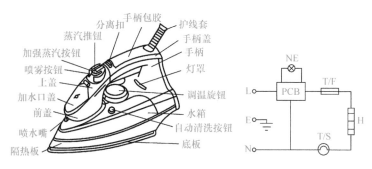

图 13-2 电熨斗的结构（续）

13.2.2 普通型电熨斗的组成（见表 13-3）

表 13-3 普通型电熨斗的组成

名称	解 说
概述	普通型电熨斗常见规格有 100W、150W、200W、250W、300W、500W、1000W 等 普通型电熨斗基本组成有底板、电热元件、外壳、压板、手柄等
电热元件	电热元件有两种，即半封闭式、电热管式电热元件
压板	压板一般位于电热元件的上面，其主要作用是使电热元件与底板压紧，提高热传导性能。为了使电热元件发出的热量能够集中到底板上，一般在压板与电热器间有绝热性能较好的石棉板。如果采用电热管铸进底板的器件，则无压板
手柄	手柄是使用者手握持的部分，其材料一般是具有良好的绝缘与绝热性能的材料，常用干燥的硬木、电木、耐热塑料等 电熨斗在 105% 额定电压下通电半小时后，手柄把握部位温度不得高于 50℃
外壳	外壳主要作用是封装电热元件，减少热量向空间散发，另外，起到安全保护与提高热效率、美化装饰等作用。有的外壳采用薄钢板冲压成形，然后在表面镀上铜、镍、铬层，以及加以抛光处理 普通型电熨斗通过其尾部的插座与电源线相连
底板	底板主要作用是存储热量，熨烫物品。底板常用材料有铸铁、钢制品、铝合金等。铸铁底板较重较厚，镀层表面光泽性差。钢制品底板较薄、较轻，镀层表面光泽性好。铝合金底板质量最轻，传热快且比较均匀

13.2.3 调温型电熨斗的工作原理及分类（见表13-4）

表13-4 调温型电熨斗的工作原理及分类

名称	解 说
概述	调温型电熨斗是在普通型电熨斗的基础上，增加了对电熨斗工作温度的自动控制，即其内部装有温控器。调温型电熨斗底板温度一般可在60~230℃内任意调节，规格有300~1000W等 有的调温型电熨斗还具有指示灯。调温型电熨斗的调温元件由双金属片温控器与导电弹簧片组成
调温型电熨斗工作原理	调温器采用导电弹簧片与双金属片组成，两片一端固定，另一端悬空 接通电源时，双金属片平直，动触点、静触点相连，电流通过电热元件，底板温度上升。当底板温度上升到一定限值时，双金属片弯曲到使动触点、静触点分离。则电热元件断电，底板温度开始下降。底板温度下降一定程度，双金属片又恢复原状，使动触点、静触点重新相连，电热元件又通电加热。如此反复，电熨斗工作温度便保持在一定范围。如果需要调节温度，可以通过调温旋钮来改变动触点、静触点间的压紧力即可
调温型电熨斗电热管	调温型电熨斗的发热元件除了用云母电热芯外，有的还用电热管。电热管是用螺旋电热丝与引出棒置于金属管中间，周围填充结晶氧化镁粉绝缘导热材料制成的。一般将其直接铸在底板上。该电热元件一旦断丝就只能更换电热管或底板
调温喷气型电熨斗	调温喷气型电熨斗是在调温电熨斗的基础上增加了喷气装置 调温喷气型电熨斗在电热元件的上部设有一小储水罐，电热元件通电加热底板的同时，也将水罐中的水加热，从而水温逐渐上升以及汽化，蒸汽由管路引到底板上的喷气孔喷出，将被熨烫的衣物加蒸汽湿润
调温喷气喷雾型电熨斗	调温喷气喷雾型电熨斗是在喷气型电熨斗的基础上增加了喷雾装置。喷气时，受热产生的蒸汽有一部通过进气管进入储水罐顶部，使储水罐水面上部保持一定的压力。需要喷雾时，按喷雾按钮，可以把喷雾阀打开，则水雾通过喷雾嘴喷出

13.2.4 蒸汽电熨斗的部件（见表13-5）

表13-5 蒸汽电熨斗的部件

名称	解 说
温控器	温控器主要的调节元件为双金属片。电熨斗的温度升到设定温度时，双金属片弯曲推动瓷柱顶起弹簧机构，弓形储能弹簧片动作，切断触点，从而停止加热。温度下降到一定温度时，双金属片恢复原状，瓷柱不再顶起弹簧机构，弓形储能弹簧片动作，使触头闭合，接通电路

（续）

名称	解　说
发热板	发热板一般采用电热管铸压在铝合金底板内。发热板下面的工作面喷有耐热的不粘底涂层，可以防止氧化以及避免黏附衣服
水箱	水箱一般由耐热工程塑料制成，前上方有注水口。水箱上面有观察窗，可以观察贮水情况。另外，水箱底部设有滴水孔
喷气装置	水箱内的水经过滴水孔滴入汽化室内，当电熨斗已经通电加热，滴入汽化室的水滴就会立即汽化为蒸汽，并且从喷气孔喷射出来
喷雾装置	按动喷雾按钮，可以将水箱内的水经导水管引入水泵内，然后经喷雾嘴形成水雾喷出。只要不断地按动喷雾按钮，就可以将水雾不断地喷射到需要熨烫的衣服上

13.2.5　电熨斗故障维修（见表 13-6）

表 13-6　电熨斗故障维修

故障现象	故障原因	维修方法
不发热	旋钮置于"关"的位置或者某处断路	将调温旋钮旋到所需熨烫物的位置。如果还是不能够解决问题，则可能需要更换电热元件
底板镀层黏上黑色碳焦	1）底板温度太高 2）底板上有碳焦残物	1）需要校正温控器 2）可以用墨鱼骨轻轻擦掉
底板发热但指示灯不亮	1）指示灯与灯座接触不良 2）指示灯损坏	1）重新进行焊接 2）更换指示灯
过热，温控器失灵	1）温控器使用时间过长导致温控器失灵 2）电热管内部局部短路	1）如果触点烧结，则需要分开触点进行研磨。如果无法解决，则需要更换温控器 2）更换电热管
漏电	1）导电片或线与外壳或底板相碰 2）云母绝缘层破损 3）电热丝与底板或压板接触	1）检查熨斗芯的两个铆钉处是否压破云母板，以及采取相应措施进行修理 2）用云母片垫好破损处 3）重新拧好压板固定螺钉

（续）

故障现象	故障原因	维修方法
喷气喷雾型电熨斗喷气时总带有水滴	1）电熨斗的温度太低，水滴得不到充分汽化 2）滴入汽化室的水过多，来不及汽化就喷洒出去了	1）需要调温旋钮到位 2）更换滴水孔硅橡胶密封圈
时热时不热	1）电源插头接触不良 2）电熨斗插座与电熨斗芯导电片接触不良 3）电熨斗上的铜插柱松动或氧化严重 4）电熨斗线插座上的弹性导电插孔失去弹性	1）需要将插头重新插紧 2）拆下外壳，检查电熨斗芯导电片的固定螺钉 3）需要检查铜插柱固定螺钉，以及用砂纸擦摩铜插柱上的氧化物 4）更换电熨斗线插座
通电后指示灯不亮，底板不热	1）电源插头接触不良 2）电热芯损坏	1）检查电源插头并重新接线 2）拆开电熨斗，更换电热芯
通电即熔断熔丝	1）电源插头接线处短路 2）电熨斗线的塑料插座烧焦碳化 3）电熨斗芯或两导电片短路	1）打开电源插头，重新进行焊接 2）插座如果严重碳化，则需要更换新插座 3）如果局部短路，则进行绝缘处理；如果严重短路，则更换导电片
指示灯亮，但底板不热	1）电热管引线开路 2）电热管损坏	1）重新焊接电热管引线 2）更换电热管

13.2.6 蒸汽电熨斗故障维修（见表13-7）

表13-7 蒸汽电熨斗故障维修

故障现象	故障原因	维修方法
不出蒸汽或蒸汽很小	1）水盒下部出水孔被污物堵塞 2）蓄水箱内已无水 3）底板不够热，防漏水装置没有动作	1）需要清除污物 2）需要注水 3）需要将温控器旋钮调到合适位置

（续）

故障现象	故障原因	维修方法
底板漏水	1）蒸汽针断 2）水箱底部蒸汽孔磨损 3）水盒破 4）蒸汽出水孔密封胶圈破裂 5）温度设定错误	1）更换蒸汽针 2）更换水箱 3）更换水箱 4）更换水箱 5）正确设定温度
发热板能够正常工作，但指示灯不亮	1）电源指示灯引线断 2）指示灯烧坏或降压电阻烧坏	1）焊接或更换指示灯 2）更换指示灯或更换降压电阻
喷水按钮按下后不能复位	活塞胶圈老化或水泵进水口污物堵塞	更换活塞胶圈或者清除污物或更换水泵
通电后不工作	1）电源线断路 2）发热板上温度熔丝损坏 3）温控器下部小瓷柱脱位 4）温控器损坏 5）发热板损坏 6）电路板损坏 7）电源线插头与插座接触不良	1）更换电源线 2）更换温度熔丝或发热板 3）重装小瓷柱 4）更换温控器 5）更换发热板 6）更换电路板 7）检查插头、插座
通电工作时，家中漏电保护开关动作	1）电源线及机内引线有短路或接地现象 2）发热板绝缘电阻下降	1）检查电源线及机内引线 2）更换发热板
装水时漏水	水箱注水口密封胶圈装配不好	重新装配密封胶圈

13.3　电热毯

13.3.1　电热毯的结构

电热毯又叫作电热褥，其直接接触人体，取暖效率高。电热毯是在上、下两层纤维织物间夹一层电热丝。一般电热毯的功率在 40 ～

150W 间。

　　电热毯的种类比较多，具体结构形式也比较多。但是，其基本结构大致相同，主要包括电热元件、控制电路、外包层，如图 13-3 所示。

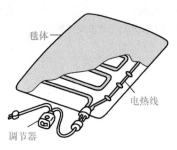

图 13-3　电热毯的结构

13.3.2　电热毯故障维修（见表 13-8）

表 13-8　电热毯故障维修

故障现象	故障原因	维修方法
不能调温	1）调温开关接触不良 2）调温部分失灵	1）检查开关使其接触良好 2）根据具体调温原理进行检修
漏电	1）电热线绝缘层破损 2）过分潮湿	1）找出破损处，并且用绝缘材料重新包好 2）用电吹风吹干或太阳光晒干再使用
通电后，有焦臭味	1）电热线间呈半断状态，产生打火发出焦味 2）电热线引出线与电源接触不良，产生电弧 3）长时间通电使用，温度过高使绝缘材料发焦	1）查出断路处，然后焊接好并用绝缘材料重新包好 2）重新进行连接，以及进行可靠、安全处理 3）正确按要求使用，不能够过长时间通电，以免发生事故

（续）

故障现象	故障原因	维修方法
通电后不发热	1）电源插头与插座接触不好 2）电源开关接触不良或损坏 3）电热丝断路	1）修理插头、插座使其接触良好 2）更换电源开关 3）仔细找出断路处，然后重新焊好，并且做好绝缘处理

13.3.3 维修帮

1. 电热毯节电电路（见图 13-4）

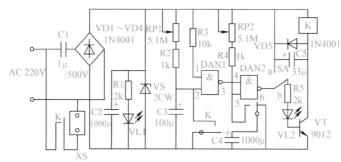

图 13-4 电热毯节电电路

2. 彩虹电热毯 1329A 温控电路（见图 13-5）

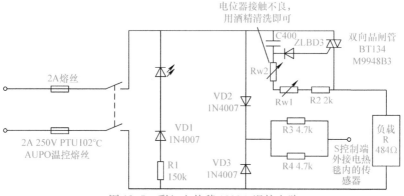

图 13-5 彩虹电热毯 1329A 温控电路

第14章 采暖炉、壁挂炉、电陶炉

14.1 采暖炉

14.1.1 采暖炉的类型与工作原理

采暖炉也叫取暖炉，其品种多，主要有电采暖炉、燃油燃气采暖炉、燃煤采暖炉、气化反烧三回程采暖炉等。

电采暖炉的工作原理如下：电采锅炉接通电源后，控制系统开始检测锅炉的水位与外壳温度。如果检测正常，则锅炉开始启动燃烧器，对水进行加热。水温达到设定温度后，则燃烧器会停止加热，同时锅炉水温已达到开泵温度，则锅炉会启动热水循环泵，热水在采暖管道系统中循环，通过散热器散热实现采暖的目的。

14.1.2 采暖炉故障维修（见表14-1）

表14-1 采暖炉故障维修

故障现象	故障原因	维修方法
燃烧过程中水压异常升高	膨胀水箱气压不足	需要补气
频繁补水、运行中水压异常波动	膨胀水箱连接铜管堵塞	需要疏通铜管
燃烧灯闪烁	燃气异常	需要检查燃气
	限温开关损坏	需要更换限温开关
	火焰感应棒损坏	需要修理或更换火焰感应棒
运行灯与燃烧灯同时闪烁	系统缺水	需要补水
	系统内空气没有排净	需要排净空气
	回水过滤器堵塞	需要清理回水过滤器
	供暖各阀门关闭	需要打开阀门

（续）

故障现象	故障原因	维修方法
没有开机时水泵自动运转	低温感应探头损坏	需要更换低温感应探头
水压表失灵	水压表铜管堵塞	需要疏通或更换水压表铜管
控制器显示灯不亮	控制器进水或受潮	需要烘干或更换控制器
控制器失控	控制器进水或受潮	需要烘干或更换控制器
控制器无电源反应	熔丝管损坏	需要更换熔丝管
	变压器损坏	需要更换变压器
	电子板损坏	需要更换电子板
没有生活热水	冷热水管接反	需要对调冷热水管
	水流开关损坏	需要更换水流开关
	三通阀转换不良	需要更换三通阀
	进水过滤器堵塞	需要清理进水过滤器
	自来水压过低	确认水阀是否全开
	电子板故障	检查或者更换电子板
频繁点火燃烧	电子板故障	检查或者更换电子板

14.1.3　维修帮

1. A. O. 史密斯采暖热水炉维修参考（见图 14-1）

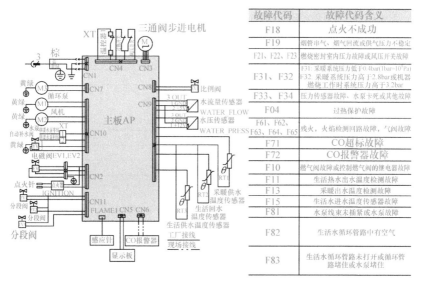

图 14-1　A. O. 史密斯采暖热水炉维修参考

2. 阿里斯顿燃气采暖热水炉 ALTEAS X 24/28 WIFI 故障代码
（见表 14-2）

表 14-2　阿里斯顿燃气采暖热水炉 ALTEAS X 24/28 WIFI 故障代码

故障代码	故障代码含义
1 01	过热故障
1 03、1 04、1 05、1 06、1 07	水流检查失败故障
1 08	需要注水
3 05、3 06、3 07	PCB 故障
5 01	未探测到火焰故障

3. 美的燃气采暖热水炉 ME21-B1、ME25-B1 故障代码（见表 14-3）

表 14-3　美的燃气采暖热水炉 ME21-B1、ME25-B1 故障代码

故障代码	故障代码含义
A01	点火故障锁定
A35	假火焰锁定
A82	4min 内，熄火 3 次以上
E02	超过高温限值切断
E03	空气压力开关未关闭故障
E05	供水温度传感器故障
E06	生活热水温度传感器故障
E08	火焰探测电路故障
E09	燃气阀反馈故障
E10	水压传感器未连接故障
E12	EEPROM 完整性故障
E23	无空气启动检查故障
E25	软件冲突故障
E32	OTC 传感器故障
E35	假火焰指示
E96	电源电压太低故障

14.2　壁挂炉

14.2.1　壁挂炉的结构

壁挂炉是燃气壁挂炉的简称，全称是"燃气壁挂式采暖炉"，是

一种以天然气为能源的热水器。典型的壁挂炉结构如图 14-2 所示。

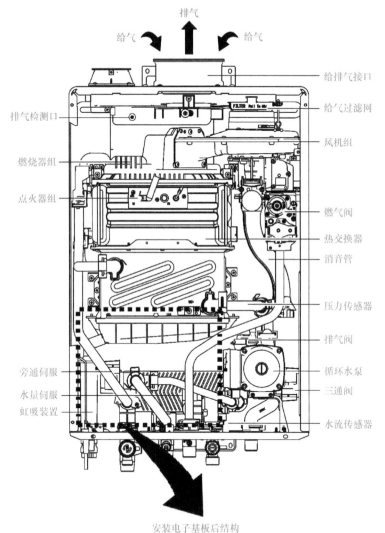

图 14-2　壁挂炉的结构

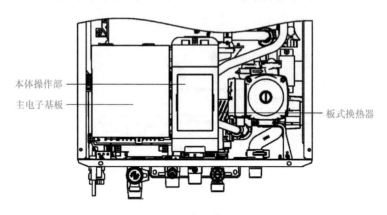

本体操作部
主电子基板
板式换热器

图 14-2 壁挂炉的结构（续）

14.2.2 壁挂炉的工作原理

壁挂炉启动后，在系统压力正常后，水泵启动推动采暖媒介水流动，打开水流开关或水流传感器，输出水流信号给主控器，主控器接到水流信号后，启动风机进行前清扫，以及检测各种安全装置是否正常。各安全装置正常情况下，则会点火，以及分别打开一、二级电磁阀，燃气进入燃烧器并且在电火花的作用下点燃进行燃烧。壁挂炉工作过程如图 14-3 所示。

使用燃气比例阀机型，比例阀分为最小电流、最大电流，分别进行调节。

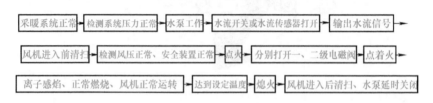

图 14-3 壁挂炉工作过程

14.2.3　壁挂炉故障维修（见表14-4）

表14-4　壁挂炉故障维修

故障现象	故障原因	检修处理
风机不运转或运转缓慢，控制器报警，显示风机风压故障代码	1）风机卡死或烧坏 2）接插件接触不良 3）控制器故障 4）电容损坏 5）市电电压过低	1）更换风机 2）重新接插好接插件 3）更换控制器 4）更换电容 5）加装调压器
水泵不运转，风机不运转，控制器报警，显示管道缺水故障代码	1）水泵电源线脱落 2）水泵长时间不用抱死	1）检查输出电源、接触情况及导线情况 2）如果有电压输出水泵，但是水泵不转，则可能是水泵抱死、水泵烧坏，则需要更换水泵
水泵不运转，控制器报警，显示压力不足故障代码	1）管道缺水，压力表显示管道水压不足 2）压力开关故障 3）管道系统内有大量的空气	1）管道缺水，应进行补水。管道泄漏，应进行堵漏 2）压力开关损坏，则更换压力开关。接触不良，则重新接插好。线路断路，则更换导线。插错端子，则正确插接 3）对管道系统进行排气

14.2.4　维修帮

1. 海尔燃气壁挂式两用采暖炉 L1P20-F1、L1P26-F1 故障代码（见表14-5）

表14-5　海尔燃气壁挂式两用采暖炉 L1P20-F1、L1P26-F1 故障代码

故障代码	故障代码含义	维修方法
ERR/F1！	火焰检测电路异常	检查火焰检测电路
ERR/F2！	关机功能异常	检查关机有关元件
ERR/F3！	寄生火焰	
ERR/F4！	拨码开关错误	检查拨码开关
ERR/F5！	显示通信异常	检查显示通信线路
ERR/01！	点火失败或中途停气熄火	检查燃气阀门
ERR/02！	采暖炉内部超温过热	需要等采暖炉内部温度下降到70℃以下，按复位键，重新启动
ERR/03	排烟系统堵塞或风压信号异常	关闭采暖炉，清除堵塞物
ERR/04	系统缺水或水压过低	关闭采暖炉，切断电源，给系统补水
ERR/06	生活热水温度传感器异常	更换生活热水温度传感器
ERR/07	采暖温度传感器异常	更换采暖温度传感器

注：环境温度低于 -20℃时，通电后显示 ERR/07，该状态为低温保护。环境温度上升到0℃以上时，采暖炉将正常工作。

2. 林内壁挂炉 REB-A2747FF-CH 维修参考 (见图 14-4)

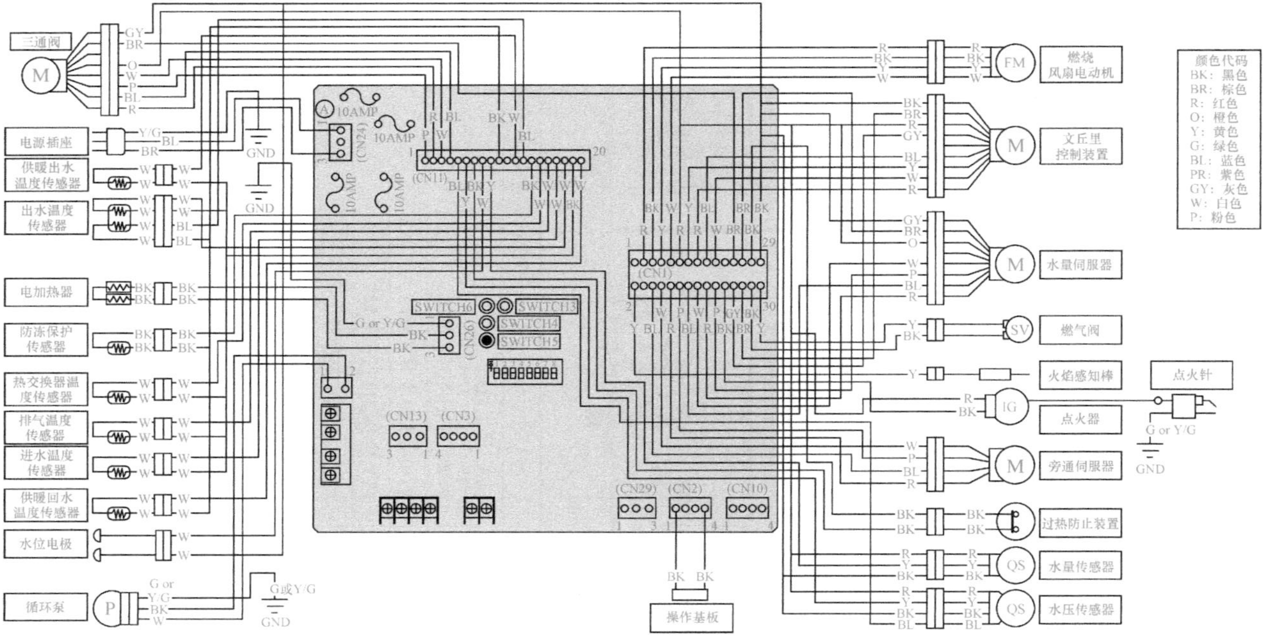

图 14-4　林内壁挂炉 REB-A2747FF-CH 维修参考

3. 林内壁挂炉 RBS-18NC30 维修参考（见图 14-5）

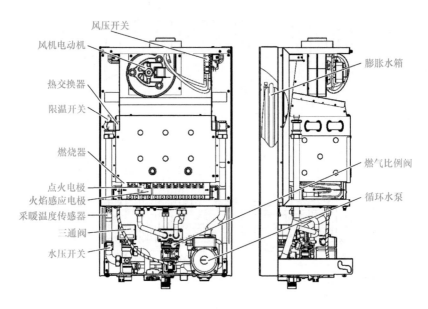

故障代码	故障代码含义
E1	风压/风机故障
E2	采暖出水温度异常故障
E3	热水出水温度异常故障
E4	热交换器温度过高故障
E5	燃气比例阀电路故障
E6	点火失败故障
E7	火焰检测电路故障
E8	结冰故障
EC	操作基板电路故障
EE	EEPROM 故障
EP	水压开关故障

图 14-5　林内壁挂炉 RBS-18NC30 维修参考

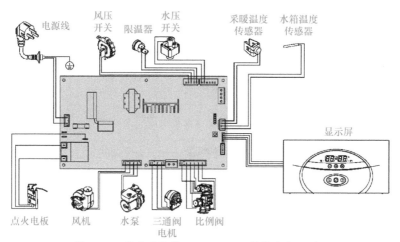

图 14-5　林内壁挂炉 RBS-18NC30 维修参考（续）

14.3　电陶炉

14.3.1　电陶炉的结构

典型的电陶炉结构如图 14-6 所示。电陶炉主要由面壳、风扇、电源线、主板、发热盘（铁镍丝）、按键板、支撑架、隔热片、弹簧等组成。

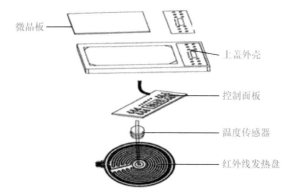

图 14-6　电陶炉的结构

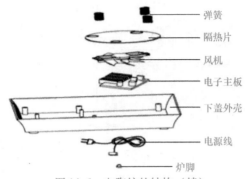

弹簧

隔热片

风机

电子主板

下盖外壳

电源线

炉脚

图 14-6　电陶炉的结构（续）

14.3.2　维修帮

1. 九阳数码管显示机型电陶炉故障代码（见表 14-6）

表 14-6　九阳数码管显示机型电陶炉故障代码

故障代码	故障代码含义
E1	晶闸管传感器短路故障
E5	使用中晶闸管传感器开路故障
E6	炉腔内高温故障
E8	炉面热电偶开路或短路故障

2. 九阳无数码管显示机型电陶炉故障代码（见表 14-7）

表 14-7　九阳无数码管显示机型电陶炉故障代码

故障代码	故障代码含义
E1	晶闸管传感器短路故障
E2	温度过高故障
E3 或 E4	电压过低或过高故障
E5	晶闸管传感器开路故障
E6	风扇开路不转动故障
E7	风扇被卡死故障
E8	炉面热电偶开路或短路故障

第15章 电蒸锅、电炖锅、电火锅

15.1 电蒸锅

15.1.1 电蒸锅的结构（见图15-1）

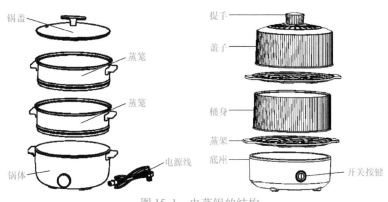

图15-1 电蒸锅的结构

15.1.2 电蒸锅故障维修（见表15-1）

表15-1 电蒸锅故障维修

故障现象	故障原因
定时不准	定时器损坏等
干烧不断电	温控系统损坏等
漏电	接地错误等
通电后不加热	主电路板故障（灯板），或者电源板故障、线路接触不良等
指示灯不亮，不加热	定时旋钮没有打开、元器件损坏等
指示灯亮，不加热	发热管损坏等
指示灯显示异常或不亮	主电路板故障或热熔断器故障等

15.1.3 维修帮

1. 九阳电蒸锅 DZ50HG-GZ158、DZ50F-GZ173 维修参考（见图 15-2）

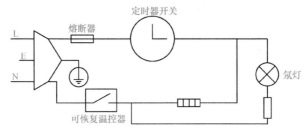

图 15-2　九阳电蒸锅 DZ50HG-GZ158、DZ50F-GZ173 维修参考

2. 九阳电蒸锅 DZ20HG-GZ122、DZ10HG-GZ120 维修参考（见图 15-3）

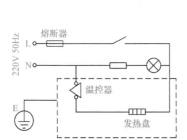

故障现象	故障原因
指示灯不亮，机器加热	灯损坏
蛋太老或太嫩	加水太多或太少
	发热盘水垢太厚
指示灯不亮，机器不加热	电源插头没有连接好
	电源线损坏
	熔断器损坏
	开关损坏
指示灯亮，机器不加热	发热盘损坏

图 15-3　九阳电蒸锅 DZ20HG-GZ122、DZ10HG-GZ120 维修参考

3. 九阳电蒸锅 DZ601 维修参考（见图 15-4）

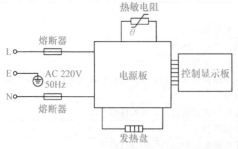

故障现象	故障原因
指示灯不亮	电路电源没有接通
	线路故障
发热盘不加热	电路故障
	熔断器烧断
	发热盘故障
指示灯亮发热盘不加热	电路故障
	发热盘故障

图 15-4　九阳电蒸锅 DZ601 维修参考

4. 美的电蒸锅 X-DX3210、X-DX3211、MC-DH3202 维修参考

（见图 15-5）

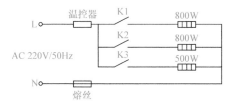

图 15-5　美的电蒸锅 X-DX3210、X-DX3211、MC-DH3202 维修参考

5. 美的电蒸锅 MC-ZC1607X2-100 维修参考（见图 15-6）

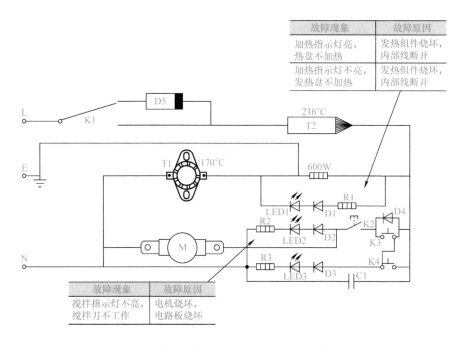

图 15-6　美的电蒸锅 MC-ZC1607X2-100 维修参考

6. 美的电蒸锅 MZ-SYH18-2A 维修参考（见图 15-7）

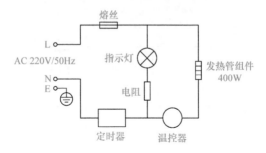

图 15-7　美的电蒸锅 MZ-SYH18-2A 维修参考

7. 苏泊尔电蒸锅 ZN22YC822 维修参考（见图 15-8）

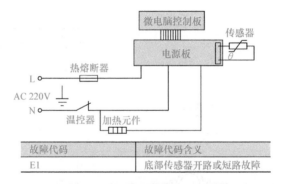

故障代码	故障代码含义
E1	底部传感器开路或短路故障

图 15-8　苏泊尔电蒸锅 ZN22YC822 维修参考

8. 苏泊尔电蒸锅 Z26YK3-90 维修参考（见图 15-9）

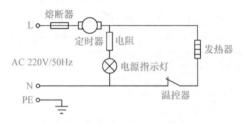

图 15-9　苏泊尔电蒸锅 Z26YK3-90 维修参考

9. 苏泊尔电蒸锅 ZN28YK809-150、ZN28YK716 维修参考（见图 15-10）

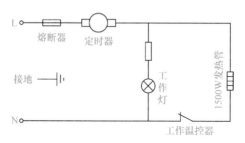

图 15-10　苏泊尔电蒸锅 ZN28YK809-150、ZN28YK716 维修参考

10. 苏泊尔电蒸锅 ZN28YC8-130、ZN28YC808-130 维修参考（见图 15-11）

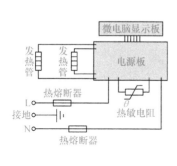

故障现象	故障原因
指示灯显示异常或不亮	主电路板损坏
待机状态或预约状态下，发热管发热	主电路板或电源板损坏
通电后发热管不发热	温控器损坏，或者主电路板损坏，下传感器异常，电源板损坏，线路接触不良
火力调整功率无变化	电源板或主电路板损坏
干烧不断电	温控系统异常
漏电	接地异常
显示E3	锅底温度过高或干烧
显示E1	底部传感器开路或短路

图 15-11　苏泊尔电蒸锅 ZN28YC8-130、ZN28YC808-130 维修参考

11. 苏泊尔电蒸锅 ZN28YK8-130、ZN28YK808-130 维修参考（见图 15-12）

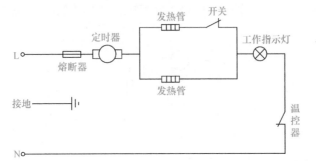

图 15-12　苏泊尔电蒸锅 ZN28YK8-130、ZN28YK808-130 维修参考

15.2　电炖锅

15.2.1　电炖锅的类型与结构

电炖锅是指内胆采用陶瓷或紫砂等非金属材料，用于煲汤、煲粥烹调工作的厨房加热器具。

典型的电炖锅结构如图 15-13 所示。

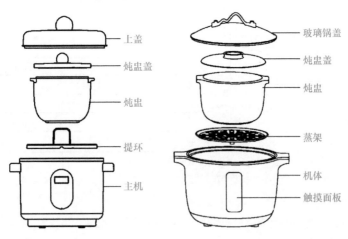

图 15-13　电炖锅的结构

电炖锅的分类见表 15-2。

表 15-2　电炖锅的分类

材质	红陶炖锅（含紫砂）	白陶炖锅
烹饪时间	快速炖锅	慢速炖锅
操作方式	电脑型炖锅	机械型炖锅

红陶与白陶的区别见表 15-3。

表 15-3　红陶与白陶的区别

项　　目	解　　说
白陶的特性	1）表面处理——表面光滑，一般都有层高温釉 2）烧制温度——1200℃以上，较高 3）声音——清脆 4）吸水性——胎质致密，不吸水或吸水性弱 5）原料——瓷土
红陶的特性	1）表面处理——表面有微孔、较粗糙，一般不上釉或只上低温釉 2）烧制温度——600～1000℃，较低 3）声音——闷 4）吸水性——胎质粗松、密度小、吸水率较强 5）原料——陶土

15.2.2　维修帮

1. 九阳电炖锅 DGD1811BS、D-18G1 故障代码（见表 15-4）

表 15-4　九阳电炖锅 DGD1811BS、D-18G1 故障代码

故障代码	故障代码含义
E1	温度传感器开路故障
E2	温度传感器短路故障
E5	机器无水干烧故障

2. 九阳电炖锅 DG40Z-GD721、DG40Z-GD730 维修参考（见表 15-5）

表 15-5　九阳电炖锅 DG40Z-GD721、DG40Z-GD730 维修参考

故障代码及现象	故障原因
E3	高压故障
E4	低压故障
机器黑屏	熔断器熔断

3. 九阳电炖锅 DG08G-GD512 维修参考（见表 15-6）

表 15-6　九阳电炖锅 DG08G-GD512 维修参考

故障现象	故障原因
不加热	发热板损坏
不通电	电源插头没有插紧
	插座没有电源供应
	电炖锅本身故障

4. 九阳电炖锅 D-25G2 故障代码（见表 15-7）

表 15-7　九阳电炖锅 D-25G2 故障代码

故障代码	故障代码含义
E1	底部传感器开路故障
E2	底部传感器短路故障
E5	高温故障

5. 苏泊尔电炖锅 DG40YC36 维修参考（见图 15-14）

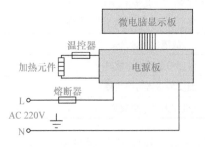

故障现象	故障原因
指示灯显示异常或不亮	主电路板损坏
通电后不加热	主电路板损坏 电源板损坏 线路接触不良

图 15-14　苏泊尔电炖锅 DG40YC36 维修参考

6. 苏泊尔电炖锅 **TG40YC3-100** 维修参考（见图 15-15）

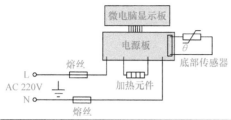

故障代码	故障代码含义
E1	底部热敏电阻短路或开路故障

图 15-15　苏泊尔电炖锅 TG40YC3-100 维修参考

7. 苏泊尔电炖锅 **DG40YK6-30** 维修参考（见图 15-16）

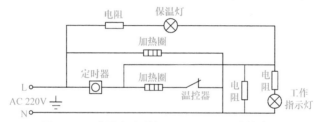

图 15-16　苏泊尔电炖锅 DG40YK6-30 维修参考

8. 苏泊尔电炖锅 **TG50YC5** 维修参考（见图 15-17）

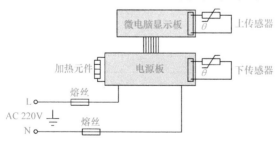

故障代码	故障代码含义
E0	上传感器开路或短路故障
E1	下传感器开路或短路故障

图 15-17　苏泊尔电炖锅 TG50YC5 维修参考

9. 美的电炖盅 BG-S3 维修参考（见图 15-18）

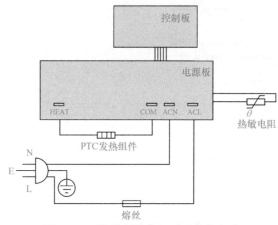

图 15-18　美的电炖盅 BG-S3 维修参考

10. 美的电炖盅 MD-TZS22G 维修参考（见图 15-19）

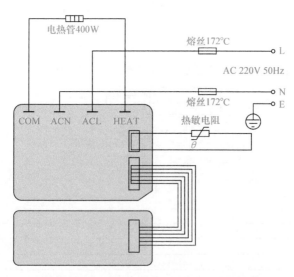

图 15-19　美的电炖盅 MD-TZS22G 维修参考

15.3　电火锅

15.3.1　电火锅的结构

电火锅的结构如图15-20所示。拨动电火锅调温拨钮，可以接通或断开电火锅的加热电路。电路接通后，拨钮处于不同的位置将设定温控器不同的动作温度。电火锅锅内的温度高于该设定值后，温控器触点断开，电火锅停止加热。停止加热后，锅内温度开始慢慢降低，低于该温控器的设定值后，温控器触点接通电火锅的加热电路。这样，锅内温度保持在该设定的温度范围内。

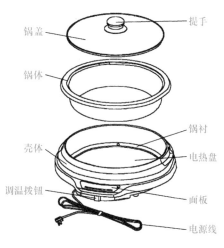

图 15-20　电火锅的结构

15.3.2　电火锅故障维修（见表15-8）

表 15-8　电火锅故障维修

故障现象	故障原因	检修处理
温控器失灵——拨动拨钮温控器无动作	温控器损坏引起的	更换温控器
温控器早跳——水未沸腾即停止加热	1）内锅与发热板间有异物 2）内锅底部变形 3）内锅偏斜，一边悬空 4）发热板变形	1）可以用 320#砂纸清除干净 2）整形内锅，使其与发热板接触良好 3）使其恢复正常 4）轻微变形，可以用细砂纸打磨。严重凹陷变形，则需要更换

（续）

故障现象	故障原因	检修处理
内锅漏电——有麻手感觉	1）汤水流入，使内部接线的绝缘电阻下降 2）修理时接错线	1）清理干净，更换绝缘电阻 2）检查内部接线，正确接线
指示灯不亮——电热盘发热	1）指示灯与降压电阻连接线松脱 2）指示灯损坏或失效 3）降压电阻损坏	1）重新焊接好 2）更换指示灯 3）更换降压电阻
指示灯不亮——电热盘不热	1）调温拨钮未拨到位 2）电火锅电路与电源没有接通 3）高温熔断器断路 4）开关装置动静触点不能闭合 5）温控器损坏	1）检查拨钮 2）检查开关、插头、插座、熔丝、电源线等 3）更换熔断器 4）调整开关装置 5）更换温控器
指示灯亮——电热盘不热	1）中间接线松脱 2）电热盘内电热丝烧坏	1）重新固定接线 2）更换电热盘

15.3.3　维修帮

1. 九阳电火锅 HG30-G618、HG30-G520 维修参考（见图 15-21）

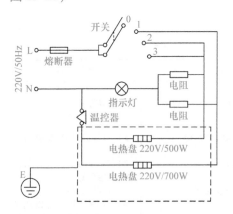

故障现象		故障原因
通电指示灯不亮	电热盘加热	内部灯线断开
	电热盘不加热	电源线未接通
		熔丝损坏
通电指示灯亮		温控器损坏
		内部导线断开

图 15-21　九阳电火锅 HG30-G618、HG30-G520 维修参考

2. 九阳电火锅 HG32-G135、HG32-G133 维修参考（见图 15-22）

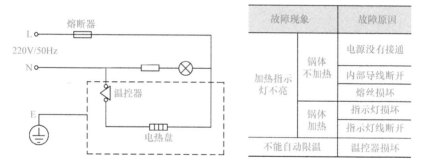

故障现象		故障原因
通电指示灯亮	电热盘不加热	发热管损坏
通电指示灯不亮	电热盘加热	灯损坏
通电指示灯不亮	电热盘不加热	电源插头没有连接好
		电源线损坏
		开关损坏
		熔断器损坏

图 15-22　九阳电火锅 HG32-G135、HG32-G133 维修参考

3. 九阳电火锅 HG60-G110、HG60-G115、HG60-G119 维修参考（见图 15-23）

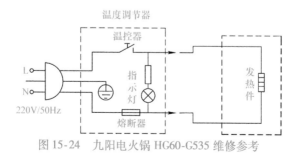

故障现象		故障原因
加热指示灯不亮	锅体不加热	电源没有接通
		内部导线断开
		熔丝损坏
	锅体加热	指示灯损坏
		指示灯线断开
不能自动限温		温控器损坏

图 15-23　九阳电火锅 HG60-G110、HG60-G115、HG60-G119 维修参考

4. 九阳电火锅 HG60-G535 维修参考（见图 15-24）

图 15-24　九阳电火锅 HG60-G535 维修参考

5. 三角电火锅 CDK-130A 维修参考（见图 15-25）

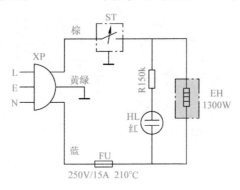

图 15-25　三角电火锅 CDK-130A 维修参考

6. 九阳电火锅 R100-G10、R100-G12 维修参考（见图 15-26）

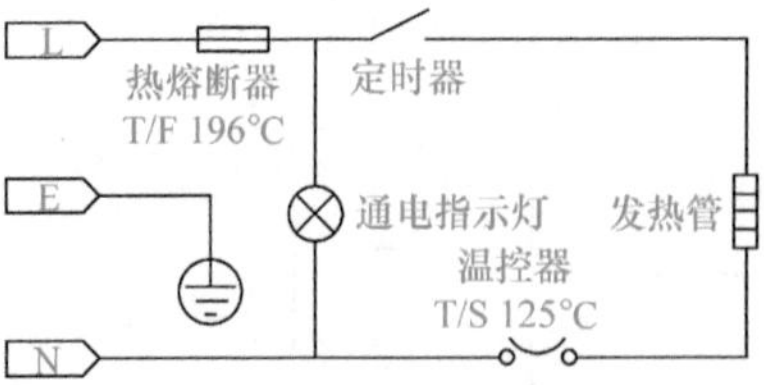

故障现象		故障原因
电源指示灯亮	发热管不加热	电源没有接通
		内部导线断开
		温控器损坏
		定时器损坏
		熔丝损坏
不能自动限温		熔丝损坏
电源指示灯不亮	发热管不加热	电源没有接通
		内部导线断开
		熔丝损坏
		定时器损坏
	发热管加热	指示灯损坏
		指示灯线断开
		定时器损坏

图 15-26　九阳电火锅 R100-G10、R100-G12 维修参考

7. 美的机械式电火锅 BG-H6 维修参考（见图 15-27）

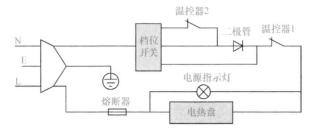

图 15-27 美的机械式电火锅 BG-H6 维修参考

8. 苏泊尔电火锅 H30FK1-136、H30FK81-136 维修参考（见图 15-28）

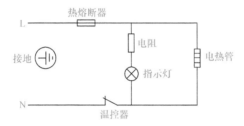

图 15-28 苏泊尔电火锅 H30FK1-136、H30FK81-136 维修参考

9. 苏泊尔电煮锅 H15YK819、H15YK819A 维修参考（见图 15-29）

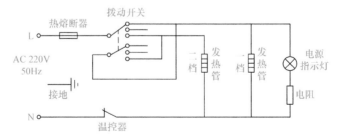

图 15-29 苏泊尔电煮锅 H15YK819、H15YK819A 维修参考

15. 4　学修扫码看视频

第 16 章　空气炸锅、多士炉、电磁炉

16.1　空气炸锅

16.1.1　空气炸锅的结构（见图 16-1）

图 16-1　空气炸锅的结构

16.1.2　维修帮

1. 九阳空气炸锅 KL45、VF187 维修参考（见图 16-2）

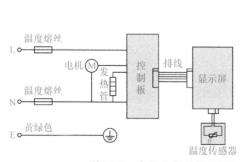

故障现象	故障原因
未工作	电源未插
风扇不转	机器未接通
	电机损坏或其他元器件短路
不能顺利地将炸锅推入	食物盛放过多，高出炸锅面
	炸锅边缘变形
冒出白烟	正在炸制油腻的食材
	炸锅中还有残留上次烤制后的油脂残渣

图 16-2　九阳空气炸锅 KL45、VF187 维修参考

2. 九阳空气炸锅 KL45、VF187 故障代码（见表 16-1）

表 16-1　九阳空气炸锅 KL45、VF187 故障代码

故障代码	故障代码含义
E51	温度传感器开路故障
E52	温度传感器短路故障

3. 九阳空气炸锅 KL50-VF583 维修参考（见图 16-3）

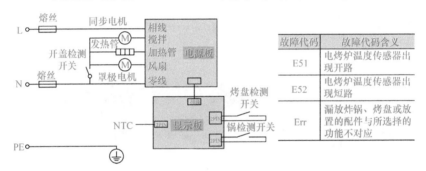

图 16-3　九阳空气炸锅 KL50-VF583 维修参考

4. 九阳空气炸锅 KL40-VF102、KL40-VF302 维修参考（见图 16-4）

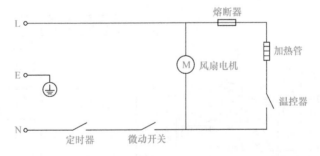

图 16-4　九阳空气炸锅 KL40-VF102、KL40-VF302 维修参考

5. 九阳空气炸锅 KL-22J01、KL-22J601、KL-26J01 维修参考

（见图 16-5）

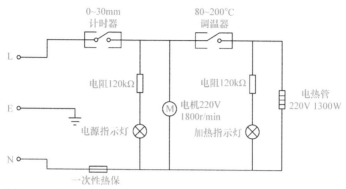

图 16-5 九阳空气炸锅 KL-22J01、KL-22J601、KL-26J01 维修参考

6. 美的空气炸锅 MF-TN1501、MF-ZY1501 维修参考（见图 16-6）

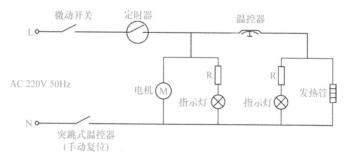

图 16-6 美的空气炸锅 MF-TN1501、MF-ZY1501 维修参考

7. 美的空气炸锅 MF-WZN3201 维修参考（见图 16-7）

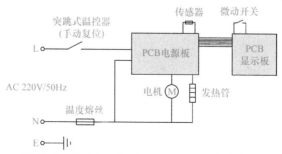

图 16-7 美的空气炸锅 MF-WZN3201 维修参考

16.2 多士炉

16.2.1 多士炉的结构

典型的多士炉外形与结构如图 16-8 所示。多士炉的工作原理：将

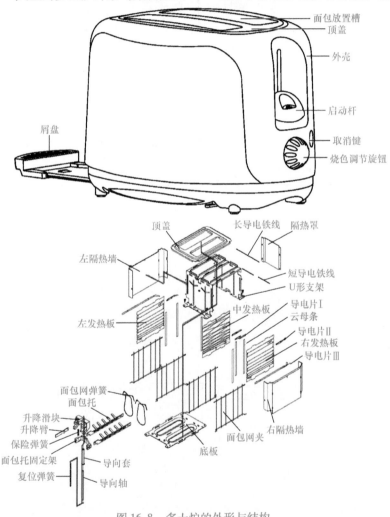

图 16-8 多士炉的外形与结构

面包放入面包槽腔内，压下提手，滑动组件向下运动，网架将整片面包夹持归中，以及沉入烘烤腔内，电子板工作，发热板发热，进行烘烤。电子板组件控制线圈的通断电时间可以控制磁吸片的吸合时间。达到设定的时间后，电子板组件控制线圈断电，磁铁吸力消失，滑动组件弹起，以及发热板断电不再加热。托架将烤好的面包托到炉胆上端，以方便取出，烘烤过程完成。

16.2.2 多士炉的部件

多士炉的基本结构可以分为电子控制部分、机械运动机构、烘烤槽腔等部分。多士炉的部件见表 16-2。

表 16-2 多士炉的部件

名称	解 说
炉身	1）不同的多士炉，炉身外形、结构不同 2）根据不同材料，多士炉炉身有塑胶炉身、不锈钢（钢煲）炉身、塑胶贴五金装饰板等种类
提手组件	1）多士炉提手组件，相当于多士炉的开关。按下提手后，多士炉通电，电磁铁组件吸住滑动组件，多士炉工作 2）多士炉提手组件包括提手、提手支架。通过倒扣的方式，将提手固定在提手支架上，并且固定后可以取出
回收盘组件	1）回收盘组件主要是接面包片烧烤过程中掉下的面包屑 2）回收盘组件一般是由回收盘、回收盘拉手组成 3）回收盘组件通过回收盘拉手的弹性扣与回收盘上的两凸包固定，装配后可取下
控制板组件	1）控制板组件包括控制面板、按钮、旋钮、灯罩、控制电子板等部分 2）控制板组件主要作用是根据用户的爱好调节烤面包的焦硬程度
滑动机构	1）滑动机构是多士炉实现烧烤功能的主要控制部分 2）滑动机构主要包括推条座、推条、压条座、滑动支架、导杆、推条拉簧、拉簧、磁吸片、开关启动器等

（续）

名称	解　说
滑动机构	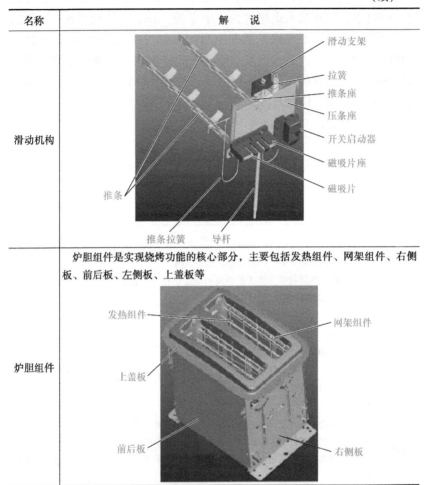
炉胆组件	炉胆组件是实现烧烤功能的核心部分，主要包括发热组件、网架组件、右侧板、前后板、左侧板、上盖板等

16.3　电磁炉

16.3.1　电磁炉的外形与结构

电磁炉主要是利用电磁感应原理，当电流通过线圈产生交变的磁场，在锅具底部反复切割变化，使锅具底部产生环状电流（涡流），使锅具本身发热。典型的电磁炉外形与结构如图 16-9 所示。

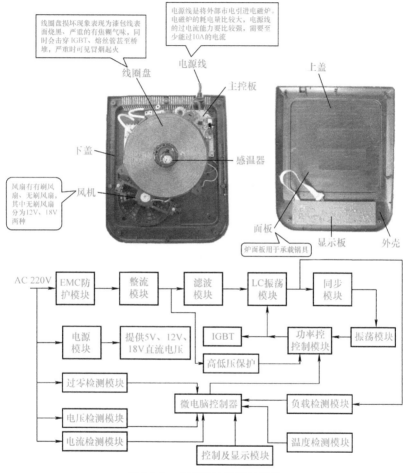

图 16-9　电磁炉的外形与结构

16.3.2　电磁炉的部件

电磁炉主要有两大部分构成：一是能够产生高频交变磁场的电子线路系统；二是用于固定电子线路系统，并且承载锅具的结构性外壳。

电磁炉的主板如图 16-10 所示。电磁炉的主要部件见表 16-3。

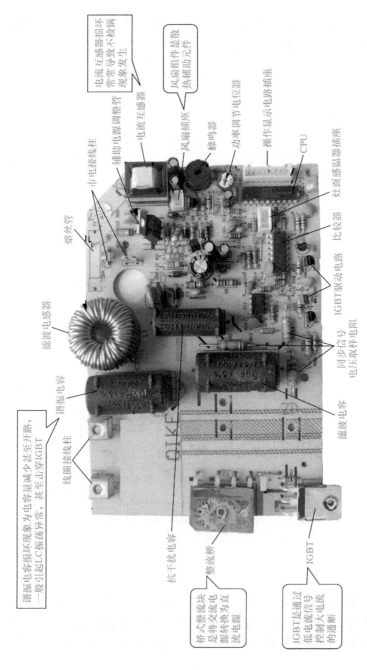

市电接线柱

熔丝管

滤波电感器

谐振电容

线圈接线柱

谐振电容损环现象为电容量减少甚至开路，一般引起LC振荡异常，甚至击穿IGBT

电流互感器损坏常常导致不检锅现象发生

风阀组件是散热辅助元件

辅助电源调整管

电流互感器

风阀插座

蜂鸣器

功率调节电位器

操作显示电路插座

CPU

灶面感温器插座

比较器

IGBT驱动电路

同步信号
电压取样电阻

滤波电容

抗干扰电容

整流桥

桥式整流块是将交流电源转换为直流电源

IGBT

IGBT是通过低电流信号控制大电流的通断

图16-10 电磁炉的主板

表 16-3　电磁炉的主要部件

名称	解　说
输入保险	输入保险也就是输入熔断器，它主要是使电磁炉整机的电流限制在一定的安全范围内。当电磁炉发生严重故障时或者电磁炉电流上升异常，上升到输入保险的熔断电流，则输入保险会熔断，从而切断电磁炉与电网的联系，进而保护了外电网的正常以及防止电磁炉故障的扩大或者加深。输入保险一般选择比额定功率下的工作电流大 20%～30% 即可
电压保护电路	电压保护电路一般是采用压敏电阻来担任，其主要作用是防止浪涌电压进入电磁炉，损坏设备。一般电磁炉选择的压敏电阻击穿电压为 430～470V
EMC 抑制电路	EMC 抑制电路也就是电源噪声抑制电路，其主要作用是防止电磁炉在 DC/AC 转换中产生的残余干扰信号污染电网，同时，也减小电网噪声对电磁炉内部电路的影响。不同电磁炉根据不同的定位是否采用或者采用级数存在差异
整流器	整流器就是把 EMC 抑制电路后的交流电整流为脉动的直流电。一般电磁炉是采用桥式整流
滤波电路	该滤波电路位于整流器后，主要是把整流器后的脉动的直流电平滑滤波，另外，滤除电磁炉在 DC/AC 转换中产生的高频谐波。该滤波电路一般采用电容、电感组成，电容一般取 $\geqslant 4\mu F$、耐压 $\geqslant DC400V$，电感量取 370～550mH。不同的电磁炉该滤波电路具体形式有所差异

16.3.3　电磁炉常见故障（见表 16-4）

表 16-4　电磁炉常见故障

故障现象	故障原因
不开机	1）按键不良 2）熔丝熔断 3）变压器损坏，没有电压输出 4）电源线不通电 5）电源线配线松脱 6）IGBT 损坏 7）共振电容损坏 8）基板组件损坏 9）阻尼二极管损坏

（续）

故障现象	故障原因
不通电	1）熔丝管坏 2）桥堆损坏 3）单片机损坏 4）变压器损坏
灯不亮，风扇自转	1）LED 插槽插线接触不良 2）基板组件损坏 3）稳压二极管损坏
蜂鸣器长鸣	1）变压器损坏 2）基板组件损坏 3）热开关损/热敏电阻损坏 4）振荡子损坏 5）主控 IC 损坏
功率无变化	1）基板组件损坏 2）加热/定温电阻用错或短路 3）可调电阻损坏 4）主控 IC 损坏
锅具正常，但闪烁并发出"叮叮"响	锅具检测处于临界点
加热，但指示灯不亮	1）LED 损坏 2）LED 基板组件损坏
检不到锅，有报警声	1）IGBT 高压保护电路故障 2）PWM 信号电路故障 3）检锅电路故障 4）浪涌保护电路故障 5）驱动电路故障 6）同步电路故障
开机蜂鸣器长鸣后自动复位	1）IGBT 温度检测电路故障 2）高低压保护电路故障 3）锅具温度检测电路故障 4）过零检测电路故障

（续）

故障现象	故障原因
开机后自动复位	1）锅具温度检测电路故障 2）IGBT 温度检测电路故障 3）高低压保护电路等异常所致 4）热敏电阻、单片机等故障
壳体有机械损坏	换壳
上电没反应	1）复位电路故障 2）高低压电源电路故障 3）晶振电路故障 4）烧熔丝管
烧不开水	1）电流检测电路故障 2）锅具温度检测电路故障 3）使用的锅具不对
微晶板摔裂破损	换面壳
未置锅，指示灯亮，不加热	1）变压器插接不良 2）基板组件损坏 3）热敏电阻配线松动或损坏
显示屏显示不全，缺笔画，乱码	1）电路板有短路或虚焊 2）显示屏损坏
指示灯不亮	1）指示灯不良 2）电路板有短路或虚焊
置锅，灯闪烁	1）比流器损坏 2）锅具不对，非标准锅具
置锅，指示灯亮，但不加热	1）基板组件损坏 2）线盘没锁好

16.3.4　电磁炉故障维修（见表 16-5）

表 16-5　电磁炉故障维修

故障现象	故障原因和检修处理
IGBT 过热保护	1）查 IGBT 的热敏电阻、查连线、查电容 2）查线盘测温热敏电阻 3）查风扇、查热敏电阻

（续）

故障现象	故障原因和检修处理
按键故障	查微动开关、操作显示板
爆管烧 IGBT	1）熔丝管熔断、IGBT 短路、线路板上有油污等 2）查 0.3μF/1200V、5μF/400V 高压电容 3）查 IGBT 的 G 极对地电阻 4）查同步振荡、驱动电路、反压保护电路、电磁线盘的内圈头接、外圈头接 5）查插座、电线等外围电路
不检锅	1）查高压电容、高压电阻 2）查互感器、查电流负反馈电路 3）查同步振荡电路
电网电压过低	1）电网电压本身过低 2）查高低压检测整流二极管、限流电阻 3）查高低压检测钳位电阻、电容 4）查 CPU
电网电压过高	1）电网电压本身过高 2）高低压检测整流二极管变值、无 DC300V 3）高低压检测电路钳位电阻变值 4）CPU 损坏
开关电源不通电	1）测熔丝管是否好的，如果开路，则要查 IGBT、整流桥、高低压检测整流二极管等 2）如果熔丝管是好的，则要查 DC300V、18V、5V、开关电源线绕电阻、电源模块、启动电阻、稳压二极管、风扇等 3）如果 5V、18V 电压正常，还不通电，则要查晶振、CPU 等
炉面温度传感器短路	1）查炉面温度 2）查温度传感器 3）查 CPU
炉面温度传感器开路	1）查炉面温度传感器插座和传感器 2）查热敏电阻和炉面传感器 3）查 CPU
内部故障	1）查电磁线盘、高压电容、线路板 2）查显示板 3）查反压保护电路分压电阻、同步振荡、驱动电路 4）查驱动电路 5）查风扇和风扇回路

（续）

故障现象	故障原因和检修处理
显示正常但不加热	1）查高压取样电路、同步振荡、驱动电路 2）查浪涌保护电路 3）查互感器电流负反馈电路 4）查 CPU 发出的 PWM 脉冲调制电压 5）查高压电容、滤波电容

16.3.5　维修帮

1. GE 电磁炉 GEC211XABG 故障代码（见表 16-6）

表 16-6　GE 电磁炉 GEC211XABG 故障代码

故障代码	故障代码含义
E0	通信故障
E1	电压过低故障
E2	电压过高故障
E3	IGBT 热敏电阻开路或短路故障
E4	灶面热敏电阻失效故障
E5	灶面热敏电阻开路或短路故障
E6	微晶面板干烧引起的超温故障

2. GE 电磁炉 GEC221XABG 故障代码（见表 16-7）

表 16-7　GE 电磁炉 GEC221XABG 故障代码

故障代码	故障代码含义
E1	电压过低故障
E2	电压过高故障
E3	IGBT 热敏电阻开路或短路故障
E4	灶面热敏电阻故障
E5	灶面热敏电阻开路或短路故障
E6	微晶面板干烧引起的超温故障

3. 苏泊尔电磁炉 C22-ID09、C22-ID19 维修参考（见图 16-11）

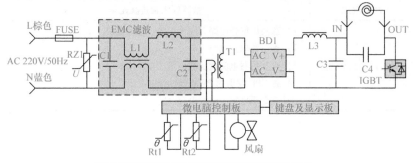

故障代码显示	故障代码含义
E0	电路故障检测功能
E2	功率管、传感器开(短)路故障
E3	电压过高故障
E4	电压过低故障
E5	传感器开路故障
E6	传感器短路故障
E7	主传感器失效故障
Ec	精控锅盖传感器开路或短路故障
Ed	精控锅盖检测到高温故障
EE	精控锅盖电池电量低故障

图 16-11　苏泊尔电磁炉 C22-ID09、C22-ID19 维修参考

4. 苏泊尔电磁炉 C21-SDHCB58 维修参考

表 16-8　苏泊尔电磁炉 C21-SDHCB58 维修参考

故障代码	故障代码含义
E0	电路故障检测功能
E2	功率管、传感器开（短）路故障
E3	电压过高故障
E4	电压过低故障
E5	传感器开路故障
E6	传感器短路故障
E7	主传感器失效故障

第17章 软水机、净水机（器）、饮水机、空气净化器

17.1 软水机

17.1.1 软水机的结构（见图17-1）

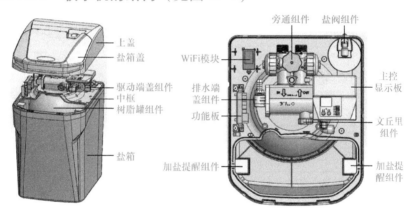

图17-1 软水机的结构

17.1.2 维修帮

1. A.O. 史密斯软水机 S20G1、S20G2 维修参考（见图17-2）

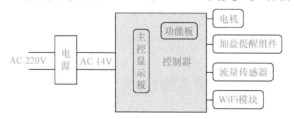

图17-2 A.O. 史密斯软水机 S20G1、S20G2 维修参考

故障代码	故障代码含义
EE	EEPROM故障
F0	电机返回Home位故障
F1	电机电流检测故障
F2	磁盘霍尔检测故障
F3	电机离开Home位故障
F6	通信故障
FF	流量计故障

图 17-2　A. O. 史密斯软水机 S20G1、S20G2 维修参考（续）

2. 林内软水机 RWTS-HS600-1 维修参考（见图 17-3）

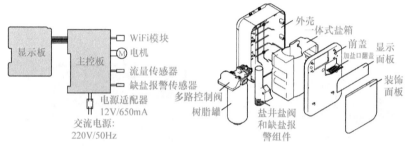

故障现象	故障原因
出水水质不好	控制阀时间设置不合理、供水系统压力过低或过高、吸盐管及其连接部件密封不好、控制阀故障等
控制阀补水不止	正在补水时断电、控制阀故障、补水时间设置过长等
控制阀出水比较咸	水压过低、吸盐限流片内有异物、再生时用水、再生冲洗时间设置不合理等
控制阀无显示	电源适配器故障、电路板故障等
排污口排水不止	控制阀复位故障、控制阀故障、正在再生时断电等

图 17-3　林内软水机 RWTS-HS600-1 维修参考

17.2　净水机（器）

17.2.1　净水机（器）的作用

　　饮水不纯净，为此需要采用净水机（器）。净水机（器）的作用如图 17-4 所示。

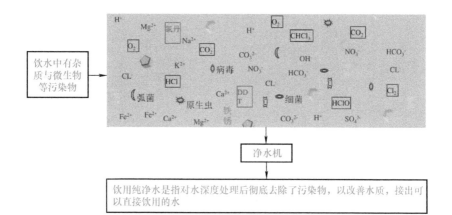

饮水中有杂质与微生物等污染物

净水机

饮用纯净水是指对水深度处理后彻底去除了污染物，以改善水质，接出可以直接饮用的水

图 17-4　净水机（器）的作用

17.2.2　净水机（器）的结构（见图 17-5）

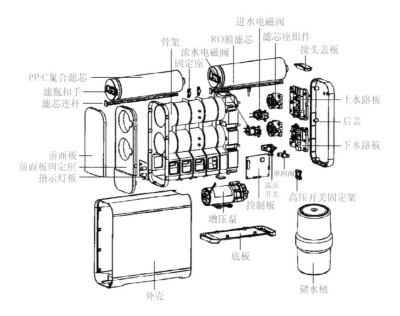

图 17-5　净水机（器）的结构

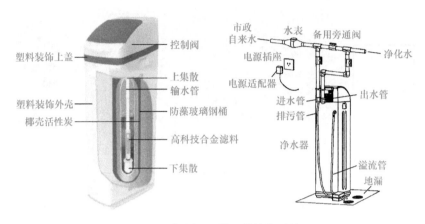

图 17-5 净水机（器）的结构（续）

17.2.3 净水机（器）、净饮机的部件（见表 17-1）

表 17-1 净水机（器）、净饮机的部件

名称	解　　说
低压开关	1）进水压力 < 闭合压力时，低压开关断开 2）进水压力 > 闭合压力时，低压开关闭合
高压开关	动作压力： 1）当水压从 0 上升到（2.5±0.5）kgf/cm^2 时，开关断开 2）当水压下降到（1.5±0.5）kgf/cm^2 时，开关闭合 说明：$1kgf/cm^2$ 约等于 0.1MPa
进水电磁阀	1）有的进水电磁阀工作电压为 DC 24V 2）有的进水电磁阀的电磁线圈阻值大约为 100Ω 3）进水电磁阀在冲洗、制水时，通电全开
冲洗电磁阀	1）有的冲洗电磁阀的工作电压为 DC 24V 2）冲洗电磁阀的电磁线圈阻值大约为 100Ω 3）冲洗电磁阀冲洗时，通电全开 4）冲洗电磁阀制水时，不通电半闭合

（续）

名称	解　说
稳压泵	1）常见的稳压泵型号如下： ① EC-203-50A（堵转压力 110psi（1psi = 6.895kPa），流量 ≥550mL/min） ② EC-203-150A（堵转压力 120psi，流量 ≥1.4L/min） ③ EC-203-200A（堵转压力 120psi，流量 ≥1.6L/min） ④ EC-203-300A（堵转压力 130psi，流量 ≥2.0L/min） 2）有的稳压泵额定电压为 DC 24V（1 ±5%）
增压泵	1）有的增压泵为 RO 膜的 2）有的增压泵工作电流 ≤0.8A 3）有的增压泵工作电压为 DC 24V
压力桶	压力桶，主要用于存储经过反渗透过滤出来的纯净水，满足用户快速取水用水的需要
电磁阀	1）电磁阀接线端两端未接通电时，其初始状态是常闭的，水流将无法通过 2）电磁阀接线端通电时，其状态为全开，水流能通过电磁阀 3）电磁阀常用于净水机的原水进水控制和超滤净水机的冲洗控制
冲洗电磁阀	1）电磁阀接线端两端未接通电时，冲洗电磁阀初始状态是半闭的，水流仍然能通过，但是水流量被控制，通过控制水流量来维持反渗透膜前压力 2）接线端通电时，冲洗电磁阀状态为全开，水流能通过电磁阀，经增压泵增压的水便能够以高流速冲洗反渗透膜的表面
流量计	1）流量计利用水流使其中的霍尔元件旋转从而产生脉冲信号，用于记录流过的水流量 2）注意流量计是具有方向性的
低压开关	1）水压达到设定值时，低压开关接通电源，使机器正常运行 2）断水或水压达不到设定值时，低压开关切断电源，使机器停止运行，防止增压泵空转
高压开关	1）高压开关自动控制净水机工作，当净水的水压达到 $3kg/cm^2$ 左右时，切断电源，使净水机停机 2）净水排出系统，水压减小，高压开关使电源接通，机器重新进入正常制水状态
压力开关	压力开关主要用于整机节水控制，提高整机制水效率，避免整机频繁低效启动

（续）

名称	解　说
减压阀	1）减压阀主要用于保护整机免受水锤的冲击 2）减压阀具有方向性
浓水夹	1）浓水夹主要用于安装全密闭式排水管道 2）安装浓水夹时，在管道正上方钻合适孔径的孔，撕下浓水夹上的海绵保护纸，对准开孔安装好浓水夹并紧固螺钉
漏水检测板	漏水检测板 表面有水，会使两铜铂间形成通路

17.2.4　厨下反渗透净水机的 5 级过滤（见图 17-6）

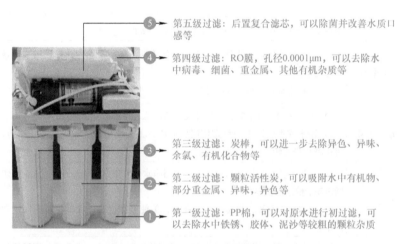

⑤　第五级过滤：后置复合滤芯，可以除菌并改善水质口感等

④　第四级过滤：RO膜，孔径0.0001μm，可以去除水中病毒、细菌、重金属、其他有机杂质等

③　第三级过滤：炭棒，可以进一步去除异色、异味、余氯、有机化合物等

②　第二级过滤：颗粒活性炭，可以吸附水中有机物、部分重金属、异味，异色等

①　第一级过滤：PP棉，可以对原水进行初过滤，可以去除水中铁锈、胶体、泥沙等较粗的颗粒杂质

图 17-6　厨下反渗透净水机的 5 级过滤

17.2.5　壁挂反渗透净水机的 4 级过滤（见图 17-7）

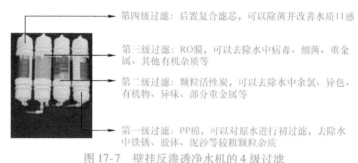

第四级过滤：后置复合滤芯，可以除菌并改善水质口感

第三级过滤：RO 膜，可以去除水中病毒、细菌、重金属、其他有机杂质等

第二级过滤：颗粒活性炭，可以去除水中余氯、异色、有机物、异味、部分重金属等

第一级过滤：PP 棉，可以对原水进行初过滤，去除水中铁锈、胶体、泥沙等较粗颗粒杂质

图 17-7　壁挂反渗透净水机的 4 级过滤

17.2.6　超滤净水机的滤芯寿命（见表 17-2）

表 17-2　超滤净水机的滤芯寿命

净水机机型	滤芯全称	使用周期	说　　明
厨下超滤净水机	PP 棉滤芯	6 个月	水处理能力根据每天制取 10L 水计算
厨下超滤净水机	前置颗粒活性炭滤芯	12 个月	水处理能力根据每天制取 10L 水计算
厨下超滤净水机	超滤膜滤芯	18 个月	水处理能力根据每天制取 10L 水计算
厨下超滤净水机	后置颗粒活性炭滤芯	12 个月	水处理能力根据每天制取 10L 水计算
壁挂超滤净水机	PP 棉滤芯	6 个月	水处理能力根据每天制取 6.7L 水计算
壁挂超滤净水机	前置颗粒活性炭滤芯	12 个月	水处理能力根据每天制取 6.7L 水计算
壁挂超滤净水机	炭棒滤芯	18 个月	水处理能力根据每天制取 6.7L 水计算
壁挂超滤净水机	超滤膜滤芯	18 个月	水处理能力根据每天制取 6.7L 水计算
壁挂超滤净水机	后置颗粒活性炭滤芯	18 个月	水处理能力根据每天制取 6.7L 水计算

17.2.7 净水机故障维修（见图 17-8，见表 17-3）

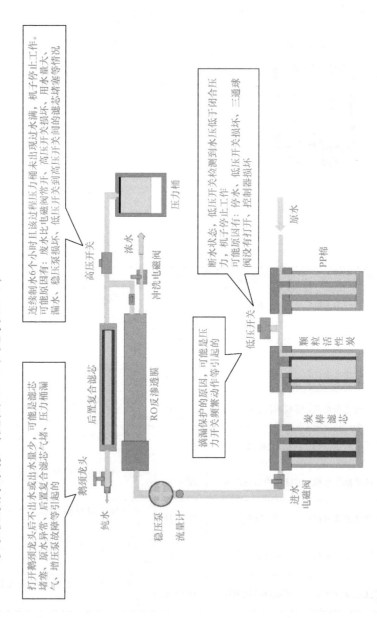

打开鹅颈龙头后不出水或出水量少，可能是滤芯堵塞、原水异常、后置复合滤芯气堵、压力桶漏气、增压泵故障等引起的

连续制水6个小时且以该过程压力桶未出现过水满、机子停止工作。可能原因有：废水比电磁阀常开、高压开关损坏，用水量大，漏水、稳压泵损坏、低压开关到高压开关间的滤芯堵塞等情况

断水状态，低压开关检测到水压低于闭合压力，机子停止工作。可能原因有：停水、低压开关损坏、阀没有打开、控制器损坏

漏漏保护的原因，可能是压力开关频繁动作等引起的

高压开关

压力桶

浓水

冲洗电磁阀

低压开关

原水

PP棉

后置复合滤芯

RO反渗透膜

颗粒活性炭

鹅颈龙头

炭棒滤芯

纯水

稳压泵

流量计

进水电磁阀

故障现象	故障原因
味道异常	长时间停用机器
	长时间没有换滤芯
	水源水质差
运行过程中有异常噪声	电源电压不正常
	增压泵有故障
漏水	部件损坏
	PE管打折
机器不出水产水量变小	球阀或水龙头没行完全打开
	自来水停水
	滤芯堵塞
	水压过低
机器不运行	电源故障
	电源适配器失效
	机器处于下线维修状态

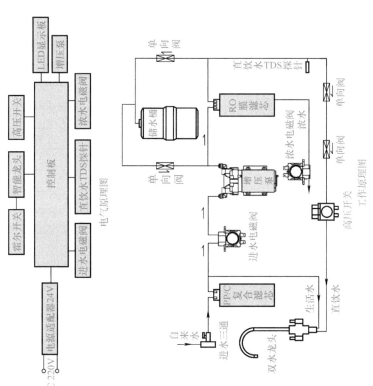

图 17-8　净水机的故障维修

表 17-3　净水机故障维修

故障现象	可能原因	检修处理
高压泵正常工作，但是无法造水	高压泵失压	检查水泵出水压力情况
	进水电磁阀异常	更换进水电磁阀
	前置滤芯堵塞	更换前置滤芯
	单向阀堵塞	更换单向阀
	RO 膜堵塞	清洗或更换 RO 膜
	增压泵损坏	更换增压泵
	PP 棉滤芯堵塞	更换滤芯
	PE 管打折	理顺 PE 管
	电脑盒损坏	更换电脑盒
机器不启动	电源没接通	检查电源或电源插头
	原水压力小或停水	检查原水压力
	低压开关失灵，不能接通电源	更换低压开关
	高压开关不能复位	更换高压开关
	变压器烧坏	更换变压器
	电脑盒损坏	更换电脑盒
机器不停机	高压开关无法起跳，不能切断电源	更换高压开关
	水泵失压	更换水泵
	RO 膜堵塞	更换 RO 膜
	原水压力过低	增加增压设备
	电脑盒损坏	更换电脑盒
机器停机但废水不停	电磁阀失灵	更换电磁阀
	单向阀泄压	更换单向阀
	电脑盒损坏	更换电脑盒
接头螺纹处漏水	接头没拧紧	拧紧接头
	生料带太少	重新缠生料带后装回
	滤瓶螺纹歪牙	更换滤瓶
	接头螺纹歪牙	更换接头

（续）

故障现象	可能原因	检修处理
频繁启动	水压过低	用压力表检测水压
	PP 棉堵塞	更换 PP 棉滤芯
	单向阀损坏	更换单向阀
	电脑盒损坏	更换电脑盒

17.2.8　维修帮

1. A.O. 史密斯净水机 R1400XF2、R1600XF2 维修参考（见图 17-9）

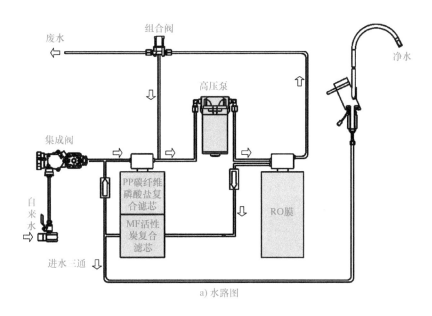

a）水路图

图 17-9　A.O. 史密斯净水机 R1400XF2、R1600XF2 维修参考

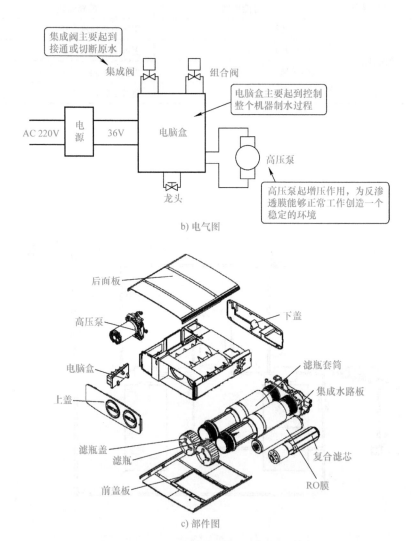

集成阀主要起到接通或切断原水

集成阀

组合阀

电脑盒主要起到控制整个机器制水过程

AC 220V

电源

36V

电脑盒

高压泵

高压泵起增压作用，为反渗透膜能够正常工作创造一个稳定的环境

龙头

b) 电气图

后面板

下盖

高压泵

电脑盒

滤瓶套筒

集成水路板

上盖

滤瓶盖

滤瓶

复合滤芯

前盖板

RO膜

c) 部件图

图 17-9　A. O. 史密斯净水机 R1400XF2、R1600XF2 维修参考（续）

2. A. O. 史密斯净水机 R2300RC3、R2300RC9 维修参考（见图 17-10）

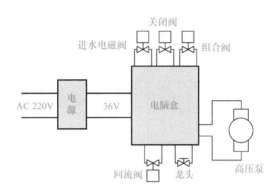

图 17-10　A. O. 史密斯净水机 R2300RC3、R2300RC9 维修参考

3. 海尔饮水机 YR1887-CB、YD1887-CB 维修参考（见图 17-11）

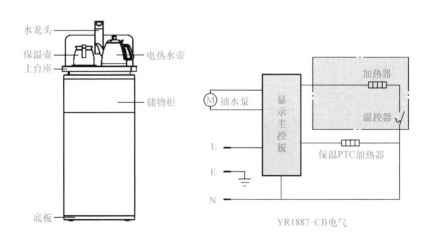

图 17-11　海尔饮水机 YR1887-CB、YD1887-CB 维修参考

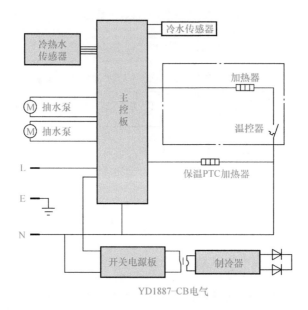

YD1887-CB电气

图 17-11　海尔饮水机 YR1887-CB、YD1887-CB 维修参考（续）

4. 九阳即饮机 K20B-WJ150 维修参考（见图 17-12）

故障现象	故障原因
所有灯亮，1声报警	温度传感器开路故障
所有灯亮，2声报警	温度传感器短路故障
所有灯亮，6声报警	水箱水少或缺水
	水箱没有放置好或进水口堵塞
所有灯亮，9声报警	超温保护启动
	加热管故障
机器不工作	电源插头没有插好
出水量偏小或出水断续不流畅	机器内部结垢或加热管故障

图 17-12　九阳即饮机 K20B-WJ150 维修参考

5. 九阳即饮机 JYW-WJ530 维修参考（见图 17-13）

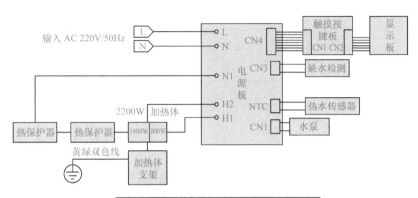

故障现象	故障原因
E1(蜂鸣器提示3声)	缺水故障
E2(蜂鸣器提示3声)	连续使用加热体温度过高故障
E3(蜂鸣器提示3声)	温度传感器没有接好故障
机器不工作	电源插头没插好故障
	机器处于童锁状态
机器不制水	机器处于童锁状态
出水流速过慢	杂质堵住出水口故障
热水水温过低	机器内部电脑程序未适应故障
机器报警	水桶中水温过高或过低故障
	加热体干烧故障
	初次使用不当故障
出水味道异常	机器使用过有气味的液体水故障

图 17-13　九阳即饮机 JYW-WJ530 维修参考

6. 九阳净饮机 JYW-H3 维修参考（见图 17-14）

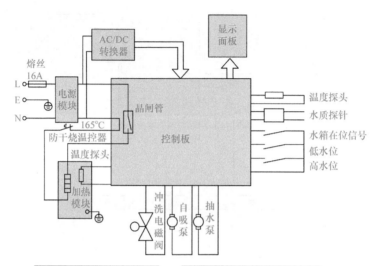

故障现象	故障原因	故障代码	故障代码含义
换水灯闪烁	原水箱盖未合拢	E0	机器制水时间过长故障
功能旋钮失效	硬件损坏	E1	机器内部缺水，干烧故障
	系统死机	E2	原水温度探头故障
漏电及机身带感应电	机器接地不良	E3	加热故障
		E4	线路接触不良故障
	电源软线破损	E5	内部水箱水位故障

图 17-14　九阳净饮机 JYW-H3 维修参考

7. 九阳净饮机 JYW-H9 维修参考（见图 17-15）

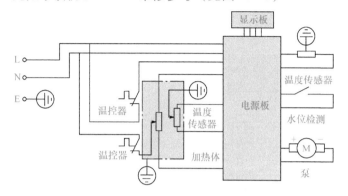

故障代码或现象	故障原因
E01代码	干烧或者加热体连续使用
E02代码	原水探头故障
E03代码	加热元件故障
水量图标闪烁伴随蜂鸣器声音	缺水故障
	浮子卡住故障

图 17-15　九阳净饮机 JYW-H9 维修参考

8. 九阳净饮机 JYW-H5 维修参考（见图 17-16）

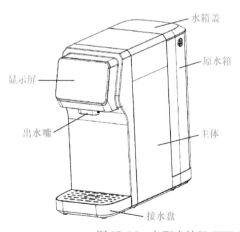

故障现象	故障原因
机器漏水	接水盘已满
	原水箱座单向阀异物卡住或冲出
	机器内部渗漏
漏电及机身带感应电	机器接地不良
	电源软线破损
按键/显示屏无反应	硬件损坏
	系统死机
不能取常温水	机器未通电
	手指未按压到位
	机器内部缺水
	硬件损坏

图 17-16　九阳净饮机 JYW-H5 维修参考

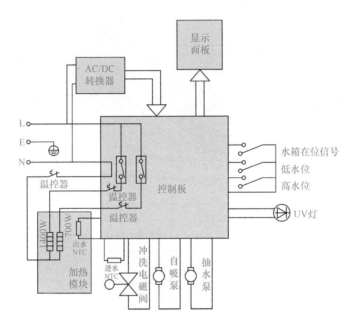

图 17-16   九阳净饮机 JYW-H5 维修参考（续）

9. 林内净热一体机 RWTS-P150-3 故障代码（见表 17-4）

表 17-4   林内净热一体机 RWTS-P150-3 故障代码

故障代码	故障代码含义
E1	出水温度传感器故障等
E6	水箱水位逻辑错误保护等
H1	进水温度传感器故障等
H3	加热管干烧等

10. 美的管线机 CWG-RA08 维修参考（见图 17-17）

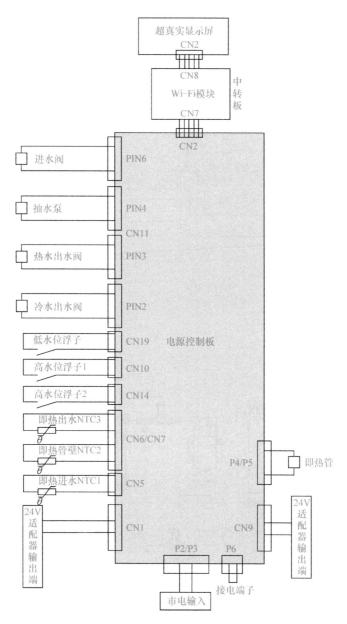

图 17-17 美的管线机 CWG-RA08 维修参考

11. 苏泊尔反渗透净水机 YCZ-JB078-R601 维修参考（见图 17-18）

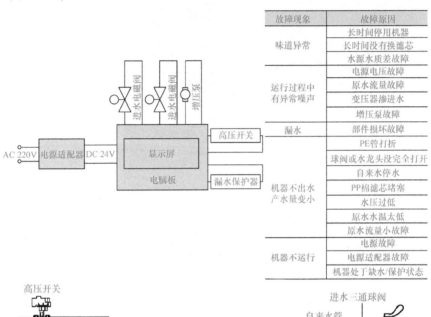

故障现象	故障原因
味道异常	长时间停用机器
	长时间没有换滤芯
	水源水质差故障
运行过程中有异常噪声	电源电压故障
	原水流量故障
	变压器渗进水
	增压泵故障
漏水	部件损坏故障
	PE管打折
机器不出水产水量变小	球阀或水龙头没完全打开
	自来水停水
	PP棉滤芯堵塞
	水压过低
	原水水温太低
	原水流量小故障
机器不运行	电源故障
	电源适配器故障
	机器处于缺水/保护状态

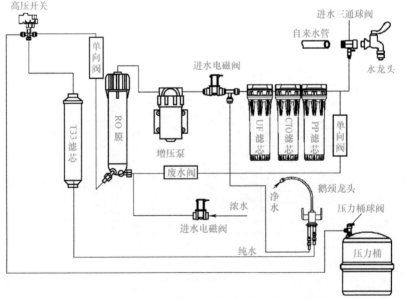

图 17-18 苏泊尔反渗透净水机 YCZ-JB078-R601 维修参考

12. 苏泊尔净水机 YCZ-JB078-R701 维修参考（见图 17-19）

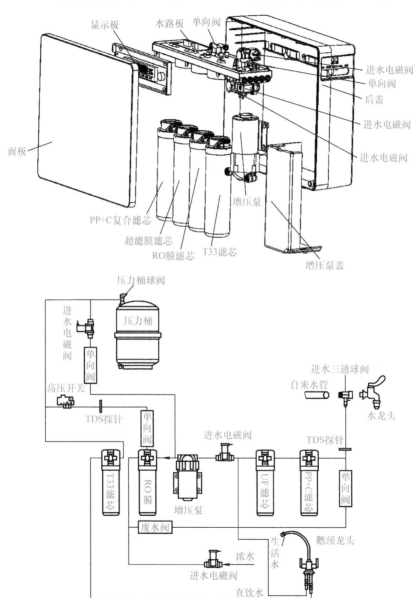

图 17-19　苏泊尔净水机 YCZ-JB078-R701 维修参考

13. 苏泊尔管线净水机 YSR-20G1 维修参考（见图 17-20）

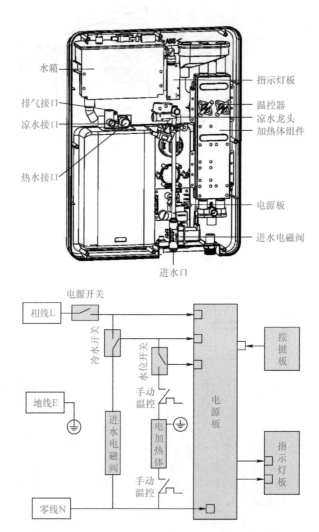

图 17-20　苏泊尔管线净水机 YSR-20G1 维修参考

17.3   空气净化器

17.3.1   空气净化器的结构

空气净化器是指能够吸附、分解、转化各种空气污染物，改善室内空气质量的一种电器。

空气净化器的结构如图 17-21 所示。

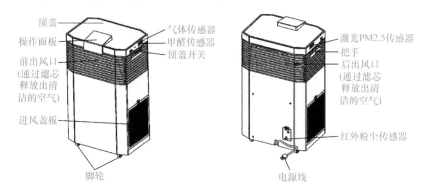

图 17-21   空气净化器的结构

17.3.2   维修帮

A. O. 史密斯空气净化器 KJ440F-MA-B12-PF、KJ490F-B11-PF 故障代码见表 17-5。

表 17-5   A. O. 史密斯空气净化器 KJ440F-MA-B12-PF、
KJ490F-B11-PF 故障代码

故障代码	故障代码含义
E0	风机故障
E3、E4、E5、E6	通信故障
F0	红外粉尘传感器故障
F10、F11、F12、F13、F14、F15、F16	甲醛传感器故障
F2	激光 PM2.5 传感器故障
F6	气体传感器故障

17. 4　学修扫码看视频

第 18 章　水箱、储水罐、咖啡机

18.1　水箱

18.1.1　水箱的结构（见图 18-1）

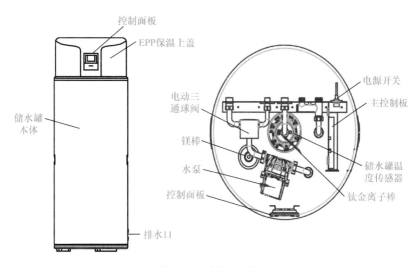

图 18-1　水箱的结构

18.1.2　维修帮

阿里斯顿智能水箱 CEL PLUS 维修参考（见图 18-2）

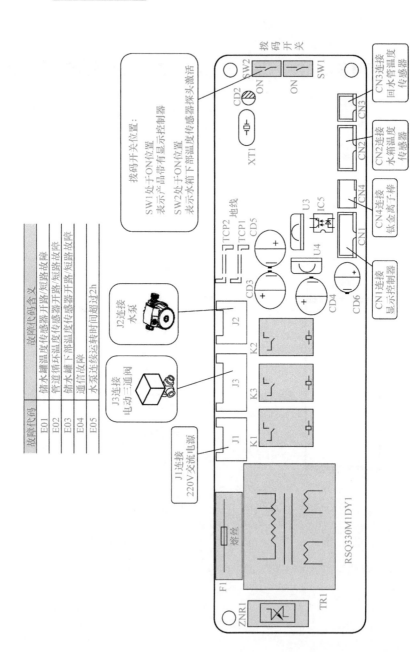

图 18-2 阿里斯顿智能水箱 CEL PLUS 维修参考

18.2 储水罐

18.2.1 储水罐的外形与结构（见图 18-3）

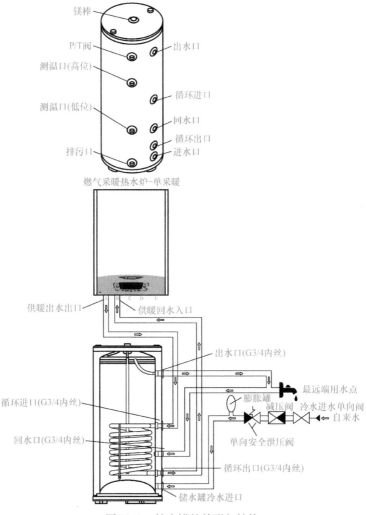

图 18-3 储水罐的外形与结构

18.2.2 储水罐故障维修（见表 18-1）

表 18-1 储水罐故障维修

故障现象	故障原因
系统无法运行	1）供采暖面积过大 2）循环泵电源未接通 3）加热管损坏，接线方式错误 4）系统连接错误，感温头损坏 5）系统有空气，影响热水循环
温度/压力安全阀排水	1）间歇性大量排水，可能恒温器有故障 2）连续滴漏，可能安全阀中有杂质卡住 3）夜间持续流水，可能供水压力太高
漏水	1）部件与部件接口处密封不好 2）供水管道或其他装置泄漏故障
无热水或热水不足	1）电源未接通、系统运行故障 2）连续用水时间长，用水量大 3）温度/压力安全阀出现异常，大量排水

18.3 咖啡机

18.3.1 咖啡机的外形与结构

咖啡机是可以实现咖啡的磨粉、压粉、装粉、冲泡、清除残渣等酿制咖啡的全过程的自动控制的一种电器。咖啡机可以分为半自动咖啡机、全自动咖啡机、商用咖啡机、家用咖啡机。典型的咖啡机外形与结构如图 18-4 所示。

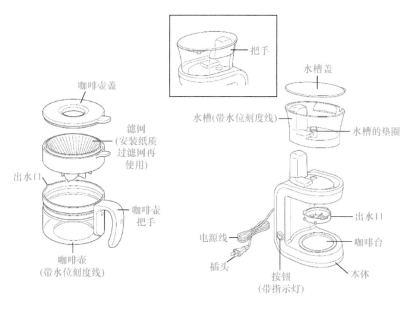

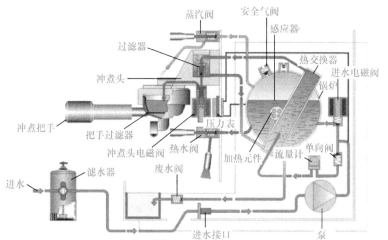

图 18-4　咖啡机的外形与结构

18.3.2 咖啡机与咖啡壶故障维修（见表18-2）

表18-2 咖啡机与咖啡壶故障维修

故障现象	故障原因	检修处理
不出气	内部小孔堵塞	需要疏通小孔
	外部导气管堵塞	需要疏通导气管
	蒸汽开关接触不良	需要处理蒸汽开关
	高压铝锅损坏	更换高压铝锅
	高压铝锅内配线接触不良	重接配线
	硅胶球失灵	重新安装硅胶球
	水箱没水	为水箱加满水
	水箱没装对位置	将水箱放在正确位置
	过滤器堵塞	需要清洗过滤器
	粉末太细、压得太紧	需要用较粗的咖啡粉
	机器内有水垢	需要除垢
不出水或出水量少	电加热管被堵	需要通开或更换电加热管
	电加热管不加热，加热丝断开	需要更换电加热管
	熔丝被熔断	更换熔丝
	单向阀位置不对	需要调换位置
不加热	熔丝熔断	需要更换熔丝
	恒温器触点氧化	需要更换恒温器
	电加热管内配线脱落	重接配线
	电加热管损坏	更换电加热管
不通电，不加热	插头插座接触不良	需要校正、修磨、更换插头插座
	开关损坏	更换开关
	熔丝熔断	更换熔丝
	恒温器损坏	更换恒温器
	高压铝锅损坏	更换高压铝锅

（续）

故障现象	故障原因	检修处理
不通电， 指示灯不亮	无电源	需要接通电源
	配线松脱	需要接好配线
	插头插座异常	需要修磨矫正铜触片，以及重插
	接触不良	需要重新焊接
	开关损坏	需要更换开关
	恒温器损坏	需要更换恒温器
	电源线断开	需要更换电源线或连接电源线
从喷嘴中 流出的是水 而不是咖啡	咖啡渣堵住了漏斗	需要用木质或塑料叉子清洁漏斗， 以及清洁咖啡机内部
发泡效果 不好	发泡器堵塞	需要清洁发泡器
	牛奶不够新鲜	需要用新鲜牛奶
	牛奶不够冷	需要用冷冻牛奶
	水箱没水	水箱需要加满水
咖啡不 够热	咖啡杯与过滤器是冷的，设置的温 度不够高	需要预热咖啡杯、过滤器及其他 附件
咖啡不够 柔滑	咖啡磨得太粗、咖啡搭配比例不当	咖啡研磨机运作时，调整要正确， 以及使用浓咖啡机规定的咖啡混合 比例
咖啡不能 从某个或任 一喷嘴中 流出	喷嘴被堵塞	需要用牙签清洁喷嘴
咖啡不能 从喷嘴中流 出，但却从 检修门四周 流出	喷嘴孔被干的咖啡粉堵住、检修门 内的咖啡进料口被堵塞	可以用牙签、海绵或厨房用硬毛刷 清洁喷嘴，以及彻底清洁进料口，尤 其是铰链周围
咖啡出得 太快	咖啡粉太粗	需要使用更细的咖啡粉
	咖啡粉没压紧	需要压紧咖啡粉

（续）

故障现象	故障原因	检修处理
咖啡从过滤器周围流出	过滤器位置不正	需要检查过滤器位置
	过滤器旁有粉末	需要清除过滤器旁粉末
	酿造系统密封圈已破损	需要更换密封圈
	密封圈上有残留咖啡粉	需要清洁密封圈
咖啡流出速度太慢，有的甚至慢慢在滴	咖啡磨得太细	在咖啡研磨机运作时，调节旋钮要正确
咖啡泡沫少或没有	咖啡粉太粗	需要使用更细的咖啡粉
	咖啡粉没压紧	需要压紧咖啡粉
	咖啡粉不新鲜	需要用新鲜的咖啡粉
漏气	密封圈损坏	更换密封圈
	上盖密封不严	需要调整上盖密封
	咖啡盒没有旋紧	需要重旋
漏水	硅胶管脱落	需要接好硅胶管
	硅胶管破裂	需要更换硅胶管
	电加热管有砂眼	需要更换电加热管
	本体裂	需要更换本体
	硅胶管入水口太松	更换硅胶管
	出水管连接口不密封	硅胶管重新安装
牛奶不从牛奶喷嘴中流出	进奶管没有插入或插入不正确	将进奶管插入到牛奶罐盖的橡胶垫圈中
牛奶起泡效果不佳	牛奶罐盖脏、牛奶起泡剂指针不在正确位置上	需要清洁牛奶罐盖，需要调节牛奶起泡剂指针
牛奶中含有大量泡沫或从喷嘴中喷洒出来	牛奶没有完全冷却或不是半脱脂牛奶、牛奶起泡剂指针调节不对、牛奶罐的盖子脏了	使用冷却的全脱脂牛奶或半脱脂牛奶、移动起泡剂指针、清洁牛奶罐盖

（续）

故障现象	故障原因	检修处理
水泵噪声太大	水箱没水	水箱需要加满水
	水箱没装对位置	水箱需要放在正确位置
噪声大	水箱没有放到位	需要重新调整
	导水座损坏	需要更换导水座
	机器没有放平稳	需要重新放置机器，以及检查脚垫

18.3.3　维修帮

松下咖啡机 NC-A701 故障代码见表 18-3。

表 18-3　松下咖啡机 NC-A701 故障代码

故障代码	故障代码含义
H04	落粉口可能残留咖啡粉故障
U11	储豆盒没有正确安装
U12	电动机堵转故障
U13	水箱没有加水故障

第 19 章　豆浆机、榨汁机、搅拌机

19.1　豆浆机

19.1.1　豆浆机的类型、外形与结构

豆浆机是一种可以自制豆浆的电器。根据模式，豆浆机可以分为全自动豆浆机、石磨豆浆机等。根据打磨方式，豆浆机可以分为包煮包磨豆浆机、榨汁搅拌复合类豆浆机等。典型的豆浆机外形与结构如图 19-1 所示。

19.1.2　豆浆机的工作原理

一般豆浆机的预热、打浆、煮浆等全自动化过程，都是通过单片机控制，相应三极管驱动，再由多个继电器组成的继电器组实施电路转换来完成的。

首先加入适量的水，豆浆机通电后启动制浆功能，豆浆机电加热管开始加热，一定时间后水温达到设定的温度。预打浆阶段，当水温达到设定的温度时，豆浆机电机开始工作，进行第一次预打浆，再持续加热，当碰及防溢电极后到达打浆温度。在打浆/加热阶段，不停地打浆与加热，使得豆子彻底被粉碎。当豆浆煮沸后，豆浆机进入熬煮阶段。电加热管反复加热，使豆浆充分煮熟，完全乳化，从而制成了豆浆。

有的豆浆机的电路由整流滤波稳压电路、单片机工作电路、操作输入电路、显示输出电路、防缺水检测电路、保护电路、防溢出检测电路、保护电路、电动机控制电路、电加热管温度控制电路等组成。

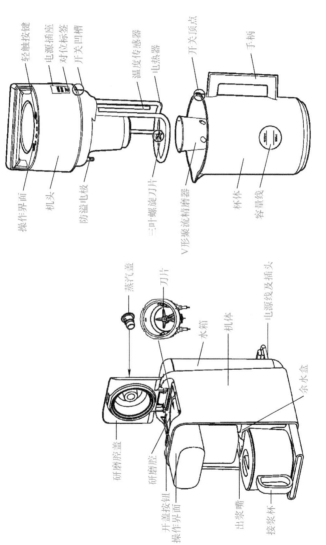

轻触按键
电源插座
对位标签
开关凹槽
温度传感器
电热极
开关顶点
手柄

操作界面
机头
防溢电极
三叶螺旋刀片
V 形聚流精磨器
杯体
容量线

蒸汽盖
刀片
水箱
机体
电源线及插头

研磨腔盖
研磨腔
开盖按钮
操作界面
出浆嘴
接浆杯
余水盒

图 19-1　豆浆机的外形与结构

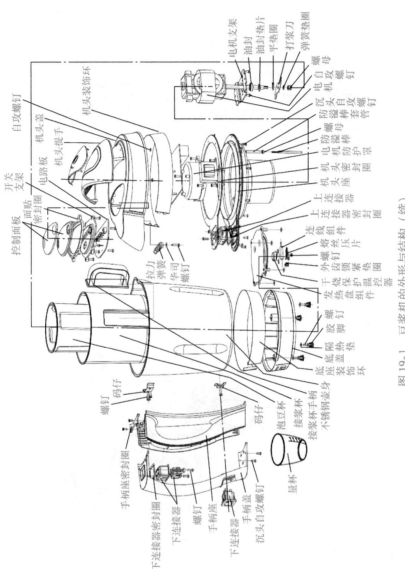

图 19-1　豆浆机的外形与结构（续）

　　整流滤波稳压电路一般由变压器、二极管、电容等组成。整流滤波电路输出低压电源，一方面给继电器线圈与蜂鸣器供电，另一路给集成电路、单片机等提供稳压电源。

　　单片机工作电路一般由单片机与其外围元器件等组成。

　　操作输入电路 、显示输出电路一般由轻触开 关、发光二极管、蜂鸣器等组成。防缺水检测电路与保护电路一般由电加热管外壳、防缺水传感器等组成。防溢出电路一般由电加热管外壳、防溢传感器等组成。

　　豆浆机整机原理框图如图 19-2 所示。

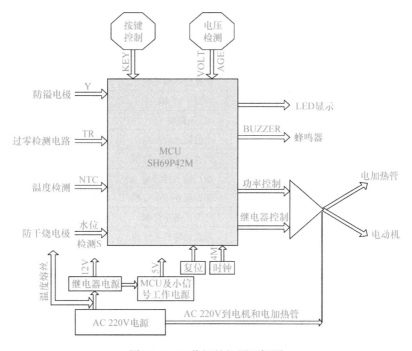

图 19-2　豆浆机整机原理框图

　　豆浆机采用 SH69P42 芯片，该芯片为 SOP20 封装；4 通道 8 位 A/D，各引脚功能分布如下：SH69P42 在九阳 JYDZ-28 豆浆机有应用。SH69P42 芯片引脚功能见表 19-1。

表 19-1　SH69P42 芯片引脚功能

引脚编号	引脚定义	引脚功能
1	PORTE2	加热继电器输出端
2	PORTE3	电机继电器输出端
3	PORTD2	半降功率继电器输出端
4	PORTD3/PWM1	蜂鸣器输出端
5	PORTC2/PWM0	指示灯端
6	PORTC3/T0	相位检测输入端
7	RESET	复位端
8	GND	地端
9	PORTA0/AN0	确定按键输入端
10	PORTA1/AN1	机型选择接口端
11	PORTB2/AN6	温度检测 AD 输入端
12	PORTB3/AN7	选择按键输入端
13	VDD	电源 +5V 端
14	OSCI	RC 振荡端
15	OSCO/PORTC0	水位输入检测端
16	PORTC1/VREF	五谷豆浆指示灯端
17	PORTD0	溢出输入检测端
18	PORTD1	纯香豆浆指示灯端
19	PORTE0	玉米汁指示灯端
20	PORTE1	果蔬豆浆指示灯端

19.1.3　豆浆机的部件（见表 19-2）

表 19-2　豆浆机的部件

名称	解　　说
熔丝管	熔丝管起到过电流保护等作用
变压器	变压器是将控制电路与市电隔离，以及起到降压的作用
串励电机	串励电机能够带动豆浆刀高速旋转，从而粉碎豆料与搅动水流。串励电机上装有热保护器，具有过热保护功能
单刀单掷继电器	单刀单掷继电器主要起切换加热方式等作用

（续）

名称	解　说
电源耦合器	电源耦合器与电源线对接，起到输入工作市电电源的作用
豆浆网	豆浆网与旋转的豆浆刀配合，可以控制引导水流循环粉碎豆料及分离豆浆与豆渣的功能
电加热管	电加热管可以加热、煮熟并用文火延煮豆浆
防缺水传感器	防缺水传感器可以监控豆浆机内水位。当水位低于规定高度时，传输信号给单片机，防止缺水干烧
防溢传感器	防溢传感器可以监控豆浆上层泡沫状态，当泡沫上升到规定高度时，感知并传输信号给单片机，防止豆浆溢出
晶闸管	晶闸管是控制电机打浆和半功率加热的关键元件
控制板	控制板上的轻触开关输入指令，发光管与蜂鸣器发出声光信号，指示豆浆机的工作状况
滤波电容	滤波电容起到滤波、减少电源波纹干扰等作用
排线排插	排线排插是实现功率板与面板进行数据交换的接口
双刀双掷继电器	双刀双掷继电器，主要作用是实现加热与打浆切换
压敏电阻	压敏电阻相当于一个过电压保护装置。正常时，压敏电阻两端阻值无穷大。其并联在 220V 交流电的两端，当通过大电流时导通，防止过高电压烧毁后级电路
主板	主板一般装有单片机与大部分元器件。单片机起接收输入指令后，根据预定程序控制豆浆机工作的作用

19.1.4　豆浆机故障维修（见表 19-3）

表 19-3　豆浆机故障维修

故障现象	故障原因	处理方法
按键没有反应	间隔时间短，系统没有复位；连续工作次数太多过热保护	需要断电 10s 后，再通电使用
	机头内进水，按键或电脑板损坏	维修处理，可能需要更换同型号电脑板

（续）

故障现象	故障原因	处理方法
插上电源线不通电，指示灯不亮	电源插头没插好或者机头没有放正	重新插好电源插头，或者需要放正机头
	机头内进水、电机密封圈损坏、电机座密封圈损坏、电机座损坏、使用不当等	更换损坏或者漏装的密封性器件
电机工作不停	电脑板损坏	维修处理，可能需要更换同型号电脑板
豆浆被烧焦	水太少或者放豆太多	需要根据规定加水、加豆
豆浆加工时间过长，其他正常	电压过低	需要使用稳压器
	水温过低	建议使用 20～35℃ 的水
豆浆没有熟，提前报警	加水或加其他物料太多、加了热水、豆浆机自身故障	需要按标准加水或加其他物料、或维修处理
豆浆溢出	防溢针没有清洗或者防溢针上有东西	需要清洗防溢针
豆浆煮不沸	放入的水太多	需要按照标准加水，不可高于上水位线或低于下水位线
豆子或米打不碎	加水太少或太多	需要加水到上下水位间
	电压过低	需要用稳压器
	豆子浸泡时间短	加长浸泡时间，但是不要长于 8h
	豆量太少或太多	需要根据要求加豆或其他物料
	刀片变钝	需要更换同型号刀
	电脑板程序错误	需要更换同型号电脑板
	电机过温保护或转动过慢、电脑板故障	需要立即断电，等机头冷却后再使其工作
糊管	二次工作	不要二次工作
	电加热管没有清洗干净	需要将电加热管清洗干净
	做米糊时米加得太多	需要根据标准加入米量
	做五谷豆浆时加米或豆太多	需要根据标准加米和豆
	做玉米汁时玉米加得太多	需要根据标准加玉米

（续）

故障现象	故障原因	处理方法
加热不停	未加豆子或其他物料，机器进入保护	需要放豆或其他物料
	机头内进水	需要查找漏水原因
	电机过温保护	需要立即断电，等机头冷却后再工作
通电不报警	蜂鸣器损坏	需要更换蜂鸣器
	电脑板受潮，芯片程序混乱	需要更换电脑板
	使用不当导致机内进水，使电脑板局部短路	需要用吹风机吹干电脑板及机内水分
	蜂鸣器插座松脱或接触不良	需要检查蜂鸣器插座接触是否不良
	变压器二次侧端与电脑板连接不可靠	需要检查变压器二次侧端插头与电脑板连接是否不良
	变压器烧坏	需要更换新的变压器
通电不加热	继电器不能吸合或支脚断裂	需要更换继电器
	电脑板受潮，芯片程序混乱	需要更换电路板
	使用不当导致机内进水，使电脑板局部短路	需要用吹风机吹干电脑板与机内水分
通电即报警	豆浆桶内没有加水	需要根据规定加水
	信号导线装置开路	需要整理并连接好信号导线装置
	电脑板受潮，芯片程序混乱	需要更换电脑板
	使用不当导致机内进水，使电脑板局部短路	需要用吹风机吹干电脑板与机内水分
通电加热，但电机不工作	串励电机受潮，线圈短路	需要更换串励电机
	继电器不能吸合或支脚断裂	需要更换继电器
	电脑板受潮，芯片程序混乱	需要更换电脑板
	串励电机温度过高、电机过热保护、温控器动作	需要冷却电机 30s
	使用不当导致机内进水，使电脑板局部短路	需要用吹风机吹干电脑板与机内水分

（续）

故障现象	故障原因	处理方法
溢出	按错功能键	需要正确选择功能键
	豆浆太稀或加物料太多	需要根据标准加豆或其他物料
	加水太多或太少	加水到上下水位间
	豆浆机自身故障	维修处理
指示灯亮，但主机不工作	电脑板受潮，继电器失灵	维修或者更换电路板

19.1.5 维修帮

1. 九阳豆浆机 DJ12A-D320、DJ12A-D100、DJ12A-D4100 故障代码（见表 19-4）

表 19-4 九阳豆浆机 DJ12A-D320、DJ12A-D100、DJ12A-D4100 故障代码

故障代码	提示	故障代码含义
E1	所有灯闪 1 次，同时嘀 1 声，间隔 3s	无水干烧故障
E2	所有灯闪 2 次，同时嘀 2 声，间隔 3s	高温水故障
E4	所有灯闪 4 次，同时嘀 4 声，间隔 3s	加热超时故障
E5	所有灯闪 5 次，同时嘀 5 声，间隔 3s	输入电压故障
E6	所有灯闪 6 次，同时嘀 6 声，间隔 3s	过零信号丢失故障
E7	所有灯闪 7 次，同时嘀 7 声，间隔 3s	通信故障
E8	所有灯闪 8 次，同时嘀 8 声，间隔 3s	温度检测故障
E10	所有灯闪 10 次，同时嘀 10 声，间隔 3s	线路板板温故障

2. 九阳豆浆机 DJ10E-K61 故障代码（见表 19-5）

表 19-5 九阳豆浆机 DJ10E-K61 故障代码

故障代码	故障代码含义	故障代码	故障代码含义
E01	接浆杯未放置到位	E06	上水位电极粘连或放置物料量过多
E02	水箱无水或水箱底部过滤网片堵塞故障	E07	电压信号故障
E03	研磨腔盖未安装或未安装到位故障	E08	内部通信接口异常故障
		E09	内部通信接口异常故障
E04	余水盒未放置到位或余水盒内废水未倒干净故障	E10	排浆阀堵转或异物卡塞故障
		E11	温度传感器检测电路故障
E05	物料过多使得电机过载故障	E12	研磨腔温度传感器检测电路故障

3. 九阳豆浆机 DJ06X-D580 维修参考（见图 19-3）

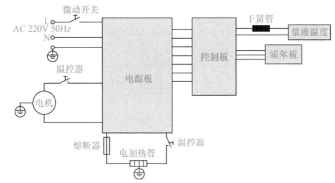

图 19-3　九阳豆浆机 DJ06X-D580 维修参考

4. 九阳豆浆机 DJ06X-D580 故障代码（见表 19-6）

表 19-6　九阳豆浆机 DJ06X-D580 故障代码

故障代码	故障代码含义	故障代码	故障代码含义
E01	无水干烧异常故障	E07	连续制浆过热保护故障
E02	高温水故障	E08	加热电流异常故障
E03	开盖120s 内提示	E09	待机电流过大故障
	开盖超过120s 报警	E10	电机堵转卡死故障
E04	电机过热保护温控器跳断故障	E11	输入电压故障
E05	电机电流过大或食材过多	E12	过零信号丢失故障
E06	加热超时故障	E13	温度检测异常故障
		E14	线路板温度检测异常故障

5. 美的豆浆机 DJ13B-HKCZ2 维修参考（见图 19-4）

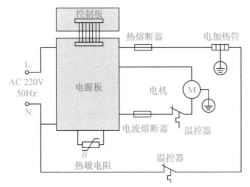

故障代码	故障代码含义
E1	热敏电阻开路故障
E2	热敏电阻短路故障
E3	防溢报警故障
E4	过零检测故障
E5	高温启动报警故障

图 19-4　美的豆浆机 DJ13B-HKCZ2 维修参考

6. 美的豆浆机 MS-HC12Q6 维修参考（见图 19-5）

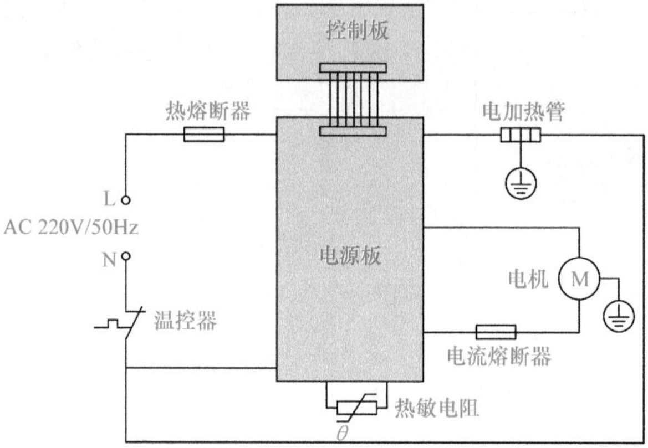

图 19-5　美的豆浆机 MS-HC12Q6 维修参考

7. 苏泊尔破壁豆浆机 DJ12B-P91E 维修参考（见图 19-6）

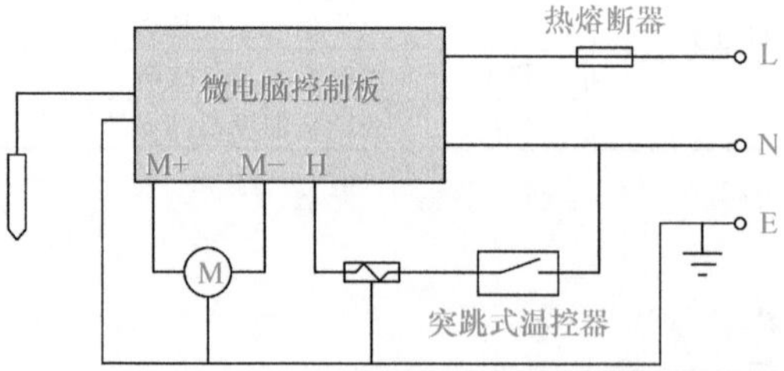

故障代码	故障代码含义
E1或E2	加入的水量过多，碰到防溢电极

图 19-6　苏泊尔破壁豆浆机 DJ12B-P91E 维修参考

8. 苏泊尔破壁豆浆机 DJ12B-P618E 维修参考（见图 19-7）

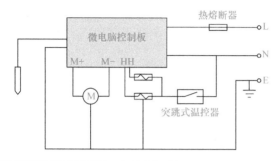

故障代码	故障代码含义
E1或E2	加入的水量过多, 碰到防溢电极等
E3或E4或E5或E6	温度探头异常故障

图 19-7   苏泊尔破壁豆浆机 DJ12B-P618E 维修参考

19.2   榨汁机

19.2.1   榨汁机的结构

榨汁机的结构如图 19-8 所示。榨汁机整体结构主要由控制板、电池、电机、刀具、杯体等组成。榨汁机控制板主要是控制电机的驱动。电机的驱动往往是采用由 MOS 作为通电驱动实现开与关。榨汁机电机, 常见的有3.7V、7.4V 等规格。

榨汁机供电电池有单串锂电池、两串锂电池等类型。3.7V 电机, 一般使用单串锂电池供电。7.4V 电机一般使用两串锂电池供电。

榨汁机控制板的主要控制单元一般为单片机。

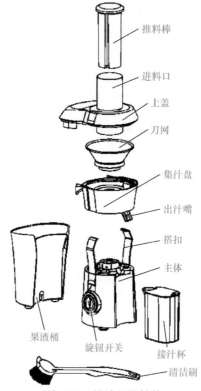

图 19-8 榨汁机的结构

19.2.2 榨汁机的部件（见表 19-7）

表 19-7 榨汁机的部件

名称	解　说
电机电刷、换向器	电机电刷与换向器间的接触是否不良，可以用万用表 R×1 档测量电机两端的电阻来判断。检修电机接触不良故障时，可以拆卸电刷，取出转子进行检查。如果换向器与电刷的积垢、磨损程度较严重，则可以用水砂纸仔细磨光换向器表面与电刷接触面，然后用无水酒精棉球擦拭干净即可。如果换向器磨损程度不严重、无明显磨痕，则不宜用砂纸磨，只用酒精擦干净即可。如果电刷已经被磨损掉一部分，但不宜过短，则可以把电刷弹簧适当拉伸后再装上。如果弹簧老化或质量不佳，则需要换新件。如果电刷已经明显磨损，则需要清洗换向器后再更换同规格的新件即可

（续）

名称		解　说		
电机驱动使用 AP100N03D		符号	最大值	单位
		V_{DSS}	30	V
		V_{GSS}	±20	V
		$I_D@T_C=25℃$	100	A
		$I_D@T_C=100℃$	59	A
		I_{DM}	360	A
		E_{AS}	95	mJ
		I_{AS}	19.5	A
		$P_D@T_C=25℃$	68	W
		$R_{θJA}$	62	℃/W
		$R_{θJA}$	25	℃/W
		$R_{θJC}$	2.2	℃/W
		$T_{J,TSTG}$	−55~+175	℃
电机驱动使用 AP60N02D		符号	最大值	单位
		V_{DSS}	20	V
		V_{GSS}	±12	V
		$I_D@T_A=25℃$	60	A
		$I_D@T_A=70℃$	42	A
		I_{DM}	210	A
		E_{AS}	56.2	mJ
		$P_D@T_A=25℃$	57	W
		$R_{θJC}$	2.63	℃/W
		$T_{J,TSTG}$	−55~+175	℃
电源插头	合上电源开关（置于正常工作位）时，检查电源插头两端的电阻，正常情况下的电阻为 50~60Ω（对应 230W 电机。不同功率电机的数据可能不一样，范围大多在 30~100Ω）。如果实测数据为无穷大，则说明该电源电路开路			
果渣槽	果渣槽或果渣盘内的残渣过多，需要断电后取出果渣槽，再进行彻底清除			

（续）

名称	解　说
开关组件	榨汁机的开关组件主要是由电源开关、启动开关、按压组件等构成。旋转启动开关时，启动开关的联动结构拨动按压装置向下运动，从而控制电源开关的闭合与断开 检修开关组件时，可以通过检测开关组件的电源开关、启动开关，以及根据开关组件的不同工作状态来检测其内部连接情况进行判断 1）旋转启动开关到1档，检测此时启动开关的阻值，如果开关焊点间的阻值为0Ω，则说明启动开关正常 2）启动开关处于1档时，电源开关的阻值正常情况下，一般应为0Ω。如果电源开关的阻值为无穷大，则说明该电源开关内部的触片没有接通 电源开关与安全开关损坏或错位较为多见，但有时也有电源连线或电源插头损坏的情况。如果是电源线或插头损坏，只要重新连接好或更换即可。如果是电源开关损坏，可以拆卸修理。安全开关较常见的故障是触动簧片损坏或错位，只要拆卸后重新校正或修理触动簧片即可
切削电动机	检测切削电动机的电压输入端，正常情况下，应可以测得一定的阻值，有的大约为190Ω。如果与正常数值相差大，则说明该切削电动机异常

19.2.3　榨汁机故障维修（见表19-8）

表19-8　榨汁机故障维修

故障现象	故障原因	排除方法
不通电，电机不转	1）没有组装好	1）需要根据榨汁、搅拌、干磨、碎肉的功能组装好
	2）电路接线异常	2）检查电路接线情况
	3）电源开关异常	3）电源开关正常情况下，关闭时，万用表应为不通。打开时，万用表应为通
	4）微动开关异常	4）微动开关正常情况下，关闭时，万用表应为不通。打开时，万用表应为通
	5）过热保护器异常	5）过热保护器正常情况下，万用表应为通
	6）电机异常	6）电机正常情况下，万用表应为通

（续）

故障现象	故障原因	排除方法
部分功能失效	功能开关异常	功能开关常见的故障是触点被烧毛烧黑、簧片变形等。维修时，可以先用小锉刀或细砂布修平磨光触点，然后用钳子校正变形的簧片。如果开关触头烧坏程度严重，则需要更换触头
出汁少	1）集汁盘内果渣过多 2）压推料棒时用力过度 3）原材料体积太大	1）需要清洗集汁盘 2）需要轻压推料棒 3）需要把原材料切小一点
发出异常声响或噪声大	1）电机转子与定子碰触、电机轴承损坏等发出"嗒嗒"或"喀喀"等异响 2）投放的果蔬过大、过厚、过硬、量过大、压下用力太大或果渣槽过满等，榨汁机工作时发出变调的噪声或沉闷的"呜呜"声	1）需要拆开电机，查出原因，以及进行校正 2）关机，排除故障或者进行必要的调整
果汁漏出	往进料口加多了水或果汁	不要多加水或果汁
	榨果汁浓稠的食物	需要减慢加料速度与减少加料重量
	一次投放的材料量过多	需要一点点放入材料，并且慢慢按压
	没有清理残留果渣而继续榨汁	需要清理果渣
果汁中含果渣多	榨汁网破损	需要更换榨汁网
机器在使用中停止运行	1）电压过低 2）压推料棒时用力过度 3）电机温控保护	1）等电压恢复 2）需要轻压推料棒 3）可以停止机器几分钟后，再重新使用，有的榨汁机可以恢复正常
接通电源电机转动一会就自停	可能是电机运转温升过高导致温控器开关动作，从而造成自动停机，也可能是电机或操作上异常引起的	需要更换温控器开关、检查电机，榨汁机连续工作时间不要过长

（续）

故障现象	故障原因	排除方法
开机时及使用过程中整机产生很大的晃动	滤网组件没有装配到位	需要重新安装，使滤网组件安装到位
	隔渣架没有完全扣到位	需要将隔渣架完全扣到位
使用中停机	电压过低	需要检查电压过低的原因
	食材过量	断开电源，将多余的食材取出
	压推料棒用力过度	需要轻压推料棒
	电机温控保护	需要停止 20~30min 后再使用
通电后，启动开关，产品不工作	集汁盘没有安装到位	将集汁盘安装到位
	上盖没有安装到位	将上盖安装到位
	杯体、杯座、主体间没有安装到位	需要安装到位
	1）集汁盘没有安装到位 2）上盖没有安装到位	1）集汁盘需要安装到位 2）上盖需要安装到位
异常振动或噪声大	1）刀网没有安装到位，运转平衡差 2）产品放置不平稳 3）电压过高	1）需要将刀网安装到位 2）需要将产品放置平稳 3）需要检查电压是否过高
	变速涡轮损坏	更换变速涡轮
在工作过程中整机出现振动及异响	投放食物过多，榨汁盖表面附带果渣	需要及时清理果渣
	投入食物时用力过大	食物需要缓慢投入进料口
	投放进料口食物太大块	需要将食物切成小块投入进料口
榨汁机榨汁出液慢	刀具滤网组件被果蔬残渣堵塞所致	需要进行清洗，以及清除掉滤网、刀具上的残渣
整机不工作	没有正确安装盛汁盘或榨汁盖，使保护开关没有打开	需要重新正确组装保护开关
	电机保护器跳开	可以让电机冷却后保护器自动复位

19.2.4　维修帮

1. 九阳榨汁机 JYZ-20 维修参考（见图 19-9）

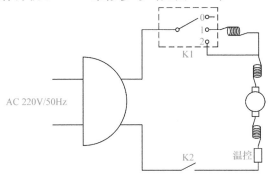

图 19-9　九阳榨汁机 JYZ-20 维修参考

2. 苏泊尔挤压原汁机 SJ10-150、SJ22-150 维修参考（见图 19-10）

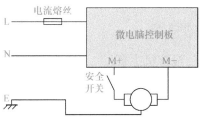

图 19-10　苏泊尔挤压原汁机 SJ10-150、SJ22-150 维修参考

3. 苏泊尔果汁机 BS301-200、BS305A-200、BS305B-200 维修参考（见图 19-11）

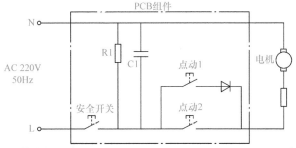

图 19-11　苏泊尔果汁机 BS301-200、BS305A-200、BS305B-200 维修参考

4. 苏泊尔果汁机 JS40-350 维修参考（见图 19-12）

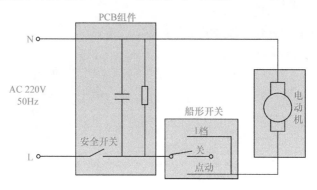

图 19-12　苏泊尔果汁机 JS40-350 维修参考

19.3　搅拌机

19.3.1　搅拌机的特点

　　家用小电器中的搅拌机主要是指食品搅拌机。食品搅拌机是一种可以实现多种水果蔬菜的搅拌，从而榨出新鲜美味的果汁与蔬菜汁的小型电器。搅拌机的结构如图 19-13 所示。

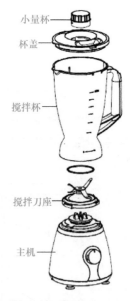

图 19-13　搅拌机的结构

19.3.2 搅拌机的电路（见图 19-14）

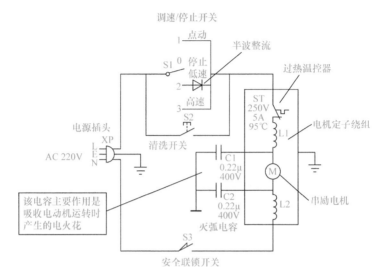

图 19-14 搅拌机的电路

19.3.3 搅拌机的部件（见表 19-9）

表 19-9 搅拌机的部件

名称	解　　说
传动器齿牙	传动器齿牙可以用现象来判断：当传动器齿牙轻度磨损时，刀具时转时不转；当传动器齿牙严重磨损或损坏时，刀具不转
电机	电机的好坏可以用万用表来判断：用万用表 R×1k 档测量电机绕组两端电阻值，正常情况下，均大约为 12Ω。如果拆下转子，测量整流器相邻整流片间电阻值在 2.8～3.2Ω，与正常电阻值 4.5Ω 相差很大，则说明该转子各绕组击穿短路，需要重新制绕组 电机的好坏也可以用嗅觉法来判断：电机运转发出刺鼻异味，则多为电机绕组烧坏所致

（续）

名称	解　说
电容	电容的好坏可以用万用表来判断：用数字万用表测电容，如果发现失容且漏电，则说明该电容异常 电容的好坏可以用观察法来判断：焊下电容，如果发现铝壳鼓起，则说明该电容异常
二极管	二极管的好坏可以用万用表来判断：用万用表测量二极管正向、反向电阻值，均为无穷大，则说明该二极管异常
继电器	继电器常见的故障是常开触点异常，可以焊下继电器，撬开继电器外壳，对氧化烧蚀的触点，用细砂纸打磨氧化物使其正常接触
碾磨刀或搅拌刀	碾磨刀或搅拌刀常见的故障是铆合松动，可以拆下刀具，在刀轴的螺纹端垫上铜块，以防止铆合时产生变形，再用小圆头锤敲打铆合位直到将刀具铆牢。如果铆合失败，则需要更换刀具
清洗开关	清洗开关的好坏可以用万用表来判断：将万用表两表笔接触清洗开关两脚端，然后按下清洗开关，如果万用表指针不摆动，则说明该清洗开关已经损坏了

19.3.4　搅拌机故障维修（见表 19-10）

表 19-10　搅拌机故障维修

故障现象	故障原因	排除方法
玻璃杯漏水	杯座没有旋紧	重新组装玻璃杯组件
不开锅	操作不正确	改正操作方法
	恒温器失灵，温度调节过低	调整好恒温器
	内锅变形	调整或更换内锅
	电加热盘变形	更换电加热盘
	电加热管阻值变化	更换电加热管
	电压不正常	调整好电压
	接触不良	检查接触情况

（续）

故障现象	故障原因	排除方法
不转动、不工作	玻璃杯组件没有安放在主体上	安装好玻璃杯组件后再开机
	电机或线路损坏	维修处理
	停电	等供电正常后使用
	电源没有接通	需要接通电源
产品不能工作	电源插头没有插上，搅拌杯没有正确安装	插好电源插头，放好搅拌杯
内锅粘锅、糊锅	内锅涂层脱落	更换内锅
	内锅不干净	清洁内锅
	材质存在问题	更换材质
食物搅不动	食物块过大	需要将食物切小后使用
	玻璃杯内投入固体食物过多	不要投入过多固体食物
	食物黏性太大	需要将食物加水或其他液体稀释
有麻手现象	漏电	检查内部连线是否受潮
振动	玻璃杯与杯座没有旋紧	需要重新组装玻璃杯组件
指示灯不亮不加热	电源没有接通	需要接通电源
	内配线脱落	需要接好配线
	恒温器接触不良	调整恒温器
指示灯亮但不加热	熔丝熔断	更换熔丝
	电源插座与锅没有配合好	需要插好
	电加热盘损坏	更换电加热盘
转动不平稳，忽快忽慢	食物切得块太大	需要将需加工的食物切成均匀的小块
	搅拌时没有加入水	需要先加入汤汁类液体再放固体食物

19.3.5　维修帮

苏泊尔搅拌机 GP98LV-1300 维修参考见图 19-15。

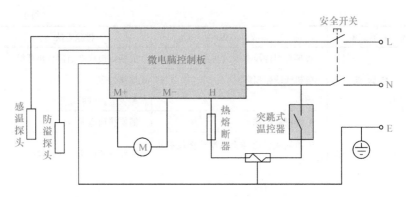

图 19-15　苏泊尔搅拌机 GP98LV-1300 维修参考

第 20 章　调奶器、酸奶机

20.1　调奶器

20.1.1　调奶器的结构（见图 20-1）

壶盖提手
壶盖
壶嘴
玻璃壶体
操作面板
电源底座
手柄
电源插头

图 20-1　调奶器的结构

20.1.2　维修帮

1. 九阳调奶器 MY009-QF520 维修参考（见图 20-2）

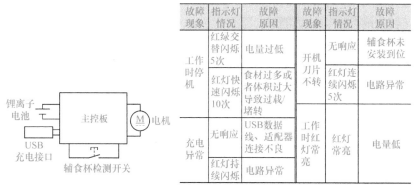

锂离子电池
USB 充电接口
主控板
M 电机
辅食杯检测开关

故障现象	指示灯情况	故障原因	故障现象	指示灯情况	故障原因
工作时停机	红绿交替闪烁5次	电量过低	开机刀片不转	无响应	辅食杯未安装到位
	红灯快速闪烁10次	食材过多或者体积过大导致过载/堵转		红灯连续闪烁5次	电路异常
充电异常	无响应	USB数据线、适配器连接不良	工作时红灯常亮	红灯常亮	电量低
	红灯持续闪烁	电路异常			

图 20-2　九阳调奶器 MY009-QF520 维修参考

2. 九阳调奶器 K12-B2 维修参考（见表 20-1）

表 20-1　九阳调奶器 K12-B2 维修参考

故障现象	故障原因	故障代码	故障代码含义
调奶器不加热	电源插头没有连接完好	E1	壶体和底座分离
	电源线损坏		传感器损坏
	干烧保护	E2	干烧时间过长
	热熔断器高温异常保护		传感器短路故障
按键不工作	按键坏了或接触不良	E3	干烧故障
水开后持续不断电	内部线松脱或接触不良	E4	传感器损坏故障
	感温探头损坏		

20.2　酸奶机

20.2.1　酸奶机的结构

酸奶机是一种制造酸奶的电器，其能够给牛奶发酵提供一个恒定温度的装置，温度大概为 35 ~ 45℃。在该环境下，益生菌大量繁殖，牛奶中的乳糖转化成乳酸，牛奶能够发酵成酸奶。

酸奶机可以分为全自动型酸奶机、电子控制型酸奶机、可制冷的酸奶机。典型的酸奶机结构如图 20-3 所示。

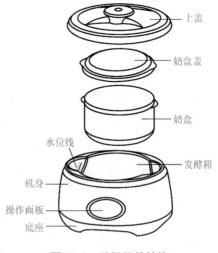

图 20-3　酸奶机的结构

20.2.2 维修帮

1. 九阳酸奶机 SN10W01A、SN10W01EC、SN10L01A 等的维修参考（见图 20-4）

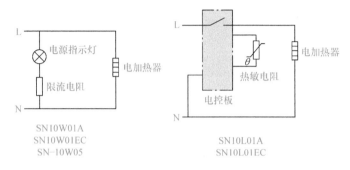

故障现象	故障原因
完成后牛奶没有发酵成酸奶	发酵时间太短
	牛奶温度太低
	没有加发酵剂或纯酸牛奶
完成后酸牛奶异味太重	发酵时间过长
	原料过期、变质
电加热器不加热指示灯不亮	电源没有接通
	电源线损坏
电加热器不加热指示灯亮	电加热器损坏

图 20-4　九阳酸奶机 SN10W01A、SN10W01EC、SN10L01A 等的维修参考

2. 九阳酸奶机 SN08W01A、SN08W01B、SN08W01EC 维修参考（见图 20-5）

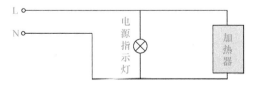

图 20-5　九阳酸奶机 SN08W01A、SN08W01B、SN08W01EC 维修参考

3. 九阳酸奶果汁机 SN3-SP52 维修参考（见图 20-6）

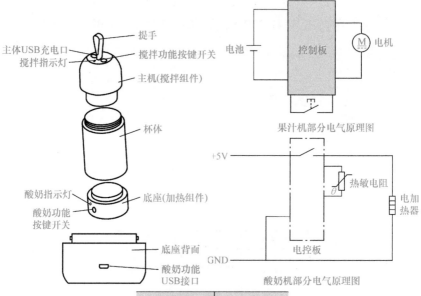

果汁机部分电气原理图

酸奶机部分电气原理图

故障现象		故障原因
底座不加热	酸奶指示灯不亮	电源没有接通
	酸奶指示灯亮	加热体损坏
三个酸奶指示灯同时闪烁		传感器短路或开路
未发酵成功		加热体损坏
主体开机不转	搅拌指示灯绿灯闪烁1次	微动开关没有启动
主体工作时停机并红灯闪烁	搅拌指示灯红灯闪烁5次	电量不足
主体充电无提示	搅拌指示灯红灯不亮	USB数据线连接不良

图 20-6　九阳酸奶果汁机 SN3-SP52 维修参考

第21章 面包机、面条机、馒头机

21.1 面包机

21.1.1 面包机的类型、外形与结构

面包机就是烤面包的一种电器。面包机的类型如下：

1) 根据功能，面包机可以分为普通面包机、大米面包机。

2) 根据加热方式，面包机可以分为单发热管加热面包机、多发热管加热面包机、热风加热面包机、热风加发热管加热面包机等。

3) 根据搅拌结构，面包机可以分为单搅拌结构面包机、双搅拌结构面包机。

4) 根据面包机结构，面包机可以分为横向结构、纵向结构等。

5) 根据驱动电机，面包机可以分为直流电机驱动面包机、交流电机驱动面包机。

6) 根据外壳材质，面包机可以分为塑料面包机、不锈钢面包机、冷板面包机等。

典型的面包机结构如图 21-1 所示。

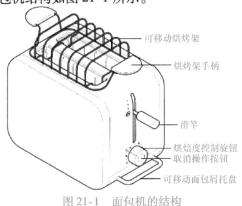

图 21-1 面包机的结构

21.1.2 面包机故障维修（见表21-1）

表 21-1 面包机故障维修

故障现象	故障原因	维修处理
按下启动/停止按钮也不动作	电源插头松了	把电源插头插好后，选择菜单，按下启动/停止按钮
按下启动/停止按钮，还是显示E00、EEE、HHH	硬件故障	需要维修
不通电	无电源	需要接通电源
	触点接触不良	需要擦拭或调整触点
	内配线断开	需要接好配线
不吸合	无电源，不通电	检查电源情况
	PC板上电磁铁损坏	更换电磁铁
	加热正常但不跳	PC板组件不良（主要是三极管异常引起的）
	加热丝断开	需要重新接好或更换加热丝
	手柄与外壳摩擦太紧	需要调整好
	铁心被氧化	需要除锈
	升降板触点与铁心位置较高	可以垫高PCB控制板（螺丝垫片厚）
漏电	接地不正确	正确接地
	机内与附件不清洁	清洁干净并烘干后再使用
面包机不搅面不工作	菜单没有选定	按菜单键选定所需的功能与时间
	电源没有接通	设定菜单后，按压启动/停止键才能开始工作
	元器件损坏	维修元器件
	延时工作	停止工作
	刚做完面包，机内温度过高	强制冷却到室温

（续）

故障现象	故障原因	维修处理
面包生熟不一致	面包夹生	加水过少或加入的水温过高（例如开水）
	面包配比不正确	需要合理配料
显示恢复为4∶10	中途是否有 10min 以上的停电	用新材料重新制作
一按下启动/停止按钮就显示 E01	由于连续使用而机器内部温度过高	断开电源，打开机盖，取出面包桶，让机器内部冷却下来
一按下启动/停止按钮就显示 E02	在菜单揉面团中以不足 5min 的间隔总共使用了超过 30min	需要让主机休息 30min 以上
用定时器设定好的时间里面包没有做好	没有选择正确的菜单，定时器设定方法不正确	需要设定好定时器
有异声	面包桶内有蛋壳、果核等	停止使用，需要清除蛋壳、果核等杂物后再开机
	面包桶未卡到位	需要将面包桶卡到位
有异味	电源损坏	需要避免电源线接触发热体
蒸汽口的盖的周围冒烟	加热器上散落有材料等	等主机完全冷却后，需要用布等把机器内部擦干净

21.1.3 维修帮

1. 九阳面包机 MB-100S11、MB-100S611 维修参考（见图 21-2）

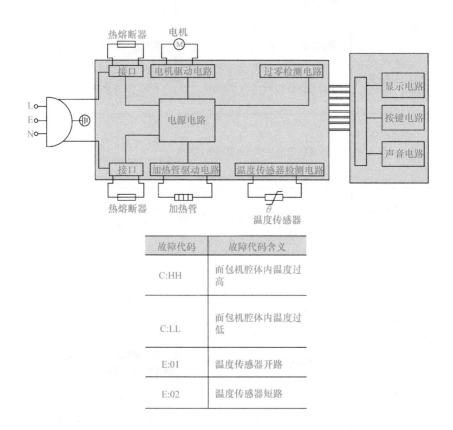

故障代码	故障代码含义
C:HH	面包机腔体内温度过高
C:LL	面包机腔体内温度过低
E:01	温度传感器开路
E:02	温度传感器短路

图 21-2　九阳面包机 MB-100S11、MB-100S611 维修参考

2. 九阳面包机 MB045Y01A 维修参考（见图 21-3）

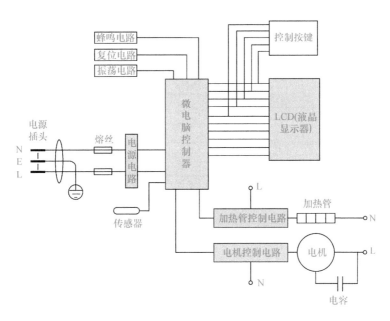

故障代码	故障代码含义
E01	烤箱内温度过高故障
E00	烤箱内温度过低故障
HHH	温度传感器短路故障
EEE	温度传感器开路故障

图 21-3 九阳面包机 MB045Y01A 维修参考

3. 美的面包机 EHS15Q3-PRRY、THS15BB-PARY 维修参考
（见图 21-4）

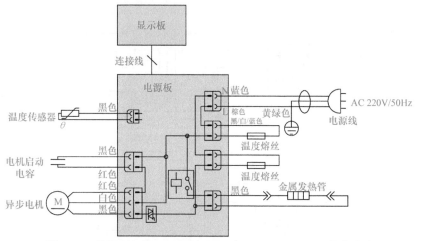

图 21-4 美的面包机 EHS15Q3-PRRY、THS15BB-PARY 维修参考

21. 2 面条机

21. 2. 1 面条机的结构（见图 21-5）

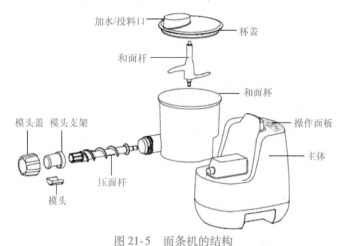

图 21-5 面条机的结构

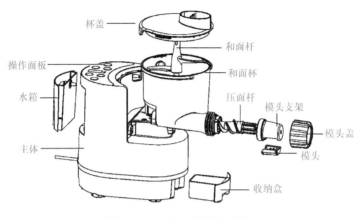

图 21-5　面条机的结构（续）

21.2.2　维修帮

1. 九阳面条机 M6-MC132、M6-MC320 维修参考（见图 21-6）

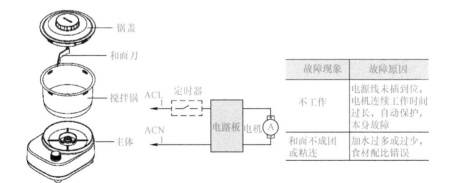

故障现象	故障原因
不工作	电源线未插到位，电机连续工作时间过长，自动保护，本身故障
和面不成团或粘连	加水过多或过少，食材配比错误

图 21-6　九阳面条机 M6-MC132、M6-MC320 维修参考

2. 九阳面条机 JYN-L86、JYN-L6 维修参考（见图 21-7）

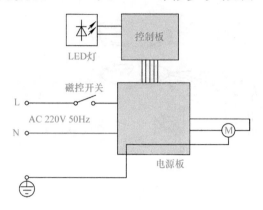

图 21-7　九阳面条机 JYN-L86、JYN-L6 维修参考

3. 九阳面条机 M4-M711、M4-L1 维修参考（见图 21-8）

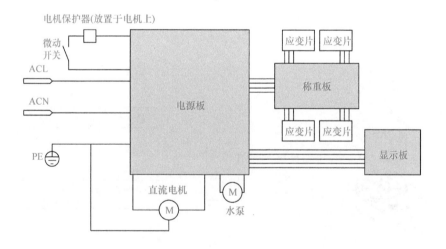

图 21-8　九阳面条机 M4-M711、M4-L1 维修参考

故障代码	故障代码含义
E01	电子秤未校准
E02	未合盖就开启功能 机器连续工作，电机过热保护 电机热保护器损坏
E05	传感器开路故障
E06	传感器短路故障
E09	搅拌杯中有异物
E15	加水量过少
E17	电子秤异常故障
E18	水泵损坏故障
E28	水箱未安装到位 水箱水量不足 水路损坏故障

图 21-8 九阳面条机 M4-M711、M4-L1 维修参考（续）

21.3 馒头机

21.3.1 馒头机的结构（见图 21-9）

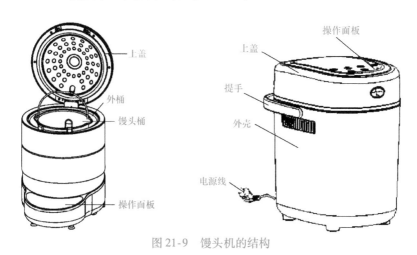

图 21-9 馒头机的结构

21.3.2 维修帮

1. 九阳馒头机 MT50S-M96、MT50S-M66A 故障代码（见表21-2）

表21-2　九阳馒头机 MT50S-M96、MT50S-M66A 故障代码

故障代码	故障代码含义
C: HH	高温故障
C: LL	低温故障
U: LL	电压太低故障
U: HH	电压太高故障
E: 01	温度传感器开路故障
E: 02	温度传感器短路故障

2. 九阳馒头机 MT75S-M7、MT75S-M7A、MT75S-M77 维修参考（见图21-10）

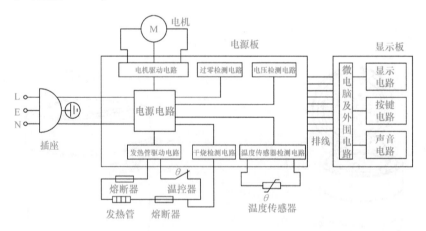

图 21-10　九阳馒头机 MT75S-M7、MT75S-M7A、MT75S-M77 维修参考

3. 九阳馒头机 MB-75Y02 维修参考 (见图 21-11)

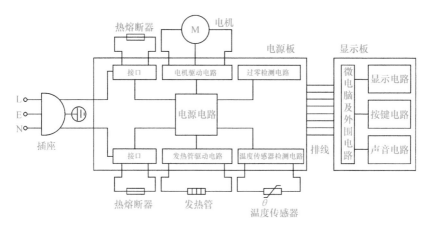

故障现象	故障原因
电机堵转，不能搅面	面团水含量太少
	面团太大
电机不能转动	电路异常
发热管不能加热	电路异常
面包筋性不足	程序选择不正确
电机有转动，但未搅面	忘记安装搅拌叶片

图 21-11 九阳馒头机 MB-75Y02 维修参考

第 22 章　煮蛋器、绞肉机

22.1　煮蛋器

22.1.1　煮蛋器的类型、外形与结构

煮蛋器的结构如图 22-1 所示。

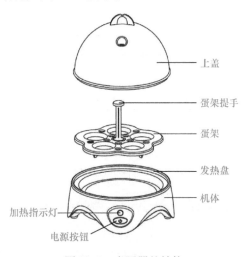

上盖

蛋架提手

蛋架

发热盘

机体

加热指示灯

电源按钮

图 22-1　煮蛋器的结构

22.1.2　煮蛋器的工作原理

煮蛋器电路一般由密封电热器 R、热继电器 J、LED 指示灯等组成，如图 22-2 所示。电热器、热继电器一般紧贴在水盆的底部。煮蛋器的电源接通后，电流通过熔丝 FUSE、热继电器 J、LED 指示灯、电热器 R 构成回路。通电时，LED 红灯亮，电热器开始加温。经过电

热器加温,煮蛋器容器内的水渐渐加温,水随着温度蒸发,蛋开始加温。

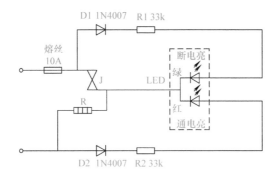

图 22-2 煮蛋器电路

当煮蛋器容器内的水蒸发完后,由于煮蛋器容器继续被加热,当温度超出热继电器的设定值时,继电器触点被断开,红色 LED 指示灯熄灭,绿色 LED 指示灯被点亮,也就是说明蛋已经煮熟了。

22.1.3 煮蛋器故障维修(见表 22-1)

表 22-1 煮蛋器故障维修

故障现象	故障原因与排除方法
不通电,底板不热	1)电路接线异常,需要检查接线 2)电源开关异常 3)检查发热盘是否正常。正常情况下,万用表应为通 4)冷态情况下,检查干烧保护器。正常情况下,万用表应为通 5)检查过热保护器是否正常。正常情况下,万用表应为通
蛋蒸煮得太熟或太生	可能是水加得太多或太少
鸡蛋煮不熟	1)水量不足,需要根据要求加入水量 2)煮蛋时,水量从蛋架四周溢出 3)注水太多,需要放掉一些水 4)煮蛋的水质不干净,需要更换煮蛋的水

（续）

故障现象	故障原因与排除方法
食物没有炖熟	档位损坏、水太少、炖煮时间太短等原因
指示灯不亮	1）停电 2）电源线、插座异常 3）煮蛋器电源按钮异常

22.1.4 维修帮

1. 九阳煮蛋器 ZD05W01A、ZD05W01EC、ZD07W01A 维修参考（见图 22-3）

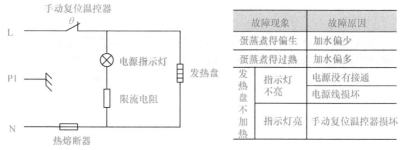

故障现象		故障原因
蛋蒸煮得偏生		加水偏少
蛋蒸煮得过热		加水偏多
发热盘不加热	指示灯不亮	电源没有接通
		电源线损坏
	指示灯亮	手动复位温控器损坏

图 22-3 九阳煮蛋器 ZD05W01A、ZD05W01EC、ZD07W01A 维修参考

2. 九阳煮蛋器 JYZD-05PW01、JYZD-06GW01 维修参考（见图 22-4）

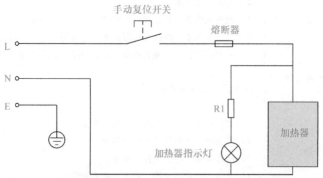

图 22-4 九阳煮蛋器 JYZD-05PW01、JYZD-06GW01 维修参考

3. 九阳煮蛋器 ZD-5J91、ZD-5W05 维修参考（见图 22-5）

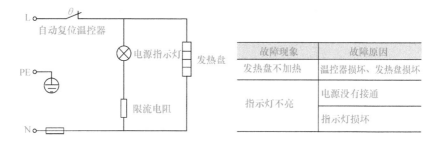

故障现象	故障原因
发热盘不加热	温控器损坏、发热盘损坏
指示灯不亮	电源没有接通
	指示灯损坏

图 22-5　九阳煮蛋器 ZD-5J91、ZD-5W05 维修参考

4. 九阳煮蛋器 ZD14-GE140、ZD14-GE141、ZD14-GE142 维修参考（见图 22-6）

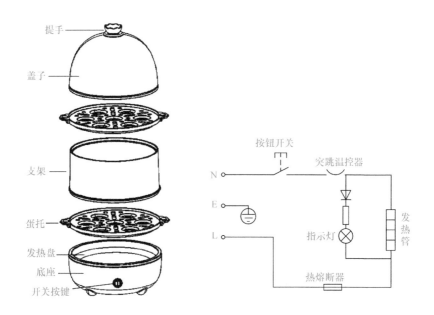

图 22-6　九阳煮蛋器 ZD14-GE140、ZD14-GE141、ZD14-GE142 维修参考

故障现象	故障原因
指示灯亮，机器不加热	发热管损坏故障
指示灯不亮，机器加热	灯损坏故障
蛋太熟或太嫩	加水太多或太少
	发热盘水垢太厚
指示灯不亮，机器不加热	电源插头没有连接完好
	电源线损坏故障
	干烧保护
	开关损坏故障

图 22-6　九阳煮蛋器 ZD14-GE140、ZD14-GE141、ZD14-GE142 维修参考（续）

5. 美的煮蛋器 MZ-ZD16X3-101 维修参考（见图 22-7）

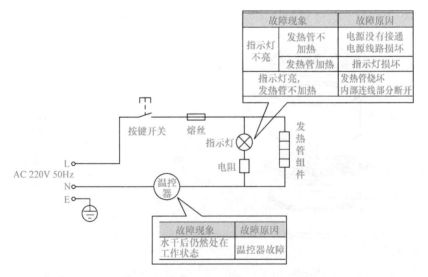

图 22-7　美的煮蛋器 MZ-ZD16X3-101 维修参考

22.2　绞肉机

22.2.1　绞肉机的结构

绞肉机结构如图 22-8 所示。绞肉机的分类如下：

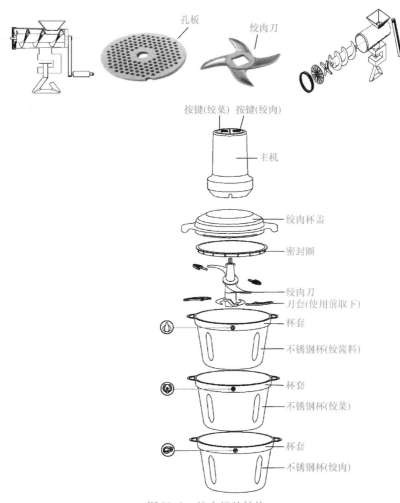

图 22-8　绞肉机的结构

1）按驱动力不同，绞肉机分为手动绞肉机和电动绞肉机。

2）按原料不同，绞肉机分为普通绞肉机和冻肉绞肉机。

3）按结构不同，绞肉机分为单搅龙绞肉机和双搅龙绞肉机（用于冻肉）。

4）按绞肉刀和孔板数量不同，绞肉机分为一段式绞肉机和三段式绞肉机（用于冻肉）。

22.2.2 维修帮

1. 九阳绞肉机 S20-LA599、S2-A81 维修参考（见图 22-9）

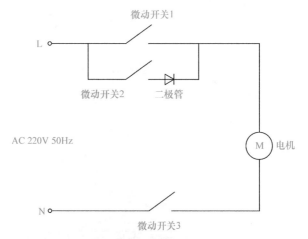

故障现象	故障原因
通电后，启动开关，产品不工作	绞肉杯盖未盖好
最开始几次使用产品时，电机发出异味	新电机最初使用正常现象
使用中停机	电压过低 电机温控保护
异常振动或噪声大	绞肉刀未放置到位 产品放置不平稳 电压过高 食材过量
卡刀	食材将绞肉刀缠绕住或卡死

图 22-9 九阳绞肉机 S20-LA599、S2-A81 维修参考

2. 九阳绞肉机 S22-LA991、S22-LA993 维修参考（见图 22-10）

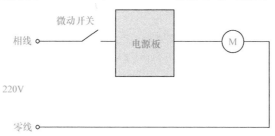

故障现象	故障原因
通电后，启动开关，不工作	杯盖未盖好
最开始几次使用时，电机发出异味	新电机最初使用正常现象
使用中停机	电压过低 电机温控保护
异常振动或噪声大	碎肉刀组件未放置到位 产品放置不平稳 电压过高 食材过量
卡刀	肉类或菜类将刀缠绕住或卡死

图 22-10　九阳绞肉机 S22-LA991、S22-LA993 维修参考

3. 九阳绞肉机 S3-LA166、S3-LA167 维修参考（见图 22-11）

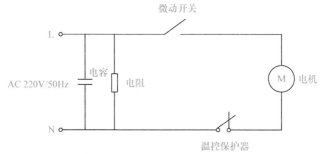

图 22-11　九阳绞肉机 S3-LA166、S3-LA167 维修参考

4. 美的绞肉机 BG-BL1 维修参考（见图 22-12）

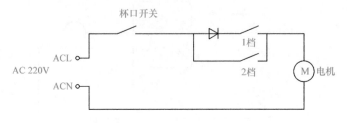

图 22-12 美的绞肉机 BG-BL1 维修参考

5. 美的绞肉机 BG-BL2 维修参考（见图 22-13）

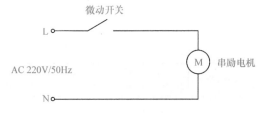

图 22-13 美的绞肉机 BG-BL2 维修参考

第 23 章　煎烤机、炒菜机

23.1　煎烤机

23.1.1　煎烤机的外形与结构

煎烤机的外形与结构如图 23-1 所示。煎烤机主要有电源插线和机体等构成。机体上有调控按钮，机身内部装有电热管等电器元件。

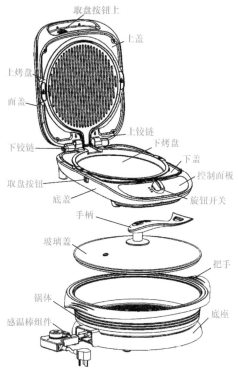

图 23-1　煎烤机的外形与结构

不同产品类型，机身、内部元件等会有差异。

23.1.2 煎烤机故障维修（见表23-1）

表23-1 煎烤机故障维修

故障现象	故障原因
显示异常	线路板损坏
按键异常	线路板损坏
不通电	内部接线松脱
	线路板损坏
	电源线损坏
不加热	内部接线松脱
	发热体损坏
	熔丝损坏
	未选择烤盘

23.1.3 维修帮

1. 九阳煎烤机 JK-30C02、JK-30C602 维修参考（见图23-2）

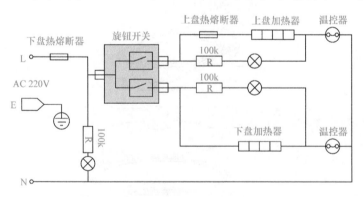

图23-2 九阳煎烤机 JK-30C02、JK-30C602 维修参考

故障现象		故障原因
加热指示灯不亮	发热盘不加热	电源没有接通
		内部导线断开
	发热盘加热	指示灯损坏
		指示灯断开
加热指示灯一直熄灭		温控器损坏
不能自动限温		温控器损坏
电源指示灯不亮	发热盘不加热	电源没有接通
		内部导线断开
		电源开关损坏
	发热盘加热	电源开关内部指示灯损坏
		电源开关内部指示灯线断开
电源指示灯不亮或加热指示灯亮	发热盘不加热	加热管损坏
		温控器损坏
		熔丝损坏
		内部导线断开

图 23-2 九阳煎烤机 JK-30C02、JK-30C602 维修参考（续）

2. 九阳煎烤机 JK-30C01、JK-30C03 维修参考（见图 23-3）

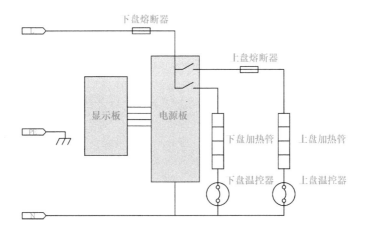

图 23-3 九阳煎烤机 JK-30C01、JK-30C03 维修参考

3. 九阳煎烤机 SK06K-GS180XN 维修参考（见图 23-4）

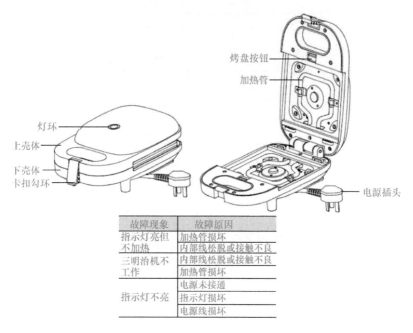

故障现象	故障原因
指示灯亮但不加热	加热管损坏
	内部线松脱或接触不良
三明治机不工作	内部线松脱或接触不良
	加热管损坏
指示灯不亮	电源未接通
	指示灯损坏
	电源线损坏

图 23-4　九阳煎烤机 SK06K-GS180XN 维修参考

4. 九阳煎烤机 JK33-GK136、JK34-GK118 维修参考（见图 23-5）

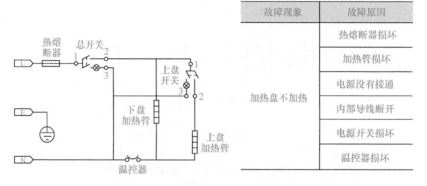

故障现象	故障原因
加热盘不加热	热熔断器损坏
	加热管损坏
	电源没有接通
	内部导线断开
	电源开关损坏
	温控器损坏

图 23-5　九阳煎烤机 JK33-GK136、JK34-GK118 维修参考

5. 九阳煎烤机 SK12A-GS580 维修参考 （见图 23-6）

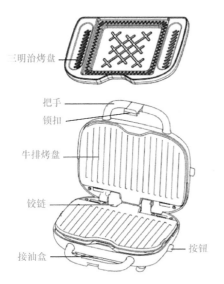

三明治烤盘

把手
锁扣

牛排烤盘

铰链

接油盒   按钮

故障现象	故障原因
指示灯不亮	电源未接通
	指示灯损坏
	电源线损坏
指示灯亮不加热	加热管损坏
	内部线松脱或接触不良
三明治机不工作	内部线松脱或接触不良
	加热管损坏

图 23-6 九阳煎烤机 SK12A-GS580 维修参考

6. 苏泊尔煎烤机 JC32R61-150 维修参考 （见图 23-7）

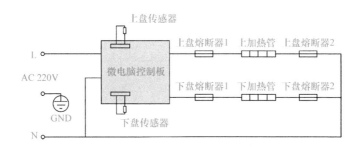

图 23-7 苏泊尔煎烤机 JC32R61-150 维修参考

7. 苏泊尔煎烤机 JD32A38-150 维修参考（见图 23-8）

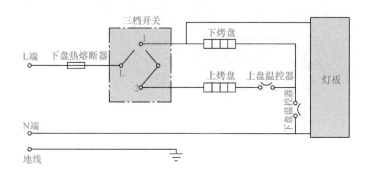

图 23-8 苏泊尔煎烤机 JD32A38-150 维修参考

8. 苏泊尔煎烤机 JD30A846-150、JD30A846A-150 维修参考（见图 23-9）

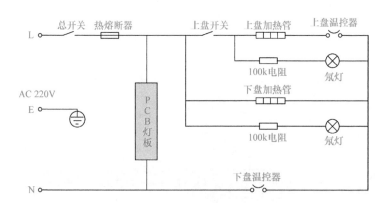

图 23-9 苏泊尔煎烤机 JD30A846-150、JD30A846A-150 维修参考

9. 苏泊尔煎烤机 JK26A15-100 维修参考（见图 23-10）

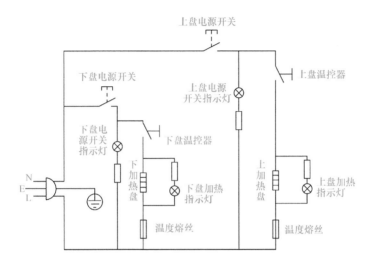

图 23-10　苏泊尔煎烤机 JK26A15-100 维修参考

10. 苏泊尔煎烤机 JJ34A40-150 维修参考（见图 23-11）

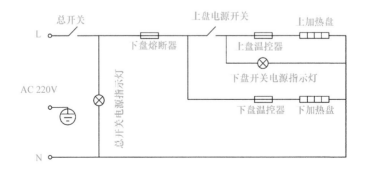

图 23-11　苏泊尔煎烤机 JJ34A40-150 维修参考

11. 苏泊尔煎烤机 JD30A649 维修参考（见图 23-12）

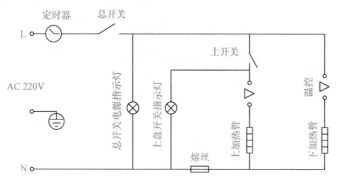

图 23-12　苏泊尔煎烤机 JD30A649 维修参考

12. 苏泊尔煎烤机 JJ30A648、JJ30A848、JJ30A69 维修参考（见图 23-13）

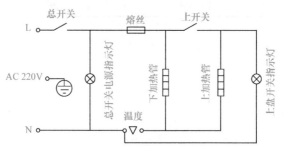

图 23-13　苏泊尔煎烤机 JJ30A648、JJ30A848、JJ30A69 维修参考

13. 苏泊尔煎烤机 JD31A847A 维修参考（见图 23-14）

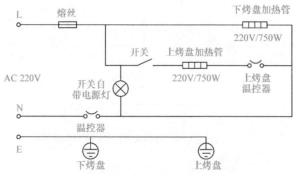

图 23-14　苏泊尔煎烤机 JD31A847A 维修参考

14. 苏泊尔煎烤机 JJ34D01-180、JJ34D801-180 维修参考 (见图 23-15)

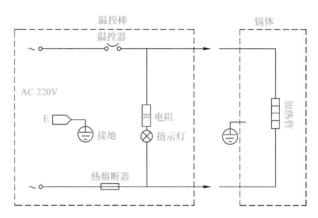

图 23-15 苏泊尔煎烤机 JJ34D01-180、JJ34D801-180 维修参考

15. 苏泊尔煎烤机 JJ4030D604、JJ4030D804 维修参考 (见图 23-16)

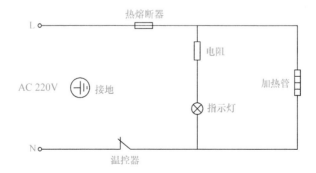

图 23-16 苏泊尔煎烤机 JJ4030D604、JJ4030D804 维修参考

16. **苏泊尔煎烤机 JJ34D02-180、JJ34D802-180 维修参考**（见图 23-17）

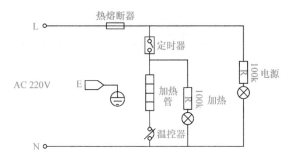

图 23-17　苏泊尔煎烤机 JJ34D02-180、JJ34D802-180 维修参考

17. **苏泊尔煎烤机 JD28D13、JD28D813 维修参考**（见图 23-18）

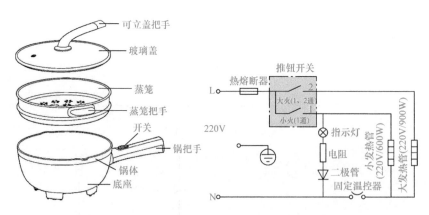

图 23-18　苏泊尔煎烤机 JD28D13、JD28D813 维修参考

23. 2　炒菜机

23. 2. 1　炒菜机的结构（见图 23-19）

图 23-19　炒菜机的结构

23.2.2 维修帮

1. 九阳炒菜机 CJ-A16S 维修参考（见表 23-2）

表 23-2　九阳炒菜机 CJ-A16S 维修参考

故障现象	故障原因
显示 E1，同时指示灯闪烁、蜂鸣器报警	底部传感器短路故障
显示 E2，同时指示灯闪烁、蜂鸣器报警	底部传感器开路故障
显示 E3，同时指示灯闪烁、蜂鸣器报警	干烧保护，温度过高或者锅内放置食材过少
显示 E4，同时指示灯闪烁、蜂鸣器报警	高压故障
显示 E5，同时指示灯闪烁、蜂鸣器报警	低压故障

2. 九阳炒菜机 CJ16A-CA550 维修参考（见表 23-3）

表 23-3　九阳炒菜机 CJ16A-CA550 维修参考

故障现象	故障原因
显示 E1，同时指示灯闪烁、蜂鸣器报警	底部传感器短路故障
显示 E2，同时指示灯闪烁、蜂鸣器报警	底部传感器开路故障
显示 E3，同时指示灯闪烁、蜂鸣器报警	干烧保护，温度过高或者锅内放置食材过少
显示 E4，同时指示灯闪烁、蜂鸣器报警	温度检测故障
显示 E5，同时指示灯闪烁、蜂鸣器报警	晶闸管高温故障
显示 E6，同时指示灯闪烁、蜂鸣器报警	工作过程中开盖故障
显示 E7，同时指示灯闪烁、蜂鸣器报警	高压故障
显示 E8，同时指示灯闪烁、蜂鸣器报警	低压故障
显示 E9，同时指示灯闪烁、蜂鸣器报警	加热盘传感器短路故障
显示 E10，同时指示灯闪烁、蜂鸣器报警	加热盘传感器开路故障

3. 九阳炒菜机 J6 维修参考（见图 23-20）

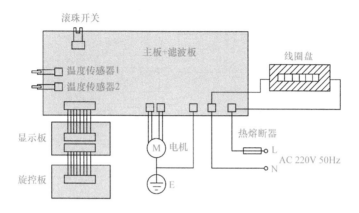

图 23-20　九阳炒菜机 J6 维修参考

4. 九阳炒菜机 A7 维修参考（见图 23-21）

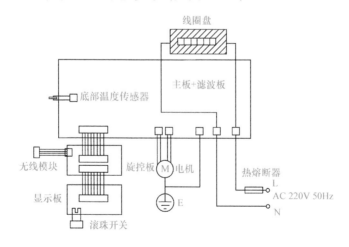

图 23-21　九阳炒菜机 A7 维修参考

故障现象 (白色灯显示为内容)	故障原因	故障现象 (白色灯显示为内容)	故障原因
 爆炒 红烧 炖汤 第一个灯闪烁，1s间隔持续报警	底部传感器短路故障	爆炒 红烧 炖汤 中间两个灯闪烁，1s间隔持续报警	无锅故障
 爆炒 红烧 炖汤 第二个灯闪烁，1s间隔持续报警	底部传感器开路故障	爆炒 红烧 炖汤 前三个灯闪烁，1s间隔持续报警	工作状态下开盖故障
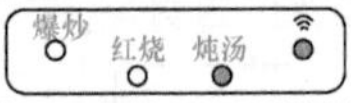 爆炒 红烧 炖汤 前两个灯闪烁，1s间隔持续报警	干烧保护，温度过高或锅内放置食物过少	爆炒 红烧 炖汤 第四个灯闪烁，1s间隔持续报警	高压故障
 爆炒 红烧 炖汤 第三个灯闪烁，1s间隔持续报警	温度传感器失效故障	爆炒 红烧 炖汤 第一、四灯闪烁，1s间隔持续报警	低压故障
 爆炒 红烧 炖汤 第一、三灯闪烁，1s间隔持续报警	IGBT高温故障	 爆炒 红烧 炖汤 第二、四灯闪烁，1s间隔持续报警	内部电路故障
		 爆炒 红烧 炖汤 第一、二、四灯闪烁，1s间隔持续报警	加热系统通信故障

图 23-21　九阳炒菜机 A7 维修参考（续）

第 24 章 电饭盒、净食机

24.1 电饭盒

24.1.1 电饭盒的结构（见图 24-1）

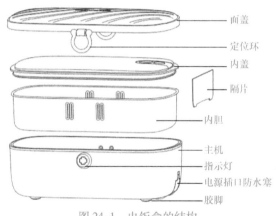

图 24-1 电饭盒的结构

24.1.2 维修帮

1. 九阳电饭盒 F09H-FH150 维修参考（见图 24-2）

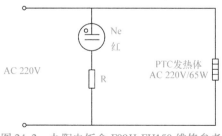

图 24-2 九阳电饭盒 F09H-FH150 维修参考

2. 九阳电饭盒 DFH-8K601 维修参考（见图 24-3）

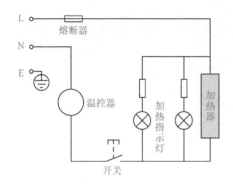

故障现象	故障原因
指示灯一直不灭	温控器损坏
发热盘不加热指示灯不亮	电源没有接通
	电源线损坏
	发热盘损坏

图 24-3 九阳电饭盒 DFH-8K601 维修参考

24.2 净食机

24.2.1 净食机的结构（见图 24-4）

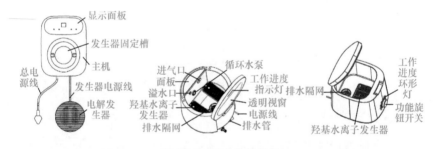

图 24-4 净食机的结构

24.2.2 维修帮

1. 九阳净食机 X-XJ510 维修参考（见图 24-5）

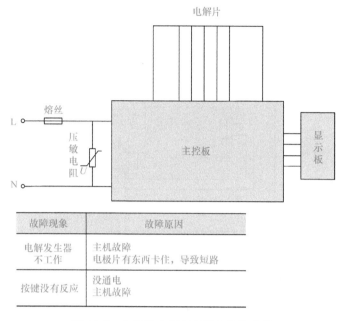

故障现象	故障原因
电解发生器 不工作	主机故障 电极片有东西卡住, 导致短路
按键没有反应	没通电 主机故障

图 24-5   九阳净食机 X-XJ510 维修参考

2. 九阳净食机 XJS-03 维修参考（见图 24-6）

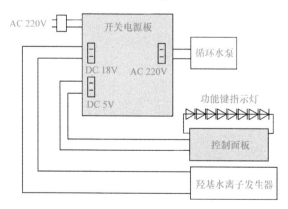

图 24-6   九阳净食机 XJS-03 维修参考

3. 九阳净食机 XJS-02 维修参考（见图 24-7）

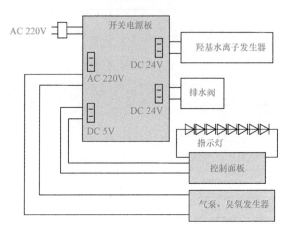

图 24-7　九阳净食机 XJS-02 维修参考

第 25 章　榨油机、料理机、破壁机

25.1　榨油机

25.1.1　榨油机的结构（见图 25-1）

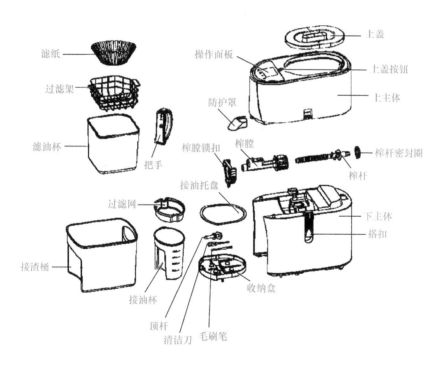

图 25-1　榨油机的结构

25.1.2 维修帮

九阳榨油机 JYS-Z1、JYS-Z2、JYS-Z3 故障代码（见表25-1）

表25-1 九阳榨油机 JYS-Z1、JYS-Z2、JYS-Z3 故障代码

故障代码	故障代码含义
E1	上盖未盖好
E2	温度传感器过热或短路、开路故障
E3	电网电压过高故障
E4	电网电压过低故障
E5	电机堵转或过电流故障

25.2 料理机

25.2.1 料理机的结构（见图25-2）

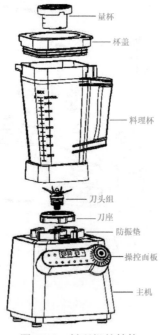

量杯

杯盖

料理杯

刀头组

刀座

防振垫

操控面板

主机

图25-2 料理机的结构

25.2.2 维修帮

1. 九阳料理机 JYL-Y921-C 维修参考（见图 25-3）

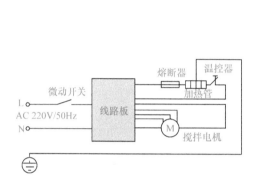

故障代码	故障代码含义
E03 E04	电压异常
E06	加入食材过多 搅拌杯未加水 选择功能键不合适 料理机本身故障
E08	加入食材过多 选择功能键不合适 料理机本身故障
E19	杯体内温度超过80℃，此时加热食物，可能导致沸腾喷溅
E01 E05 E13	料理机本身故障

图 25-3 九阳料理机 JYL-Y921-C 维修参考

2. 卡萨帝 HB2711 料理机故障代码（见表 25-2）

表 25-2 卡萨帝 HB2711 料理机故障代码

故障代码	故障代码含义
E1	电机过热故障
E2	电机被堵住故障
E3	过电流，过负载故障
E4	电机转速信号受外界干扰，出现异常故障

25.3 破壁机

25.3.1 破壁机的结构（见图 25-4）

投料盖

杯盖

杯盖密封圈

玻璃搅拌杯

下连接头　　耦合器

减振垫

显示屏

操作面板

主体

图 25-4　破壁机的结构

25.3.2 维修帮

1. 九阳破壁机 L18-Y933 维修参考（见图 25-5）

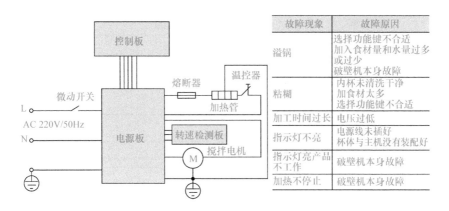

图 25-5　九阳破壁机 L18-Y933 维修参考

2. 九阳破壁机 L18-Y933 故障代码（见表 25-3）

表 25-3　九阳破壁机 L18-Y933 故障代码

故障代码	故障代码含义	故障代码	故障代码含义
E02	杯盖没有安装到位		杯内温度超过 80℃，此时执行加热食物，可能导致喷溅
E03 E04	电压异常	E19	
E08	电机温度过高		
E10	食材过多 搅拌杯未加水 选择功能键不合适 破壁机本身故障	E01　E05　E06 E07　E09　E11 E12　E13	破壁机本身故障

3. 九阳破壁机 SD-L05 维修参考（见表 25-4）

表 25-4　九阳破壁机 SD-L05 维修参考

故障现象	故障原因
食材打不碎、溢浆	选错功能
	食材太多或太少
	机器自身故障

（续）

故障现象	故障原因
糊锅	杯体内部未清洗干净
	加入食材太多
工作时间过长，无其他异常	水温过低
	选错功能
显示屏亮、不工作	杯体未加水或加水太少
	温度传感器故障
电机不工作	底座内部进水
加热不停	底座内部进水
	处于正常加热
显示屏无反应	断电后系统未复位
	机器自身故障
	杯体未对准
	电源线未插好

故障代码	故障代码含义	故障代码	故障代码含义
E01	无水干烧异常故障	E07	连续制浆过热故障
E02	高温水故障	E08	加热电流故障
E03	开盖120s内提示	E09	待机电流过大故障
	开盖超过120s报警	E10	电机堵转卡死故障
E04	电机过热保护温控器跳断故障	E11	输入电压故障
		E12	过零信号丢失故障
E05	电机电流过大或食材过多	E13	温度检测异常故障
E06	加热超时故障	E14	线路板温度检测异常故障

4. 美的破壁机 CJPA18 维修参考（见图 25-6）

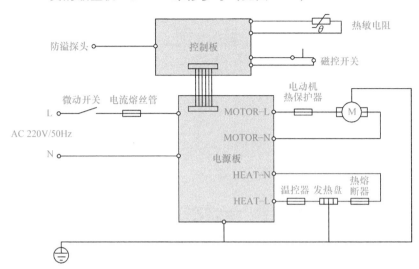

图 25-6 美的破壁机 CJPA18 维修参考

5. 松下破壁机 MX-H2801 故障代码（见表 25-5）

表 25-5 松下破壁机 MX-H2801 故障代码

故障代码	故障代码含义
H01、H03、H04、H05	电路板故障、机器内部连接线故障
U12	制作过程中打开或移动杯盖导致的故障
U16	操作按键长时间被异物或污渍覆盖
U53	食物块太大、放置太多，电机过载故障

第 26 章　紫砂煲、药膳煲

26.1　紫砂煲

26.1.1　紫砂煲的结构（见图 26-1）

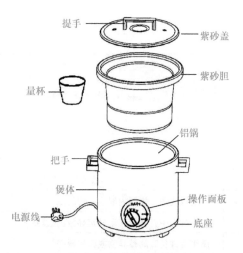

图 26-1　典型的紫砂煲的结构

26.1.2　维修帮

九阳紫砂煲 JYZS-M203、JYZS-M2503、JYZS-M3503 维修参考（见图 26-2）

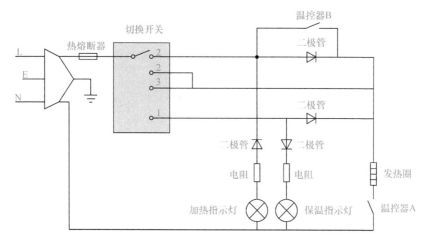

图 26-2　九阳紫砂煲 JYZS-M203、JYZS-M2503、JYZS-M3503 维修参考

26.2　药膳煲

26.2.1　药膳煲的结构（见图 26-3）

图 26-3　药膳煲结构

26.2.2 维修帮

1. 九阳药膳煲 DGD5003BQ、DGD3003BQ 维修参考（见图 26-4）

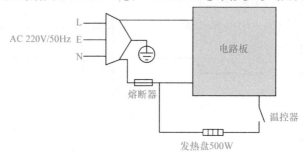

图 26-4　九阳药膳煲 DGD5003BQ、DGD3003BQ 维修参考

2. 小鸭药膳煲 SD20-A 维修参考（见图 26-5）

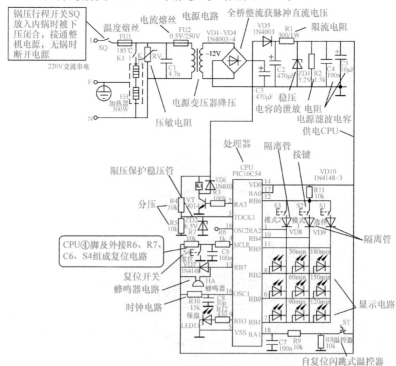

图 26-5　小鸭药膳煲 SD20-A 维修参考

第 27 章　蒸汽炉、蒸汽清洁机、干衣护理机

27.1　蒸汽炉

27.1.1　蒸汽炉的结构（见图 27-1）

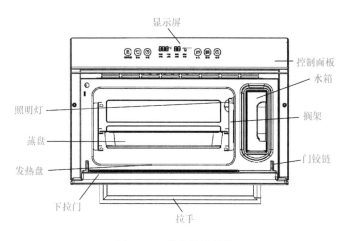

图 27-1　蒸汽炉的结构

27.1.2　维修帮

苏泊尔蒸汽炉 ZQD235-501、ZQD235-601 维修参考（见图 27-2）

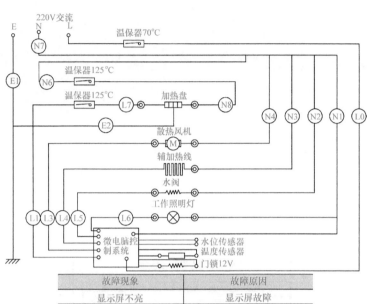

故障现象	故障原因
显示屏不亮	显示屏故障
照明灯不亮	电源不通
	灯泡故障
机器不能工作	停电
	电源插头未插好
	未正确操作
	连接线未连接
	电源插座没电
机器能操作，但不产生蒸汽	内部加热管断路
	内部限温器起保护
工作时有蒸汽溢出	门未关好
	门控开关故障
机器漏水	冷凝水槽中的水溢出
	内胆发热盘密封不严故障
	内胆密封不严故障
	水箱漏水故障
	进水管破
	内胆温度传感器密封不严
显示 **6-8**	温度传感器故障
显示 **8F⌐ 88**	门未关好
	门控开关故障
显示 **⊌**	工作时水箱推入不到位
	水箱缺水

图 27-2　苏泊尔蒸汽炉 ZQD235-501、ZQD235-601 维修参考

27.2　蒸汽清洁机

27.2.1　蒸汽清洁机的结构（见图 27-3）

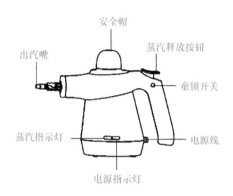

图 27-3　蒸汽清洁机的结构

27.2.2　维修帮

九阳蒸汽清洁机 ZQ3-SC91、ZQ3-SC92 维修参考（见图 27-4）

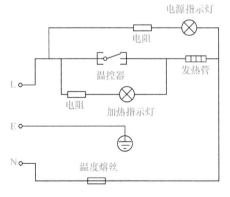

故障现象	故障原因
机器不加热	电源未插
	加热盘损坏
	整机熔丝断开
机器不出蒸汽	冷态机故障
	水已用完
	出气口堵塞

图 27-4　九阳蒸汽清洁机 ZQ3-SC91、ZQ3-SC92 维修参考

27.3 干衣护理机

27.3.1 干衣护理机的结构（见图 27-5）

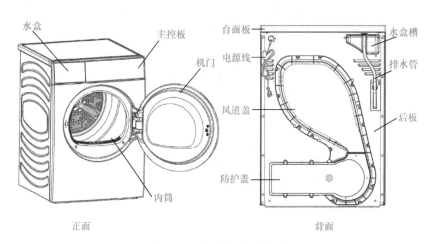

图 27-5 干衣护理机的结构

27.3.2 维修帮

1. GE 干衣护理机 GDCP9013ASU1 故障代码（见表 27-1）

表 27-1 GE 干衣护理机 GDCP9013ASU1 故障代码

故障代码	故障代码含义
F2	排水泵、水位开关故障
F32、F33、F34	温度检测异常故障
F4	加热故障
F7	电机故障
FC1	电机通信故障
FC2	电脑板通信故障
FC6	风机模块通信故障
FE	风机模块运行故障
FH	物联网配置失败报警

2. GE 干衣护理机 GDCN8012AW 故障代码（见表 27-2）

表 27-2   GE 干衣护理机 GDCN8012AW 故障代码

故障代码	故障代码含义
Door	门开关卡滞故障
E6	过滤网堵塞故障
F2	排水泵故障/水位开关故障
F31	NTC1 开路或短路故障
F32	NTC2 开路或短路故障
F4	加热异常故障
F5	电脑板通信故障

3. GE 干衣护理机 GHCG10011AS 故障代码（见表 27-3）

表 27-3   GE 干衣护理机 GHCG10011AS 故障代码

故障代码显示	故障代码含义	故障代码显示	故障代码含义
RUtO	洗衣机处于自动称重状态	FC1	显示板与驱动板通信故障
E1	排水故障	FC2	显示板与电源板通信故障
E2	门锁锁门异常或未关好门	FC3	显示板与烘干板通信故障
F3	温度传感器故障	Fd	烘干加热管故障
E4	进水异常	FE	烘干风机故障
F4	加热管故障	E12	烘干过程中，筒内水位超过限定值
F7	电机停转报警	Unb	脱水时分布不均匀
E8	超出报警水位	H	筒内温度高于80℃
F9	烘干温度传感器故障	LOCH	不允许开门
FR	水位传感器故障	CLrd	童锁功能有效
FC0	显示板总线通信故障	End	全程程序结束

4. 小天鹅干衣机 TH80-H002G 故障代码（见表 27-4）

表 27-4　小天鹅干衣机 TH80-H002G 故障代码

故障代码	故障代码含义
E32	湿度传感故障
E33	温度传感故障

5. 小天鹅干衣机 TH60-Z020 故障代码（见表 27-5）

表 27-5　小天鹅干衣机 TH60-Z020 故障代码

故障代码	故障代码含义
"晾干"指示灯闪烁	超温故障
"晾干 + 标准"指示灯闪烁	温度传感器故障
"特干"指示灯闪烁	温度传感器故障

第 28 章　前置过滤器、除菌宝、真空封口机

28.1　前置过滤器

28.1.1　前置过滤器的结构（见图 28-1）

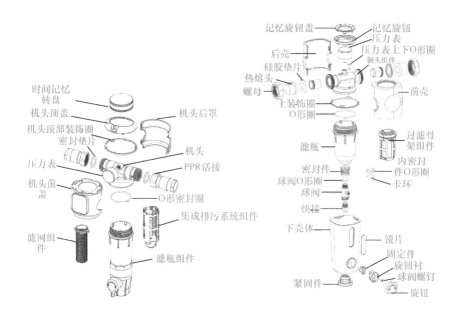

图 28-1　前置过滤器的结构

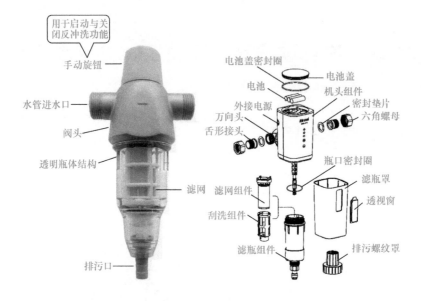

图 28-1　前置过滤器的结构（续）

28.1.2　前置过滤器的安装（见图 28-2）

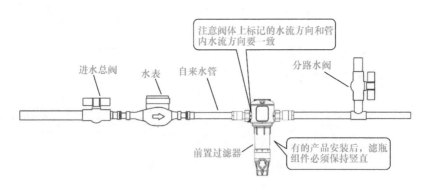

图 28-2　前置过滤器的安装

28.1.3　前置过滤器故障维修（见表 28-1）

表 28-1　前置过滤器故障维修

故障现象	故障原因	故障处理方法
接头处有渗水	过滤器零部件自行拆卸导致 渗水处零部件松动 螺纹连接处生料带缠绕过少 渗水处密封件老化或损坏	检查密封圈是否错位或脱落 用扳手将螺纹接头重新拧紧 重新缠绕生料带并拧紧 更换密封件
不显示压力值	压力表损坏 进水总阀未打开	更换压力表 打开进水总阀
不出水	自来水停水 进水总阀未打开	等待自来水供水 打开进水总阀
出水流量小	进水总阀未完全打开 过滤网表面堵塞	将进水总阀完全打开 冲洗滤网，清除杂物

28.2　除菌宝

28.2.1　除菌宝的结构（见图 28-3）

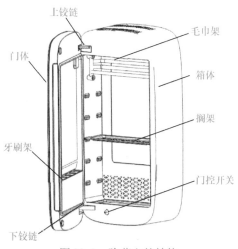

图 28-3　除菌宝的结构

28.2.2 除菌宝故障维修（见表 28-2）

表 28-2 除菌宝故障维修

故障现象	故障原因
整机不工作	未接通电源故障
	电源不正常故障
	附近有电磁干扰源
	电源板或控制板损坏故障
紫外线杀菌灯不亮	门未关严
	紫外线杀菌灯接触不良故障
	镇流器损坏故障
	紫外线杀菌灯或门开关损坏故障
柜内升温异常或风机不工作	接插件连接不牢故障
	红外杀菌灯或门开关损坏故障
	接插件连接不牢故障
	风机损坏故障

28.2.3 维修帮

1. 海尔除菌宝 MG12T 维修参考（见图 28-4）

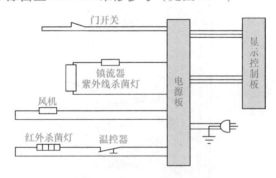

图 28-4 海尔除菌宝 MG12T 维修参考

2. 九阳除菌宝 K45P-Q521 维修参考（见图 28-5）

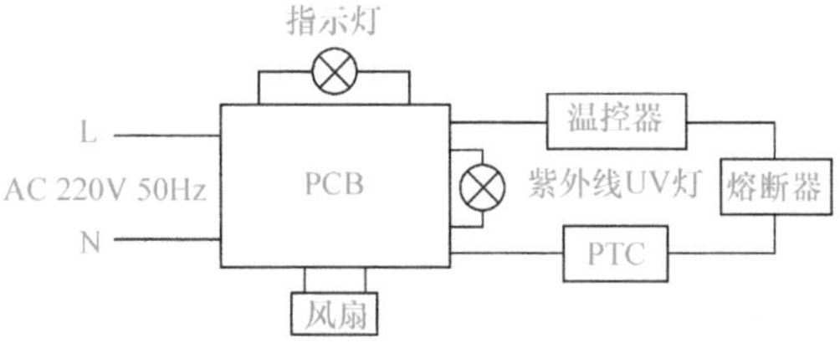

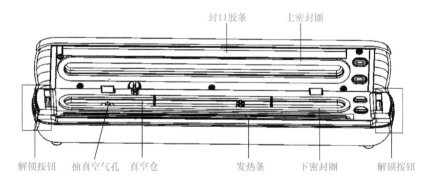

故障现象	故障原因
干衣效果不好	进/出风口被堵住
	衣物过湿，过多或结成团导致吹风不均匀
	干衣时，电源被中断
UV紫外线灯不亮	没进入UV紫外线消毒模式
	上盖没盖到位
	内部线路损坏
指示灯不亮	插座损坏或接触不良
	插头没插到位
	电源插头变形
	内部线路损坏
机器不工作	没按下开关按键
	过热保护启动
风扇一直工作	进入10min冷风模式
	内部线路损坏

图 28-5　九阳除菌宝 K45P-Q521 维修参考

28.3　真空封口机

28.3.1　真空封口机的结构（见图 28-6）

图 28-6　真空封口机的结构

28.3.2 维修帮

1. 九阳真空封口机 SH-V2 维修参考（见图 28-7）

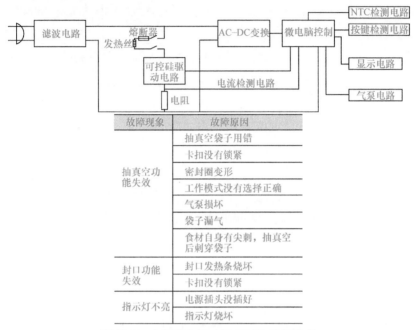

故障现象	故障原因
抽真空功能失效	抽真空袋子用错
	卡扣没有锁紧
	密封圈变形
	工作模式没有选择正确
	气泵损坏
	袋子漏气
	食材自身有尖刺，抽真空后刺穿袋子
封口功能失效	封口发热条烧坏
	卡扣没有锁紧
指示灯不亮	电源插头没插好
	指示灯烧坏

图 28-7　九阳真空封口机 SH-V2 维修参考

2. 九阳真空封口机 SH13V-AZ950 维修参考（见图 28-8）

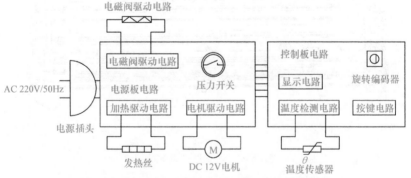

图 28-8　九阳真空封口机 SH13V-AZ950 维修参考

3. 九阳真空封口机 SH-V2 维修参考（见图 28-9）

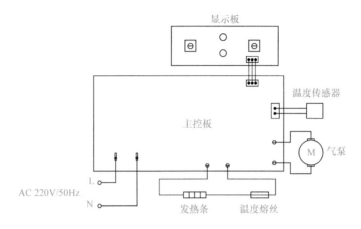

图 28-9　九阳真空封口机 SH-V2 维修参考

第 29 章　电动牙刷、电推剪、电动剃须刀

29.1　电动牙刷

29.1.1　电动牙刷的结构

电动牙刷是在电力驱动下，刷头以每分钟几千次乃至上万次的速度运动的一种牙刷。电动牙刷整套牙具有电动刷头、充电座等，如图29-1 所示。

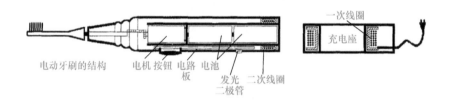

图 29-1　电动牙刷结构

29.1.2　电动牙刷的基本原理

电动牙刷的基本原理是：由电机驱动内部传动机构带动刷头运动而实现刷牙的功能。它由刷头、刷头杆外壳、直流电机、传动机构、电源开关、电池仓等部件组成。有关电路如图29-2 所示。

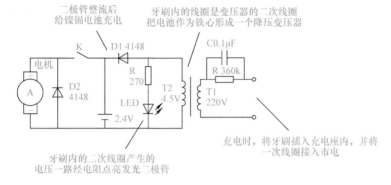

图 29-2　电动牙刷有关电路

29.1.3　电动牙刷故障维修（见表 29-1）

表 29-1　电动牙刷故障维修

故障现象	检查方法
刷头不转或刷头转动无力	1）检查电源、电池 2）检查旋转刷头是否被异物卡住、电路中弹簧接触片是否变形而导致接触不良 3）检查直流电机是否损坏
刷头磨损	更换新的刷头
耗电厉害	1）一般电动牙刷额定电流为 400～500mA。如电池本身质量不好，需要更换质量好的电池 2）内部电路存在漏电故障，可能是牙刷内部进水或电池漏液所致

29.2　电推剪

29.2.1　电推剪简介

电推剪是一种理发、美发工具。目前使用的电推剪主要有电磁振动式、串励电动机式、微型永磁式。国内生产的电推剪主要为电磁振动式。国外生产的电推剪有串励电动机式的、微型永磁电动机式的。

1. 电动机式电推剪

电动机式电推剪的基本结构由电动部分、开关、蜗轮蜗杆部分、上刀片、下刀片等组成。采用串励电动机式的电推剪的工作原理：通电后，电机旋转，然后通过蜗轮蜗杆的变换带动牵手，这样把旋转变换为往复运动，以及形成上刀片沿着下刀片的往复运动，从而达到可以切割头发的目的。电推剪的部件如图 29-3 所示。

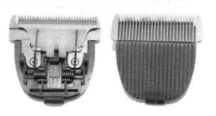

图 29-3　电推剪的部件

2. 电磁振动式电推剪

电磁振动式电推剪的结构由弯脚、刀片、E 形静铁心、线圈、反力弹簧、开关、电源线、压刀片螺钉、元宝型螺钉、接地螺钉等组成，也就是由外壳、原动机构、上下刀片、电源、开关等部件组成。

电磁振动式电推剪的工作原理：通上交流电，铁心线圈产生交变磁场，以及根据交流电的变化（频率为 50Hz）吸紧或放松磁性弯脚。然后在弹簧力配合下，弯脚被有力地吸动与释放，从而带动上刀片沿着下刀片往复动作，达到切割头发的目的。

29.2.2　电推剪故障维修（见表 29-2）

表 29-2　电推剪故障维修

故障现象	维修方法
不吃头发	刀片齿形磨损严重，需要更换新刀片
不锋利	1）刀片刃口磨钝，需要将刀片刃口磨锋利 2）上压卡、下压卡螺钉松，则需要重新调整螺钉
接通电源电推剪不动作	1）电源线开路、电源线接头处松脱，需要检查电源线 2）开关异常，需要更换开关 3）线圈断开，需要更换线圈或重绕线圈

29.3　电动剃须刀

29.3.1　电动剃须刀充电电路

电动剃须刀是剃须的一种电器。电动剃须刀的种类比较多。电动剃须刀充电电路如图 29-4 所示。

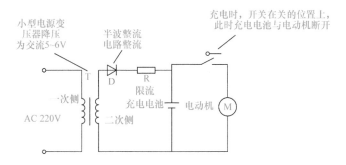

图 29-4　电动剃须刀充电电路

29.3.2　电动剃须刀故障维修（见表 29-3）

表 29-3　电动剃须刀故障维修

故障现象	故障原因	检查内容	可能更换元件
电机故障	1）电池没电	1）线路板是否能够起到充电作用；电池是否损坏	更换线路板、电池、电机、刀网、齿轮等
	2）刀网卡死	2）刀网或齿轮组件是否有异物卡住	
	3）内部线头断开	3）电池、电机、线路板的线路是否有断点	
	4）电机损坏	4）电机是否损坏	

（续）

故障现象	故障原因	检查内容	可能更换元件
电池故障	1）电池没电 2）线路板没充进电 3）电池损坏	1）电池可能存在漏液。电池可能发生短路。充电时指示灯是否亮，是否有电流 2）线路板是否损坏 3）是否需要更换电池	更换电池、线路板、电源插头等
刀网故障	1）电机转动不切割 2）刀网损坏	1）有无明显伤痕，型号是否正确。电机是否电流小转速慢而使切割力度变小 2）需要检查刀网	更换电池、刀网等
按钮不起作用	1）刀头弹簧变形，跌落 2）刀网完好 3）刀头与主体损坏	1）需要检查刀头弹簧 2）需要检查刀网 3）需要检查刀头与主体	更换刀头弹簧、刀网等
开关故障	1）搭片式开关异常 2）轻触式开关异常 3）带锁开关或档位开关异常	1）检查搭片式开关接触是否良好 2）需要检查电子元件和线路有无损坏 3）需要用数字万用表检查带锁开关或档位开关的好坏	更换开关
其他故障	1）塑料件变形、损坏 2）弹簧在位置、有无变形 3）充电电源线、插头、外充电器损坏 4）机体有螺钉少打、漏打	1）检查塑料件 2）检查弹簧 3）检查电源线、插头、外充电器 4）检查机体	更换塑料件、弹簧、电源线、插头、外充电器等

29.3.3　维修帮

1. 龙的电动剃须刀 NKX-5018 电路图（见图 29-5）

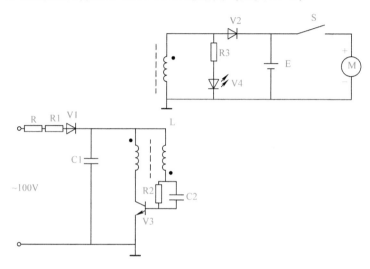

图 29-5　龙的电动剃须刀 NKX-5018 电路图

2. 龙的电动剃须刀 NKX-7018 电路图（见图 29-6）

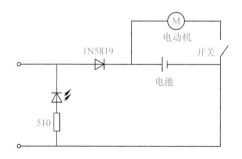

图 29-6　龙的电动剃须刀 NKX-7018 电路图

3. 飞科 X9719 型剃须刀电气图（见图 29-7）

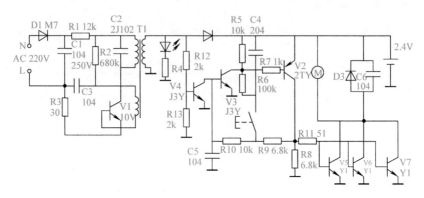

图 29-7　飞科 X9719 型剃须刀电气图

4. 超人 SA9（Rscx9）剃须刀电气图（见图 29-8）

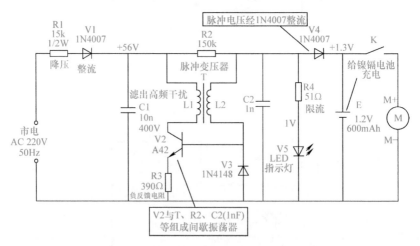

图 29-8　超人 SA9（Rscx9）剃须刀电气图

29.4　学修扫码看视频

第30章 麻将机、电动车充电器、筋膜枪

30.1 麻将机

30.1.1 麻将机的结构

麻将机主要由中心升降系统、洗牌盘搅拌系统、输送洗牌过渡系统、陈列叠牌机构、平推升牌系统、接线盒组件、底板系统、电器控制系统等组成。麻将机的结构如图 30-1 所示。

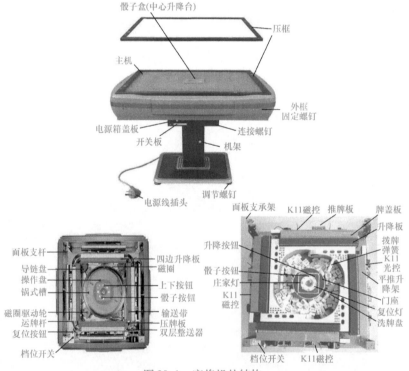

图 30-1 麻将机的结构

30.1.2　麻将机的部件（见表 30-1）

表 30-1　麻将机的部件

名称	解　说
01 电机	01 电机又称为叠推电机，即为 01 部件的动力电机
03 电机	03 电机为推升降架的动力电机
03 限位开关	03 限位开关为承牌板升到工作位置的控制开关及升降架的停止开关
07 升降凸轮	07 升降凸轮可以在 07 电机的作用下按工作状态旋转，输出动力
S1 探测器	S1 探测器俗称为计数光控，是主要探测来牌的光控
S4 探测器	S4 探测器又称为零位光控、复位光控，是牌理好后输送到准备送出牌位置的控制光控
S5 探测器	S5 探测器又称为角定位光控，是运牌链条运送牌中途控制光控
S6 探测器	S6 探测器当接到传动带上牌满信号，延时控制磁环与洗牌盘停止、输送麻将牌
熔丝	短路或过载时，熔丝熔断起到保护的作用
拨牌支架	拨牌支架与洗牌盘配合将牌搅乱，也有使用拨牌拉簧的
承牌板	承牌板是放置码好麻将牌的高级铝合金板
档位开关	档位开关也称为拨码开关、游戏规则的设定开关，其一般设定在 0 时即进入检测程序
倒链开关	倒链开关是控制链条倒转的点动开关，一般是按下倒转，放起即停
电源开关	电源开关是开启与关闭麻将桌的电源
复位开关	一般在任何工作状态下，按下复位开关，麻将桌均停止工作，松开复位开关，麻将桌即处于正常工作状态，麻将桌复位。当在调试状态，则保持原状态
复位指示灯	麻将桌准备理牌程序的指示灯亮时，说明即可进入正常理牌程序
霍尔开关	霍尔元件组成的开关组件可以控制中心升降门升到上终点，或降到下终点
开关板	开关板是开关安装的板子
连庄指示灯	连庄指示灯有的共有五个，一绿四红，显示连庄数、检测程序显示、故障显示

（续）

名称	解　　说
链条杆	链条杆一般安装在链条上，上部推运牌，下部套有白色反光器给 S4、S5 光控
面板支承架	面板支承架主要用于在四个角上立柱起台面板的固定与支承作用
升降按钮	升降按钮主要用于控制中心升降门的升降。正常理牌时，按对角任意一枚，应急升时按二枚。检测时，可以作为启动按钮
升降杠杆	升降杠杆在升降凸轮的驱动下，可以升起或降下中心升降门
拾牌输送带	拾牌输送带是输送牌的平皮带，在程序设定与 S6 光控控制下，能够停止与输送牌
双光控	双光控也称为 S23，其对应于扇形遮光与方形遮光片的一种光控组件
骰子按钮	骰子按钮就是掷骰子的按钮
推牌器	推牌器主要用于叠推电机横向直线输出，将叠好的牌推入轨道
推升、降架	常称为 03 部件，其为贮存好的牌的仓库，起到运牌的轨道作用，也就是将码好的牌从轨道内送出
吸牌环	吸牌环也称为磁环
洗牌盘	洗牌盘也就是装牌的容器与搅牌的主要部件
运牌电机	运牌电机又称为 02 电机、链条电机，其负责将码好的牌，运到各贮存位置，以便让 03 部件及时推出麻将牌
运牌盖板	运牌盖板下面粘有毛条刷，可以将牌的背面轻轻地刷干净
运牌链条	运牌链条属于运牌的传动件
运牌弯道	运牌弯道也称为弯角，其内称小弯角，外称大弯角。运牌弯道可以将码好的牌由直线运动转为转弯运动
中心升降门	中心升降门可以在上升时，将牌推入，下降时，与台面齐平
主控板	主控板属于全自动麻将桌的开关控制系统

30.1.3　麻将机故障维修（见表 30-2）

表 30-2　麻将机故障维修

故障现象	故障原因及检修
磁圈电机出现慢转或反转，没有力气	主板固态继电器损坏、线插接件接触不良、电容损坏等

（续）

故障现象	故障原因及检修
打开电源，机器不会自动复位，无蜂鸣声	需要检查电源开关、环形变压器等
打开电源蜂鸣器响一下后，不能复位，控制盘上各指示灯也亮，给人的感觉就是没电	可能需要检查机头电机、槽行传感器、环形变压器、电源开关、连接线等
打开电源机头会动作不停，如果进油机头动作不灵，有时会发卡	槽行传感器损坏故障
叠牌口处经常会卡牌或牌会竖起来	需要适当调整传动带带出口与小托牌板的间距
叠牌有时不正常，有时会停掉，断断续续	需要检查 K4 光控灵敏度
机器打开电源，电机有时不按规则自动运转	主板芯片程序错乱或晶振损坏
机器工作中，三面正常升牌，偶尔有一面升牌没有反应	需要检查电机的插头、启动电容等
机器中间的骰子操作盘升不起来	需要检查升降电机上的法兰螺钉是否脱落
开机电源开关不亮	需要检查电源插座、插头、电源开关、熔丝、电源电路等
开机链条停不下来	需要检查链条光控 K14 与白色塑料套是否到位等
开机没有反应，电源指示灯不亮	需要检查熔丝、进电线路等
开机时，四面的升牌板突然会自动下降而死机	需要检查推升的霍尔磁控的距离是否标准
开机时，推头无法闭合	需要检查 K5、K6 双槽开关的位置是否标准
开机时，推头不停地推动	需要检查 K5、K6 双槽开关是否被油渗透过或位置不正确等
控制盘不升降或不断升降	需要检查控制盘按钮、扁平线、摆臂、轴承、轴承螺钉、电机、触点开关、主板控制、外界电源干扰信号等
控制盘升不上	控制板按钮损坏
控制盘骰子不停跳或不跳	按钮损坏、控制盘晶体管损坏、没有相应的交流电等
链条不能停机	传感器损坏
链条电机出现受力反向运转现象或电机没有任何动作	电容、插接件、电机等异常

（续）

故障现象	故障原因及检修
链条电机只能顺转，不能倒转	检查电机接线是否松动或接触不良
链条在拉牌过程中，忽然会停掉	检查链条光控的旁边是否有白色异物存在
麻将牌的反面也能够洗上来	检查洗牌磁圈上的磁块是否有贴反等现象
麻将牌走到拐角处会卡死	需要调整升降板上的小挡板与推牌板、拐角的距离
牌洗好一行后，牌走过墩位传感器，机头推牌器才退后作牌	传感器的灵敏度不好
牌作好了，灯不亮	扁平线接触不良、控制盘灯损坏
上牌有碰擦	调整挡板与面板的平行度
升牌板降不到位，麻将推不出来	检查拉钩是否断裂，升降孔是否缺油等
升牌台上下动作不停	继电器或晶闸管被击穿、相应升降触点开关损坏、存在干扰等
升起后又降下去	控制板按钮损坏
四面的升降板有时会与桌面不平	检查升降板两边的塑料头是否断裂、升降板下面的摇臂是否垂直等
骰子按钮有效，但电机不转	检查骰子盘的微动小电机是否脱落等
骰子不动	检查小转盘电机是否损坏、转动圆盘是否脱落或被毛刺钩住、控制盘三脚管是否异常、骰子按钮是否灵活等
骰子盘灯不亮	检查发光二极管是否损坏等
骰子跳不停、转不停	控制板按钮损坏、骰子盘芯片烧坏或装反、骰子盘连接线接插不良、骰子按钮不灵活等
推单牌	检查4#传感器的高低距离；检查槽形光耦与方形光片的距离是否太近；检查电机的性能；检查程序是否出现错乱等
推牌板碰链条杆	02链轮螺钉钉松、链条没有倒转、02电机损坏、02电机插芯损坏、主控板上继电器异常等
推牌时牌散开碰到转弯出	推牌板需要整形、转弯存在不合适的部分、需要调整S4光控、毛条板进口异常等
推升不工作、推升升不到位	需要检查推升电机、连接线、主板、推升部件安装情况等

（续）

故障现象	故障原因及检修
推升升降不停	需要检查主板、K11 光控、连接线、推升电机等
在洗牌过程中机头不停推	槽形光耦损坏、连接线接触不良、主板损坏等
中心圆升不上或升不到位	需要检查升降拨杆的位置、导向杆的位置、升降电机的位置、接插件的位置、K7 的位置等是否正确
中心圆升降不灵	检查骰子盘升降按钮是否灵活、K7 光控及连接线是否正确等
中心圆转动	检查导向杆、柱头螺钉等

30.2　电动车充电器

30.2.1　充电器的分类（见图 30-2）

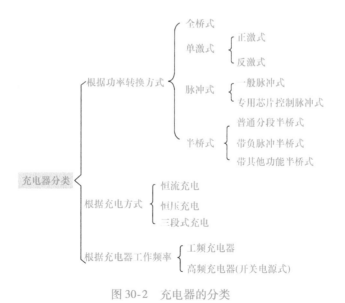

图 30-2　充电器的分类

30.2.2 充电模式（见图 30-3）

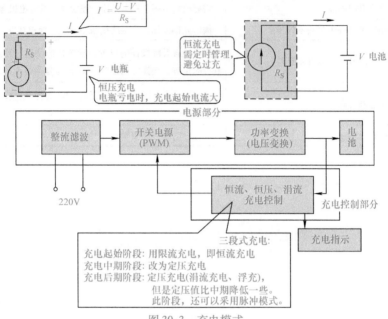

图 30-3　充电模式

30.2.3 三段式充电工作状态的转换条件（见图 30-4）

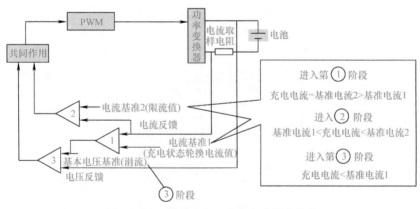

图 30-4　三段式充电工作状态的转换条件

30.2.4 单极反激式智能型充电器（见图 30-5）

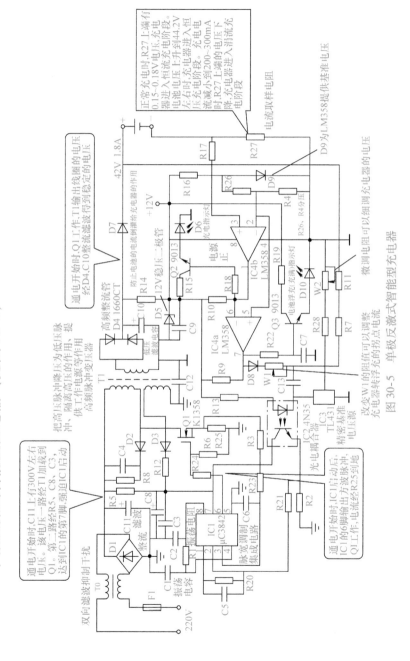

图 30-5 单极反激式智能型充电器

30.2.5 电动车充电器故障维修（见表30-3）

表30-3 电动车充电器故障维修

故障现象	故障原因与维修
通电后指示灯亮，但不能正常充电	充电插头、充电线、充电输出回路、线路铜箔、元件焊点、变压器绕组引线等异常
通电后有爆炸声且冒烟，不能正常使用	滤波电容开裂，原因有开关电源振荡失控、取样电路异常、光耦元件不良、精密稳压器不良、电源芯片异常等
通电后红绿灯闪烁，但不能充电使用	检查电源芯片、阻容元件、铜箔焊点、启动电阻、滤波电容、反馈支路整流二极管、限流电阻、脉冲变压器绕组等
热风扇不转	检查控制风扇的晶体管、风扇本身、风叶、热敏电阻等
直流电压输出过高	检查稳压取样和稳压控制电路、取样电阻、误差取样放大器、光电耦合器、电源控制芯片等
直流电压输出过低	检查稳压控制电路、输出电压端整流管、滤波电容、开关功率管、电阻、高频脉冲变压器、高压直流滤波电容、电源输出线接触情况、电网电压等
无直流电压输出或电压输出不稳定	检查熔丝、过电压保护电路、过电流保护电路、振荡电路、电源负载、高频整流滤波电路中整流二极管、滤波电容是否漏电、高频脉冲变压器、输出线断线、焊点等
无直流电压输出，但熔丝完好	检查变控芯片、限流电阻、开关功率管、电源输出线、焊点等
熔丝熔断	检查电网电压的波动、电路板、整流二极管、开关功率管、电源滤波电容、开关功率管等
插电后灯不亮，不能充电	检查熔丝管、整流桥二极管、滤波电容、大功率场效应电源管、激励电阻、电源块、相关电阻等
接通交流电源后指示灯不亮，无输出	检查熔丝管、滤波电容、整流二极管、开关管、电源控制芯片、启动电阻和电容、微型散热风扇等

30.2.6　维修帮

电动车充电器电路图（见图 30-6）

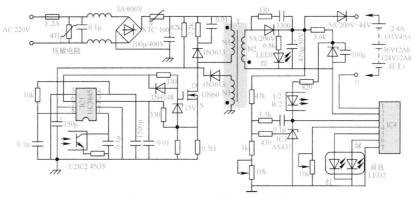

图 30-6　电动车充电器电路图

30.3　筋膜枪

30.3.1　筋膜枪的结构

典型的筋膜枪结构如图 30-7 所示。筋膜枪包括枪身、连杆和偏心轮、灯控板、主控板、电池、电机、5V USB 供电接口等。筋膜枪结构大体构成上是大同小异的。

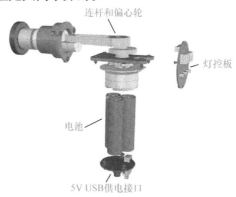

图 30-7　筋膜枪的结构

30.3.2 筋膜枪故障维修

1. AP5N10MI 维修参考（见图 30-8）

符号	额定值	单位
V_{DS}	100	V
V_{GS}	±20	V
$I_D@T_A=25°C$	5	A
$I_D@T_A=70°C$	4.6	A
I_{DM}	20	A
$P_D@T_A=25°C$	1.5	W
T_{STG}	−55~150	°C
T_J	−55~150	°C
R_{0JA}	135	°C/W
	85	°C/W

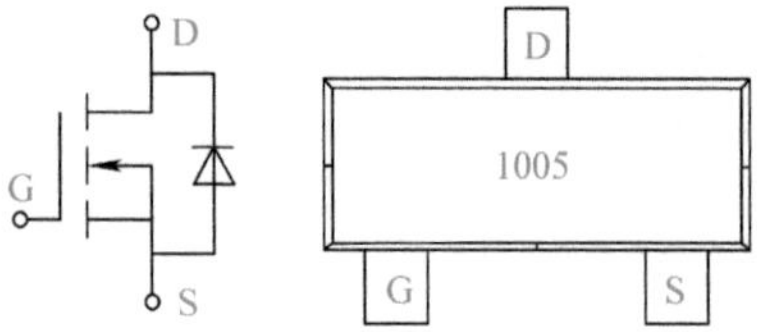

图 30-8　AP5N10MI 维修参考

2. AP15G04NF 维修参考（见图 30-9）

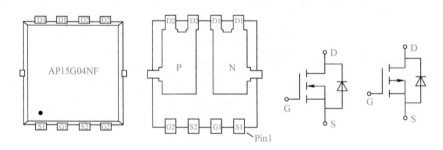

图 30-9　AP15G04NF 维修参考

符号	N-Ch	P-Ch	单位
V_{DS}	40	-40	V
V_{GS}	±20	±20	V
$I_D@T_C=25\,°C$	21	-18	A
$I_D@T_C=100\,°C$	17.5	-14	A
I_{DM}	38	-32	A
E_{AS}	66	66	mJ
I_{AS}	28.8	-23.2	A
$P_D@T_C=25\,°C$	25	31.3	W
T_{STG}	-55~150	-55~150	°C
T_J	-55~150	-55~150	°C
$R_{\theta JA}$	62		°C/W
$R_{\theta JC}$	5		°C/W

图 30-9　AP15G04NF 维修参考（续）

30.4　学修扫码看视频

第 31 章　其　　他

31.1　茶吧机

茶吧机的结构如图 31-1 所示。

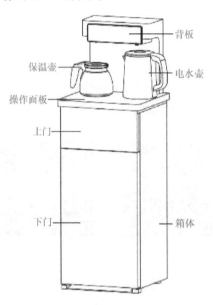

图 31-1　茶吧机的结构

31.2　除菌刀架

除菌刀架（XD07Z-U171）维修参考如图 31-2 所示。

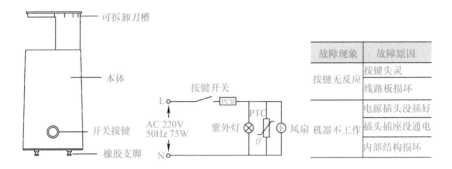

图 31-2　除菌刀架（XD07Z-U171）维修参考

31.3　插头式微型漏电保护器

插插式微型漏电保护器维修参考如图 31-3 所示。

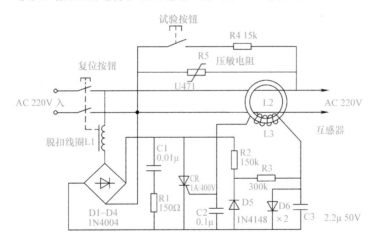

图 31-3　插头式微型漏电保护器维修参考

31.4　滚动按摩器

滚动按摩器维修参考如图 31-4 所示。

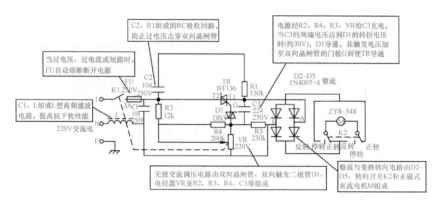

图 31-4 滚动按摩器维修参考